全国机械行业职业教育优质规划教材（高职高专）
经全国机械职业教育教学指导委员会审定

零件的数控编程与加工

主　编　刘瑞已　龙　华
副主编　黄登红　黄晓敏
参　编　唐　琴　陈　波　欧阳陵江
主　审　董建国

机 械 工 业 出 版 社

本书是全国机械行业职业教育优质规划教材，经全国机械职业教育教学指导委员会审定。

本书注重培养学生数控加工的实践能力，通过学习，学生能够较全面地掌握数控加工基本工艺知识和数控机床编程基本知识及代码指令功能，熟练应用数控机床的编程指令编制出符合加工工艺过程的程序并在数控设备上完成从工件的装夹、定位到加工出符合图样要求的合格零件。本书主要内容包括数控编程基础、数控车削的基本加工工艺、数控车床的基本操作与编程、数控铣削的基本加工工艺、数控铣床和加工中心的基本操作与编程。

本书可作为高等职业院校、高等专科学校、成人高校及本科二级职业技术学院和民办高校数控技术、机械制造与自动化、模具设计与制造等专业的教材，也可供有关工程技术人员参考。

本书配有电子课件，凡使用本书作教材的教师可登录机械工业出版社教育服务网（http://www.cmpedu.com），注册后免费下载。咨询电话：010-88379375。

图书在版编目（CIP）数据

零件的数控编程与加工/刘瑞已，龙华主编. —北京：机械工业出版社，2019.1

全国机械行业职业教育优质规划教材. 高职高专　经全国机械职业教育教学指导委员会审定

ISBN 978-7-111-61805-8

Ⅰ.①零…　Ⅱ.①刘…　②龙…　Ⅲ.①机械元件-数控机床-程序设计-高等职业教育-教材②机械元件-数控机床-加工-高等职业教育-教材　Ⅳ.①TG659

中国版本图书馆 CIP 数据核字（2019）第 009282 号

机械工业出版社（北京市百万庄大街 22 号　邮政编码 100037）
策划编辑：王英杰　责任编辑：王英杰　杨　璇
责任校对：张　征　封面设计：鞠　杨
责任印制：孙　炜
天津嘉恒印务有限公司印刷
2019 年 3 月第 1 版第 1 次印刷
184mm×260mm · 13.5 印张 · 324 千字
0001—1900 册
标准书号：ISBN 978-7-111-61805-8
定价：35.00 元

凡购本书，如有缺页、倒页、脱页，由本社发行部调换

电话服务
服务咨询热线：010-88379833
读者购书热线：010-88379649

网络服务
机 工 官 网：www.cmpbook.com
机 工 官 博：weibo.com/cmp1952
教育服务网：www.cmpedu.com
金 书 网：www.golden-book.com

前　言

本书是全国机械行业职业教育优质规划教材，经全国机械职业教育教学指导委员会审定。

我国是制造业大国，目前已经成为全球装备制造基地。企业为了能够在日趋激烈的竞争中赢得一席之地，无不想方设法提高企业生产制造的自动化、柔性化和信息集成化。而数控技术则是制造业实现自动化、柔性化和信息集成化生产的基础。针对目前企业对数控技术人才的广泛迫切需求，培养适合制造业发展需求的大量高级数控专业人才已成为高等教育的紧迫任务。高等院校相关专业学生和从事数控技术、机械制造技术的技术人员迫切需要掌握目前应用广泛的FANUC数控系统的操作与编程方法、利用数控机床加工零件时的相关工艺知识以及利用计算机辅助制造软件高效地编制数控程序的方法。

本书以FANUC数控系统为蓝本，按照“实操为目的，理论为基石”的宗旨来合理分配理论知识与实操技能在本书中所占的比例。本书中不仅较为全面地介绍了数控车床、铣床与加工中心编程的基本知识，而且还提供了内容丰富且较为详尽的编程示例。大部分章节都设有【章前导读】、【课前互动】、【课间互动】、【课后互动】、【学有所获】、【总结回顾】、【课后实践】以及大量的思考与练习题和多个综合加工习题。尤其值得一提的是，编者将其在实践中获得的经验以“特别提示”的方式在书中予以注明，能让读者特别是初学者少走弯路。

全书共5章，主要内容包括数控编程基础、数控车削的基本加工工艺、数控车床的基本操作与编程、数控铣削的基本加工工艺、数控铣床和加工中心的基本操作与编程。参加本书编写的人员有湖南工业职业技术学院刘瑞已、龙华、陈波、欧阳陵江、唐琴，长沙航空职业技术学院黄登红，重庆工业职业技术学院黄晓敏。本书由刘瑞已主编并统稿，由黄登红、黄晓敏任副主编，由湖南工业职业技术学院董建国教授主审。本书在编写过程中，参考了大量的文献，编者尽可能一一注明，但由于文献较多，遗漏在所难免，在此向所有参考文献作者表示衷心的感谢！

数控技术所包含的内容极其丰富，涉及领域甚广，再加上数控系统的发展日新月异，限于编者的学识和水平，书中难免存在不妥和疏漏之处，恳请广大读者批评指正。

编　者

目　录

第1章

数控编程基础

【章前导读】

要想学好数控编程，首先必须了解数控机床、数控机床的坐标系、数控机床加工过程和工作原理、数控编程的内容与方法、数控程序的基本结构以及数控编程的注意事项。本章将就这几个方面逐一进行阐述。

【课前互动】

根据大家所见到的普通车床、铣床，请大家猜想一下：

1. 数控车床、铣床是什么样子？
2. 数控机床可能具备什么样的特点？

1.1 数控机床入门

1.1.1 数控机床与数控系统

数控机床采用零件加工程序控制机床的运动和加工过程，程序中含有加工中所需的信息，如刀具的进给路线、各种辅助功能、主轴转速、进给速度、换刀、切削液开关等。当加工对象改变时，只需要编制相应的零件加工程序，就可以加工新零件，不需要改变机床硬件装备。

数控机床主要由三个基本部分组成，即数控系统、伺服驱动装置和机床本体，如图1-1所示。

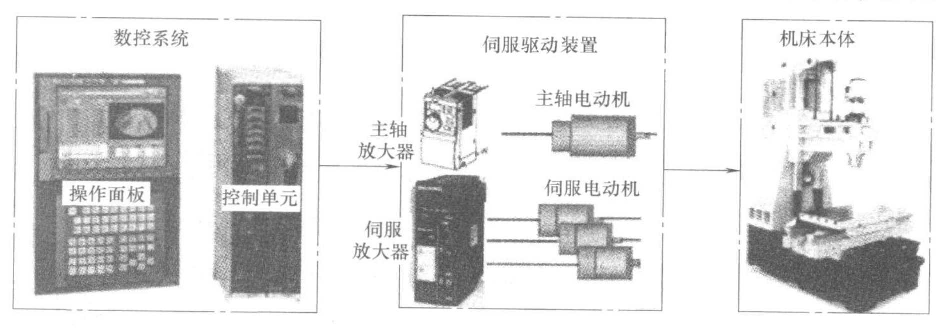

图1-1 数控机床的组成

数控机床的智能指挥系统称为数控系统，数控系统是数控机床专用的计算机系统。目前，我国数控机床常采用的数控系统，国外品牌有 FANUC 数控系统（如 F0/F00/F0i Mate 系列和 FANUC 0i 系列）、西门子系统（如 SIEMENS 802、810、840 系统及全数字化的 SIEMENS 840D 系统）；国产自主开发的数控系统有华中科技大学的世纪星和华中 8 系列、中国科学院沈阳计算机所的蓝天一型系统、北京航天机床数控集团的航天一型系统等。

伺服驱动装置是机床的动力装置，其把数控系统发来的各种动作指令，转化成机床移动部件的运动。

机床本体也称为数控机床光机，是数控机床的机械部分。有些数控机床还配备了特殊的部件，如回转工作台、刀库、自动换刀装置和托盘自动交换装置等。

1.1.2 数控机床加工过程

数控机床加工过程如图 1-2 所示，即对零件图样进行工艺分析，确定加工方案，用规定代码编制零件加工程序，把加工程序输入数控系统，经过数控系统处理，发出指令，自动控制机床完成切削加工，加工出符合要求的零件。

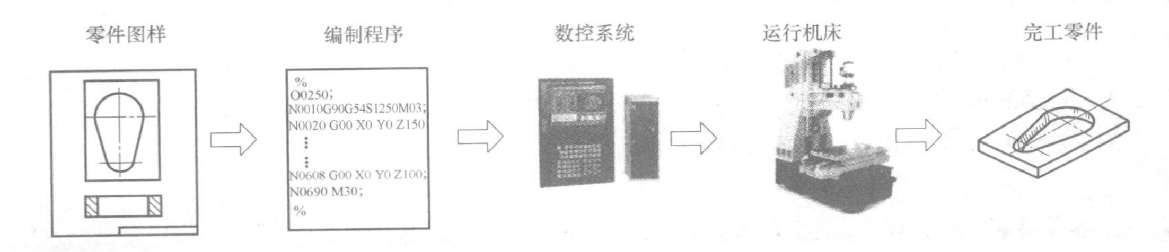

图 1-2 数控机床加工过程

1.1.3 数控加工程序

数控加工的核心是编制加工程序。程序用规定格式记录加工中所需要的工艺信息和刀具轨迹。为使数控程序通用化，实现不同数控系统程序数据的互换，数控程序的格式有一系列国际标准，我国相应的国家标准与国际标准基本一致。所以不同的数控系统，编程指令基本相似，同时也有一定差别。本书介绍 FANUC 系统数控编程指令。

1.2 数控机床的坐标系

1.2.1 数控机床坐标系的确定

数控机床的标准坐标系及其运动方向，在国际标准中有统一规定，我国制定的国家标准 GB/T 19660—2005 与之等效。

1. 规定原则

（1）右手直角笛卡儿坐标系　标准的机床坐标系是一个右手直角笛卡儿坐标系，用右手法则判定，如图 1-3 所示。右手的拇指、食指、中指互相垂直，并分别代表 $+X$、$+Y$、$+Z$ 轴。围绕 $+X$、$+Y$、$+Z$ 轴的回转运动分别用 $+A$、$+B$、$+C$ 表示，其正向用右手螺旋定则确定。与$+X$、$+Y$、$+Z$ 、$+A$、$+B$、$+C$ 相反的方向用带“′”的$+X'$、$+Y'$、$+Z'$ 、$+A'$、$+B'$、$+C'$表示。

（2）刀具运动坐标与工件运动坐标　数控机床的坐标系是机床运动部件进给运动的坐标系。由于进给运动可以是刀具相对工件的运动（如数控车床），也可以是工件相对刀具的运动（如数控铣床），所以统一规定：不论机床的具体结构是工件相对静止、刀具运动，还是工件运动、刀具相对静止，在确定坐标系时，一律看作是刀具相对静止的工件运动，且坐标（X、Y、Z、A、B、C）不带“′”的表示刀具相对“静止”的工件而运动的刀具运动坐标，带“′”的表示工件相对“静止”的刀具而运动的工件运动坐标。

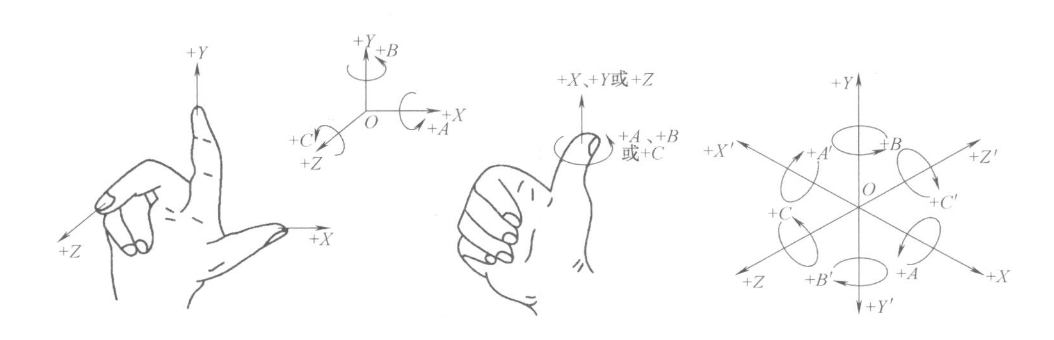

图 1-3　右手直角笛卡儿坐标系

（3）运动的正方向　规定使刀具与工件距离增大的方向为运动的正方向。

2. 坐标轴确定的方法及步骤

（1）确定 Z 轴　一般取产生切削力的主轴轴线为 Z 轴，刀具远离工件的方向为正向，如图 1-4~图 1-6 所示。当机床有几个主轴时，选一个与工件装夹面垂直的主轴为 Z 轴。当机床有多个主轴时，选与工件装夹面垂直的方向为 Z 轴的正方向。

（2）确定 X 轴　X 轴一般位于平行工件装夹面的水平面内。对于工件做回转切削运动的机床（如车床、磨床等），在水平面内取垂直工件回转轴线（Z 轴）的方向为 X 轴，刀具远离工件的方向为正向，如图 1-4 所示。

对于刀具做回转切削运动的机床（如铣床、镗床等），当 Z 轴垂直时，人面对主轴，向右为 X 轴正方向，如图1-5所示；当 Z 轴水平时，则向左为 X 轴正方向，如图 1-6 所示。

对于无主轴的机床（如刨床），以切削方向为 X 轴正方向。

（3）确定 Y 轴　根据已确定的 X、Z 轴，按右手直角笛卡儿坐标系确定 Y 轴。

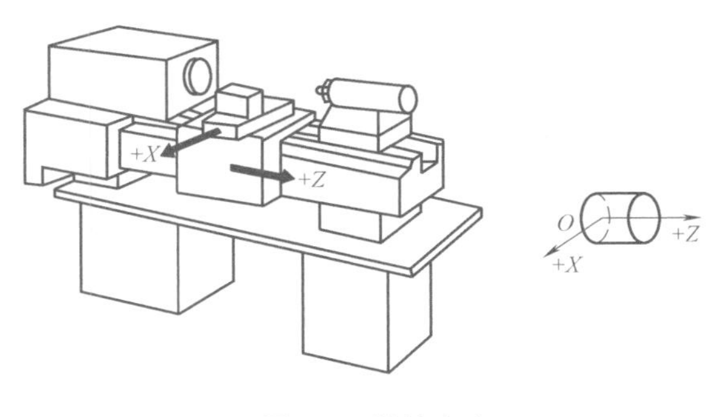

图 1-4　数控车床

（4）A、B、C 轴　此三轴为回转进给运动坐标轴。根据已确定的 X、Y、Z 轴，用右手螺旋定则确定 A、B、C 三轴。

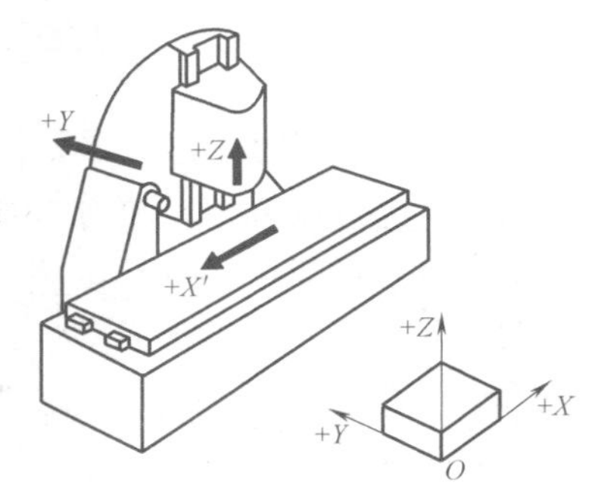

图 1-5　立式数控铣床

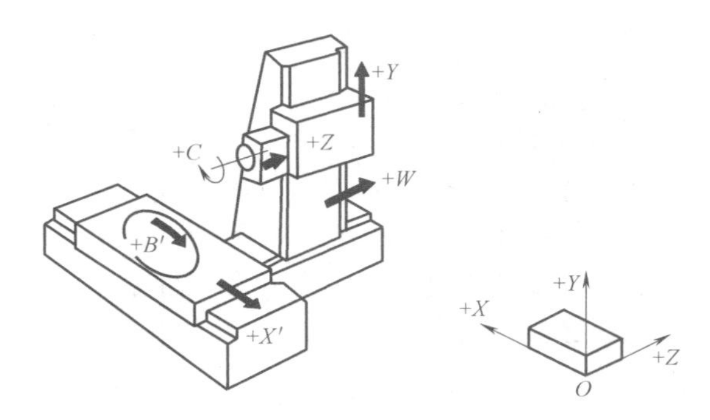

图 1-6　卧式数控铣床

3. 附加坐标运动

在 *X*、*Y*、*Z* 这一主要坐标系之外，还有平行于它们坐标轴的第二组、第三组运动，可分别指定为附加坐标系 *U*、*V*、*W* 和 *P*、*Q*、*R*。

1.2.2　机床坐标系与工件坐标系

1. 机床坐标系、机床原点与机床参考点

（1）机床坐标系　机床坐标系是机床上固有的坐标系，是用来确定工件坐标系的基本坐标系，是确定刀具（刀架）或工件（工作台）位置的参考系，其坐标原点建立在机床原点上。机床坐标系各坐标轴和运动正方向按前述标准坐标系规定设定。

（2）机床原点　现代数控机床都有一个基准位置，称为机床原点，是机床制造商设置在机床上的一个物理位置，通常不允许用户改变。它的作用是使机床与控制系统同步，建立测量机床运动坐标的起始点。机床原点是工件坐标系、机床参考点的基准点。数控车床的机床原点一般设在行程的极限位置或卡盘端面的中心，如图 1-7 所示。数控铣床的机床原点，不同的制造商设置的位置不尽相同，有的设在机床工作台的中心，有的设在主轴位于正极限位置的一基准点上，如图 1-8 所示。

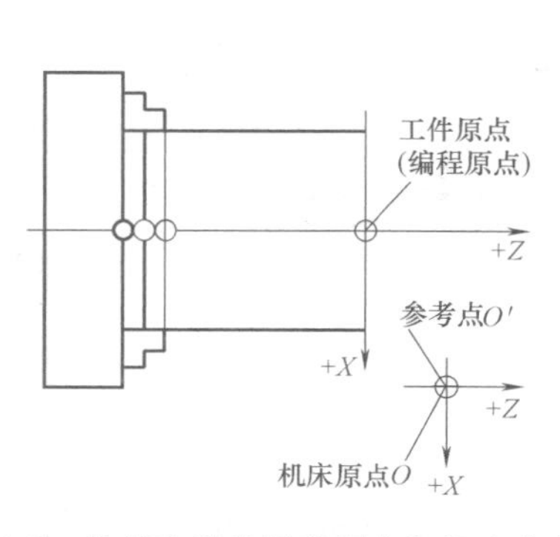

图 1-7　数控车床的机床原点和机床参考点

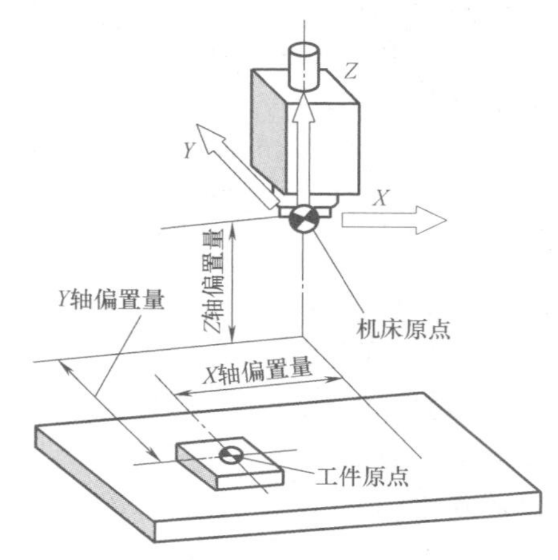

图 1-8　立式数控铣床的机床原点和工件原点

特别提示：机床原点即机床零点是数控机床工作的基准，可通过回机床参考点来确定，它是固定的，由机床制造商来设置。

（3）机床参考点　机床参考点是由机床原点间接确定的，机床参考点也是机床上的一个固定点，它与机床原点之间有一个确定的相对位置，也经常与机床原点重合。一般来说，加工中心的参考点设在工作台位于负极限位置的一基准点上，该极限位置通过机械挡块来调整和确定，但必须位于各坐标轴的移动范围内。为了在机床工作时建立机床坐标系，要通过参数来指定机床参考点到机床原点的距离，此参数通过精确测量来确定。一般来说，机床工作前，必须先进行回机床参考点动作，各坐标轴回零，才可建立机床坐标系。机床参考点的位置可以通过调整机械挡块的位置来改变，改变后必须重新精确测量并修改机床参数。

2. 工件坐标系

工件坐标系是在数控编程时用来定义工件形状和刀具相对工件运动的坐标系，为保证编程与机床加工的一致性，工件坐标系也应是右手直角笛卡儿坐标系。工件装夹到机床上时，应使工件坐标系与机床坐标系的坐标轴方向保持一致。工件坐标系的原点称为工件原点或编程原点，工件原点在工件上的位置虽可任意选择，但一般应遵循以下原则：

1）工件原点选在工件图样的基准上，以利于编程。

2）工件原点尽量选在尺寸精度高、表面粗糙度值低的工件表面上。

3）工件原点最好选在工件的对称中心上。

4）要便于测量和检验。

在数控车床上加工工件时，工件原点一般设在主轴中心线与工件右端面（或左端面）的交点处。在数控铣床上加工工件时，工件原点一般设在进刀方向一侧工件外轮廓表面的某个角上或对称中心上。

1.3　数控编程前的准备

数控车削加工包括端面车削加工、外圆柱面车削加工、内圆柱面车削加工、钻孔加工、复杂外形轮廓回转面车削加工，其中复杂外形轮廓回转面车削加工一般采用CAD/CAM软件进行数控编程，其他车削加工可以采用手工编程，也可以采用CAD/CAM软件进行数控编程。

1. 机床选择与工件坐标系的确定

数控编程应根据数控机床的结构、系统的不同而确定，编程的格式、数据标准在设定时都有所不同，所以编程前操作人员应该详细了解数控机床的特性。

工件坐标系采用与机床坐标系一致的坐标轴方向，工件坐标系的原点要选择便于测量或对刀的基准位置，同时要便于编程计算。

特别提示：工件坐标系是由机床操作人员确定的，是编程的基准，一般按照方便计算、方便编程的原则来建立。

2. 工艺准备

（1）进刀、退刀方式　对于车削加工，进刀时先采用快速进给接近工件切削起始点附近的某个点，再改用切削进给，以减少空行程的时间，提高加工效率。切削进给起始点的确定与工件的毛坯余量大小有关，以刀具快速走到该点时刀尖不与工件发生碰撞为原则。车削完成退刀时一般采用快速退回的方式，但应注意刀具快速离开工件时不能与工件相邻部分发生碰撞。

（2）刀尖半径补偿　在数控车削编程中为了编程方便，把刀尖看作一个尖点，数控程序中刀具的运动轨迹即为该假想刀尖点的运动轨迹。实际上刀尖并不是尖的，而是具有一定的圆角半径，为了考虑刀尖圆角半径的影响，在数控系统中引入了刀尖半径补偿。在数控程序编写完成后，将已知刀尖半径值输入刀具补偿表中，程序运行时数控系统会自动根据对应刀尖半径值对刀具的实际运动轨迹进行补偿。

（3）进给路线的选择　数控车削的进给路线包括刀具的运动轨迹和各种刀具的使用顺序，是预先编制在加工程序中的。合理地确定运动轨迹、安排刀具的使用顺序对于提高加工效率、保证加工质量是十分重要的。数控车削的进给路线不是很复杂，也有一定规律可遵循。

3. 选择编程方式

（1）直径编程和半径编程　在数控车削加工中，*X* 坐标值有两种表示方法，即直径编程和半径编程。

1）直径编程。采用直径编程时，数控程序中的 *X* 坐标值即为零件图上的直径值。

2）半径编程。采用半径编程时，数控程序中的 *X* 坐标值即为零件图上的半径值。

有的数控系统默认的编程方式为直径编程，这是由于直径编程与图样中的尺寸标注一致，可以避免尺寸换算及换算过程中可能造成的错误，因而给数控编程带来很大的方便。具体采用直径方式还是半径方式编程，是由 G 代码规定的准备功能指定 *X* 轴尺寸是直径方式还是半径方式。

（2）绝对值编程和增量值编程　确定轴移动的指令方法有绝对指令和增量指令两种。

1）绝对值指令是对各轴移动到终点的坐标值进行编程的方法，也称为绝对值编程法。

2）增量值指令是用各轴的移动量直接编程的方法，也称为增量值编程法。

如图 1-9 所示，当从 *A* 直接移动到 *B*，两种方法编程如下。

绝对值编程：G01 X120 Z30；（直径编程）

增量值编程：G01 U80 W-60；（直径编程）

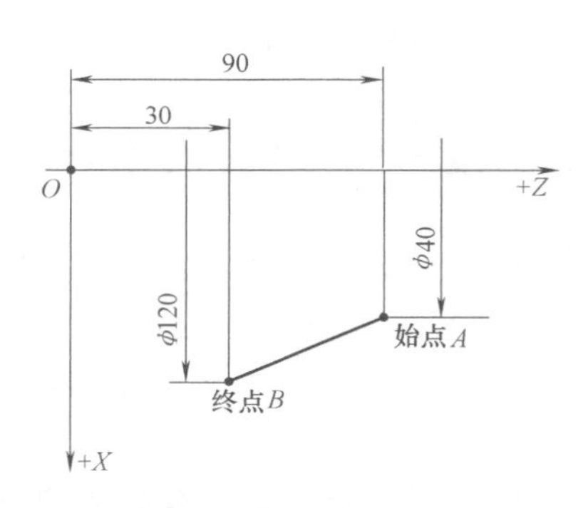

图 1-9　编程方式选择图

4. 尺寸单位的确定

数控系统提供英制输入制式和米制输入制式，两种制式下线性轴、旋转轴的尺寸单位在编程前要进行选择，并用指令的模态功能在程序段前进行注销登记，防止上一程序段选择的尺寸与目前编制的程序所用尺寸单位不一致，造成不可预测的后果。

5. 主轴速度控制指令的选择

在数控车削时，按需要可以设置恒切削速度（如为保证车削后工件的表面粗糙度一致，应设置恒切削速度），车削过程中数控系统根据车削时工件不同位置处的直径计算主轴的转速。设置恒切削速度后，由于主轴的转速在工件不同截面上是变化的，为防止主轴转速过高而发生危险，在设置恒切削速度前，可以将主轴最高转速设置在某一个最高值，切削过程中当执行恒切削速度时，主轴最高转速将被限制在这个最高值以内。

特别提示：一般在加工变直径的工件时可以考虑采用恒切削速度，如圆锥面、圆弧面等。

6. 进给速度的确定

表示工件被加工时刀具相对于工件的合成进给速度，有每分钟进给量 mm/min 和主轴每转一转刀具的进给量 mm/r 两种，用 F 指令表示。当工作在 G01、G02 或 G03 方式下编程的 F 值一直有效，直到被新的 F 值所取代；而工作在 G00 方式下快速定位的速度是各轴的最高速度，与所编程的 F 值无关。借助机床控制面板上的倍率调整旋钮，F 值可在一定范围内进行倍率修调。当执行攻螺纹循环、螺纹切削时倍率开关失效，进给倍率固定在 100%。在数控车削加工中一般采用每转进给模式，只有在用动力刀具时（如铣削），才采用每分钟进给模式。在每转进给模式下，当主轴速度较低时会出现进给倍率波动。主轴转速越低，倍率波动发生越频繁。

1.4 数控编程的内容和方法

1.4.1 数控编程的内容

数控编程是编程人员（程序员或数控机床操作人员）根据零件图样和工艺文件的要求，编制出可在数控机床上运行以完成规定加工任务的一系列指令的过程。具体来说，数控编程是从分析零件图样和工艺要求开始到程序检验合格为止的全部过程。

一般数控编程的内容如下。

1. 分析零件图样和工艺要求

分析零件图样和工艺要求的目的是确定加工方法、制订加工计划以及确认与生产组织有关的问题。此步骤包括以下内容：

1）确定该零件应安排在哪类或哪台机床上进行加工。

2）确定采用何种装夹具或何种装夹方法。

3）确定采用何种刀具或采用多少把刀进行加工。

4）确定加工路线，即选择对刀点、程序起点（又称为加工起点，其常与对刀点重合）、进给路线、程序终点（程序终点常与程序起点重合）。

5）确定背吃刀量、进给速度、主轴转速等切削参数。

6）确定加工过程中是否需要提供切削液、是否需要换刀、何时换刀等。

2. 数值计算

根据零件图样几何尺寸，计算零件轮廓数据，或根据零件图样和进给路线，计算刀具中心（或刀尖）运行轨迹数据。数值计算的最终目的是为了获得编程所需要的所有相关位置坐标数据。

3. 编写加工程序单

在完成上述两个步骤之后，即可根据已确定的加工方案及数值计算获得的数据，按照数控系统要求的程序格式和代码格式编写加工程序等。

4. 输入程序信息

程序单完成后，编程人员可以通过数控机床的操作面板，在 EDIT 方式下直接将程序信息输入数控系统程序存储器中；也可以把程序单的程序存放在计算机或其他介质上，再根据需要传输到数控系统中。

5. 程序检验

编制好的程序，在正式用于生产加工前，必须进行程序运行检验，有时还需做零件试加工检验。根据检验结果，对程序进行修改→再检验→……这往往要经过多次反复，直到获得完全满足加工要求的程序为止。

1.4.2 数控编程的方法

程序编制方法可以分为手工编程和自动编程两大类。

1. 手工编程

手工编程是指编制零件加工程序的各个步骤，即从零件图样分析，工艺处理，确定加工路线和工艺参数，计算程序中所需的数据，编写加工程序单直到程序检验，均由人工来完成。对几何形状较为简单的零件，所需程序不多，坐标计算也比较简单，程序又不长，使用手工编程既经济又及时。因此，手工编程在点位直线加工及直线圆弧组成的轮廓加工中仍广泛应用。

但是，零件轮廓复杂，特别是加工非圆弧曲线、曲面等表面，或零件加工程序较长时，使用手工编程既烦琐又费时，而且容易出错，常会出现手工编程工作跟不上数控机床加工的情况，影响数控机床的开动率。此时，必须解决程序编制的自动化问题。

2. 自动编程

自动编程又称为计算机辅助编程。自动编程在自动编程系统上进行，其是由一台通用计算机配上打印机和自动绘图机等组成，可以完成手工编程的大部分工作。自动编程系统使用数控语言描述切削加工时的刀具和工件的相对运动轨迹和一些加工工艺过程，程序员只需使用规定的数控语言编一个简短的工件源程序，然后输入计算机，自动编程系统自动完成运动轨迹的计算、加工程序编制等工作，所编程序还可以通过屏幕显示或绘图仪进行模拟加工演示。有错误时可以在屏幕上进行编辑、修改，直至程序正确为止。自动编程与手工编程相比，编程工作量减轻，编程时间缩短，编程的准确性提高，特别是复杂工件的编程，其技术经济效益显著。

1.5 数控编程的注意事项

1）养成良好的编程习惯。在程序段第一行设定指令，保证编制的程序在执行时不受前面程序执行时留下的影响，如在第一段写入 N005 G90 G40 G94。

2）熟悉所使用机床的力学性能、所规定使用的指令、编程格式，能充分发挥数控机床功能。

3）工件坐标系（编程坐标系）选择。合理运用编程指令中坐标系变换指令，保证运算和使用简便。

4）使用优化结构编制高效程序。

5）对零件加工工艺等方面知识要了解充分，制订合理工艺方案，选择最短的加工路线，能充分缩短加工时间，提高生产率。

1.6　程序的结构与组成

数控加工程序是由若干程序段组成，程序段由一个或若干个指令字组成，指令字由地址符和数字组成，其代表数控机床的一个位置或动作。

1. 程序结构格式

一个完整的加工程序包括开始符、程序名、程序主体和程序结束指令。一个加工程序是由遵循一定结构、句法和格式规则的若干个程序段组成的，而每个程序段是由若干个指令字组成的，如图 1-10 所示。

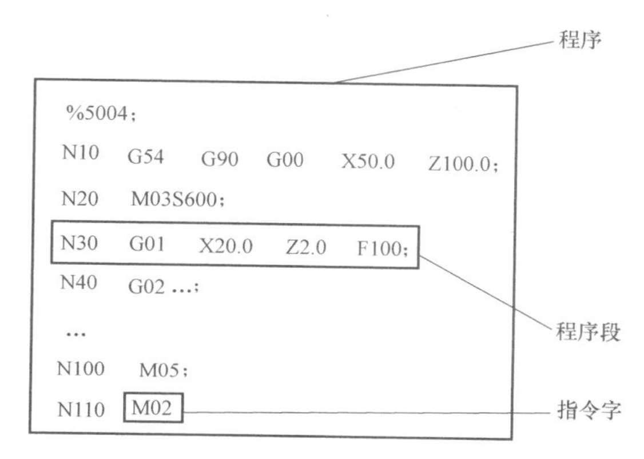

图 1-10　数控程序结构格式

一个加工程序有程序名和结束符。程序名位于程序主体之前，一般单占一行。华中数控系统中程序名以“%”开头，FANUC 系统中，程序名以“O”开头，再加四位数字组成程序名，它们无属性，如%3721、O0003、O3452 等。

一个加工程序是按程序段的输入顺序执行的，而不是按程序段号的顺序执行的，但书写程序时建议按升序书写程序段号。

每个程序段结束用分隔符表示，如分号、LF 或省略等。ISO 代码中程序段结束符号为 LF；ELA 代码中程序段结束符号为 CR。

程序结束用 M02 或 M30。

注释符：括号（　）内或分号“;”、“/”等后的内容为注释文字。

2. 程序段格式

采用字地址格式，如 N020 G90 G00 X50 Z60。

地址 N 为程序段号，地址 G 和数字 90、00 构成字地址为准备功能。

程序是由多条指令组成，每一条指令都称为程序段（占一行）。

程序段之间根据系统不同用不同的符号隔开，指令字由地址及其后续的数值构成。

程序顺序号由 N 说明，范围为 1~9999，顺序号是任意给定的，可以不连续，可以在所有的程序段中都指定顺序号，也可在必要的程序段指明顺序号。

3. 指令字

程序段由指令字组成，而指令字由地址和地址后带符号或不带符号的数字构成。如下所示。

X　　　100

（地址 +　数字）= 指令字

地址是大写字母 A 到 Z 中的一个，其规定了其后数字的意义。表 1-1 列出了数控系统常用各个地址的意义和指令值范围。

表 1-1　数控系统常用各个地址的意义和指令值范围

功　能	地　　址	意义和范围
程序名	O	程序编号
程序段号	N	顺序编号
准备功能	G	指令运动状态:G00~G99
尺寸字	X、Y、Z,U、V、W R I、J、K	坐标轴的移动指令 圆弧半径 圆心相对始点的增量
进给功能	F	进给速度指令
主轴功能	S	主轴转速指令
刀具功能	T	刀位号、刀补号
辅助功能	M	机床开/关控制指令:M00~M99
暂停	X、P	暂停时间指令
子程序号指令	P	指定子程序号
重复次数	L	子程序的重复次数
参数	P、Q、R,V、U、W,I、J、K,A	切削循环参数
倒角控制	C、R	倒角距离、倒角半径

指令字也称为功能指令。功能指令分为模态指令和非模态指令两种。模态指令是指功能指令在数控程序中一直起作用，直到被同一组其他指令所取代才失去作用。只在指令程序段中起作用的功能指令称为非模态指令。

（1）准备功能指令（G 指令）　G 指令是用来规定刀具和工件的相对运动轨迹（即插补功能)、机床坐标系、坐标平面、刀具补偿和坐标偏置等多种加工操作的指令。不同的数控系统，G 指令的功能不同，编程时需参考机床制造厂的编程说明书。

这里只介绍常用的 FANUC 0i 系统的 G 指令，表 1-2 和 1-3 分别为 FANUC 0i-MA 数控铣床和 FANUC 0i-Mate-TB 数控车床常用的 G 指令。

表 1-2　FANUC 0i-MA 数控铣床常用的 G 指令

G 指令	组别	功　　能	G 指令	组别	功　　能
G00	01	点定位	G11	00	可编程数据输入取消
G01	01	直线插补	G15	17	极坐标指令取消
G02	01	顺时针圆弧插补,螺旋线插补	G16	17	极坐标指令
G03	01	逆时针圆弧插补,螺旋线插补	G17	02	选择 *XY* 平面
G04	00	暂停、准确停止	G18	02	选择 *XZ* 平面
G05.1	00	预读控制(超前读多个程序段)	G19	02	选择 *YZ* 平面
G07.1 (G107)	00	圆柱插补	G20	06	英制输入
G08	00	预读控制	G21	06	米制输入
G09	00	准确停止	G22	04	存储行程检测功能接通
G10	00	可编程数据输入	G23	04	存储行程检测功能断开

（续）

G指令	组别	功　能	G指令	组别	功　能
G27	00	返回参考点检测	G60	00/01	单方向定位
G28	00	自动返回参考点	G61	15	准确停止方式
G29	00	从参考点返回	G62	15	自动拐角倍率
G30	00	返回第2、3、4参考点	G63	15	攻螺纹方式
G31	00	跳转功能	G64	15	切削方式
G33	01	螺纹切削	G65	00	宏程序非模态调用
G37	00	自动刀具长度测量	G66	12	宏程序模态调用
G39	00	拐角偏置圆弧插补	G67	12	宏程序模态调用取消
G40	07	刀具半径补偿取消	G68	16	坐标旋转有效
G41	07	刀具半径左补偿	G69	16	坐标旋转取消
G42	07	刀具半径右补偿	G73	09	高速钻深孔循环
G43	08	正向刀具长度补偿	G74	09	攻左旋螺纹循环
G44	08	负向刀具长度补偿	G76	09	精镗孔循环
G40.1（G150）	18	法线方向控制取消	G80	09	固定循环取消/外部操作功能取消
G41.1（G151）	18	左侧法线方向控制	G81	09	钻孔循环、锪镗循环或外部操作功能
G42.1（G152）	18	右侧法线方向控制	G82	09	钻孔循环或反镗循环
G45	00	刀具位置偏置（加）	G83	09	钻深孔循环
G46	00	刀具位置偏置（减）	G84	09	攻右旋螺纹循环
G47	00	刀具位置偏置加两倍	G85	09	镗孔循环
G48	00	刀具位置偏置减两倍	G86	09	镗孔循环
G49	08	刀具长度补偿取消	G87	09	背镗孔循环
G50	11	比例缩放取消	G88	09	镗孔循环
G51	11	比例缩放有效	G89	09	镗孔循环
G50.1	22	可编程镜像取消	G90	03	绝对值编程
G51.1	22	可编程镜像有效	G91	03	增量值编程
G52	00	局部坐标系设定	G92	00	设定工件坐标系或最大主轴速度控制
G53	00	选择机床坐标系	G92.1	00	工件坐标系预置
G54	14	选择工件坐标系1	G94	05	每分钟进给
G54.1	14	选择附加工件坐标系	G95	05	主轴每转进给
G55	14	选择工件坐标系2	G96	13	恒线速度控制（切削速度）
G56	14	选择工件坐标系3	G97	13	恒线速度控制取消
G57	14	选择工件坐标系4	G98	10	固定循环返回到初始点
G58	14	选择工件坐标系5	G99	10	固定循环返回到 R 点
G59	14	选择工件坐标系6			

表 1-3　FANUC　0i-Mate-TB 数控车床常用的 G 指令

G 指令			组别	功　能
A	B	C		
G00	G00	G00	01	点定位
G01	G01	G01	01	直线插补
G02	G02	G02	01	顺时针圆弧插补
G03	G03	G03	01	逆时针圆弧插补
G04	G04	G04	00	暂停(延时)
G07.1 (G107)	G07.1 (G107)	G07.1 (G107)	00	圆柱插补
G10	G10	G10	00	可编程数据输入
G11	G11	G11	00	可编程数据输入取消
G12.1 (G112)	G12.1 (G112)	G12.1 (G112)	21	极坐标插补方式
G13.1 (G113)	G13.1 (G113)	G13.1 (G113)	21	极坐标插补取消
G17	G17	G17	16	选择 *XY* 平面
G18	G18	G18	16	选择 *XZ* 平面
G19	G19	G19	16	选择 *YZ* 平面
G20	G20	G70	06	英制输入
G21	G21	G71	06	米制输入
G22	G22	G22	09	存储行程检测功能接通
G23	G23	G23	09	存储行程检测功能断开
G25	G25	G25	08	主轴速度波动检测功能断开
G26	G26	G26	08	主轴速度波动检测功能接通
G27	G27	G27	00	返回参考点检测
G28	G28	G28	00	自动返回参考点
G30	G30	G30	00	返回第 2、3、4 参考点
G31	G31	G31	00	跳转功能
G32	G32	G32	01	螺纹切削,等螺距
G34	G34	G34	01	变螺距螺纹切削
G36	G36	G36	00	自动刀具补偿 *X*
G37	G37	G37	00	自动刀具补偿 *Z*
G40	G40	G40	07	刀尖圆弧半径补偿取消
G41	G41	G41	07	刀尖圆弧半径左补偿
G42	G42	G42	07	刀尖圆弧半径右补偿
G50	G92	G92	00	坐标系设定或最大主轴速度设定
G50.3	G92.1	G92.1	00	工件坐标系预置
G50.2 (G250)	G50.2 (G250)	G50.2 (G250)	20	多边形车削取消

（续）

G指令			组别	功　能
A	B	C		
G51.2（G251）	G51.2（G251）	G51.2（G251）	20	多边形车削
G52	G52	G52	00	局部坐标系设定
G53	G53	G53	00	选择机床坐标系
G54	G54	G54	14	选择工件坐标系1
G54.1	G54.1	G54.1	14	选择附加工件坐标系
G55	G55	G55	14	选择工件坐标系2
G56	G56	G56	14	选择工件坐标系3
G57	G57	G57	14	选择工件坐标系4
G58	G58	G58	14	选择工件坐标系5
G59	G59	G59	14	选择工件坐标系6
G65	G65	G65	00	宏程序非模态调用
G66	G66	G66	12	宏程序模态调用
G67	G67	G67	12	宏程序模态调用取消
G70	G70	G72	00	精加工循环
G71	G71	G73	00	轴向粗车复合循环
G72	G72	G74	00	径向粗车复合循环
G73	G73	G75	00	仿形粗车循环
G74	G74	G76	00	排屑钻端面孔
G75	G75	G77	00	外径/内径钻孔
G76	G76	G78	00	多线螺纹循环
G80	G80	G80	10	固定钻循环取消
G83	G83	G83	10	钻孔循环
G84	G84	G84	10	攻螺纹循环
G85	G85	G85	10	正面镗循环
G87	G87	G87	10	侧钻循环
G88	G88	G88	10	侧攻螺纹循环
G89	G89	G89	10	侧镗循环
G90	G77	G20	01	轴向切削循环
G92	G78	G21	01	螺纹切削循环
G94	G79	G24	01	径向切削循环
G96	G96	G96	02	恒线速度控制
G97	G97	G97	02	恒转速控制
G98	G94	G94	05	每分钟进给
G99	G95	G95	05	每转进给
	G90	G90	03	绝对值编程
	G91	G91	03	增量值编程
	G98	G98	11	返回到初始平面
	G99	G99	11	返回到 R 平面

表 1-2 和表 1-3 中的 G 指令以组别可区分为两类，属于“00”组别的指令，为非模态指令，属于非“00”组别的指令，为模态指令。G 指令有模态与非模态之分，模态指令又称为续效指令，一经在程序段中指定，便一直有效，直到以后程序段中出现同组另一指令或被其他指令取消时才失效。编写程序时，与上段相同的模态指令可省略不写。不同组模态指令编在同一程序段内，不影响其续效。例如：

N0010 G91　G01　X20　Y20　Z-5　F150;

N0020 X35;

N0030 G90　G00　X0　Y0　Z100　M02;

上例中，第一段出现两个模态指令，即 G91 和 G01，因它们属于不同组而均续效，其中 G91 功能延续到第三段出现 G90 时失效；G01 功能在第二段中继续有效，至第三段出现 G00 时才失效。

表 1-3 中 G 指令有 A、B、C 三种类型，一般数控车床大多设定为 A 类型。

（2）辅助功能字（M 指令）　M 辅助功能字是数控系统中描述机床主轴动作、切削液开关、夹具动作等其他辅助动作的功能字，是数控系统中又一种复杂的功能字。ISO 标准规定，M 功能由字母 M 与两个十进制阿拉伯数字组成，从 M00～M99 共 100 条。表 1-4 列出了常用辅助功能的 M 指令及其用途。

表 1-4　常用辅助功能的 M 指令及其用途

M 指令	用　途	M 指令	用　途
M00	程序暂停	M07	1 号切削液开
M01	程序选择性暂停	M08	2 号切削液开
M02	程序结束	M09	切削液关
M03	主轴正转	M30	程序结束,并返回程序起点
M04	主轴反转	M98	调用子程序
M05	主轴停止	M99	子程序结束,并返回主程序
M06	换刀		

特别提示：M00 为程序暂停指令。程序执行到此进给停止，主轴停转。重新按“启动”按钮后，可继续执行后面的程序段。它主要用于在加工中使机床暂停（检验工件、调整、排屑等）。

M01 为程序选择性暂停指令。程序执行时，控制面板上“选择停止”按钮处于“ON”状态时此指令才能有效，否则该指令无效。执行后的效果与 M00 相同，常用于关键尺寸的检验或临时暂停。

M02 为程序结束指令。执行到此指令，进给停止，主轴停止，切削液关闭，但程序执行光标停在程序末尾。

M30 为程序结束指令。功能同 M02，不同之处是程序执行光标返回到程序起始位置。

（3）进给功能指令（F 指令）　F 指令表示刀具插补运动时刀位点的速度。它由字母 F+若干位数组成。这个数的单位取决于进给速度的指定方式。进给速度的指定方式主要有每分钟进多少毫米（mm/min）和每转进多少毫米（mm/r）两种，它由 G 功能字来区分。螺纹加工时 F 后面的数字为螺纹导程。

例如：G98 … F100 表示进给速度为 100 mm/min；G99 … F0.8，表示进给速度为0.8mm/r。

使用F指令时的注意事项如下：

1）当编写程序时，第一次遇到直线或圆弧插补指令时，必须编写F指令。如果没有编写F指令，数控系统采用最低速进给，有些系统甚至采用F0。当工作在点定位方式时，机床将以通过机床轴参数设定的快速进给率移动，与编写的F指令无关。

2）F指令为模态指令，实际进给率可以通过操作面板上的进给倍率旋钮，在0~120%的范围内调整。

（4）主轴功能字（S指令） S指令表示机床主轴的转速。由字母S+若干位数组成，有如下两种表达方式：

1）G96 S300 G50 S2000，表示主轴恒线速度切削，转速为300m/min，限定主轴最高转速为2000r/min。

2）G97 S1500，表示主轴为恒转速切削，转速为1500r/min。

（5）刀具功能字（T指令） 它表示机床当前刀具的刀位号，或者表示当前刀具刀位号和刀补号。如果只表示刀位号，则用T+两位数表示，如T03，表示当前调用刀具是03号刀；如果表示刀位号和刀补号，则用T+四位数表示，如T0202，前面的两位数02表示当前调用02号刀，后面的两位数表示调用存储单元的刀具补偿号是02号。

特别提示：若用T0203也是允许的，它的含义是表示调用02号刀，同时把3号寄存器里面的偏置值赋给02号刀。只是为了方便记忆一般写成T0101、T0202、T0303的形式。

【学有所获】

1. 数控机床及其加工过程和工作原理。
2. 数控编程内容与方法。
3. 程序的结构。
4. 数控编程的注意事项。

【总结回顾】

本章利用图片和理论相结合的方式，具体地介绍了数控编程的基础知识。

【课后实践】

观看学校实训室的数控机床，熟悉数控机床及其特点；了解数控机床的加工过程和工作原理；了解数控加工程序结构与组成。

思考与练习题

一、判断题

1. 数控加工的编程方法主要分为手工编程和自动编程两大类。（ ）
2. 对于有主轴的机床一般以机床主轴轴线作为Z轴。（ ）
3. 自动编程是使用计算机或编程机进行数控机床程序编制工作的，比手工编程优越，

故其应用日益广泛。(　　)

4. 机床原点固定在机床上，工件原点一般设定在工件上。(　　)

二、选择题

1. 下列叙述中，(　　) 是数控编程的基本步骤之一。

A. 零件图设计　　B. 确定机床坐标系

C. 传输零件加工程序　　D. 分析图样、确定加工工艺过程

2. 数控机床的机床坐标系是由机床的 (　　) 建立的，(　　)。

A. 设计人员，机床的使用人员不能进行修改

B. 使用人员，机床的设计人员不能进行修改

C. 设计人员，机床的使用人员可以进行修改

D. 使用人员，机床的设计人员可以进行修改

3. (　　) 是编程人员在编程时使用的，由编程人员在工件上指定某一固定点为原点，建立的坐标系。

A. 标准坐标系　　B. 机床坐标系

C. 右手直角笛卡儿坐标系　　D. 工件坐标系

4. 数控机床的核心是 (　　)。

A. 数控系统　　B. 伺服系统

C. PLC　　D. 滚珠丝杠等传动装置

5. 数控机床的坐标系采用 (　　) 判定 X、Y、Z 的正方向。根据 ISO 标准，在编程时采用 (　　) 的规则。

A. 右手法则、刀具相对静止而工件运动

B. 右手法则、工件相对静止而刀具运动

C. 左手法则、工件随工作台运动

D. 左手法则、刀具随主轴移动

6. 如果机床除有 X、Y、Z 主要直线运动之外，还有平行于它们的第二组运动，则应分别命名为 (　　)。

A. A、B、C　　B. P、Q、R　　C. U、V、W　　D. D、E、F

三、简答题

1. 数控机床的加工过程是怎样的？

2. 数控机床采用什么坐标系？其坐标轴方向怎么确定？

3. 数控编程的内容有哪些？

4. 什么是模态指令？有何功用？

第2章

数控车削的基本加工工艺

【章前导读】

本书所介绍的数控编程主要是指数控车削和数控铣削编程。数控车削编程很多人认为只要根据零件图样编写出内、外轮廓加工轨迹，从而形成产品即可。实际上这仅仅是表面上的一种理解。作为一名真正的数控编程与操作工作人员，还必须对数控车削工艺进行详细的学习和分析，使加工方案和加工参数最佳，这样加工出来的产品才能精度更高，加工效率更高。

【课前互动】

1. 数控机床的加工过程是怎样的？
2. 试针对下段程序说明程序的结构。
   N10 G01 X50 Y100 F200;
3. 简要说明机床坐标系与工件坐标系的区别。
4. 在通常情况下，平行于机床主轴的坐标轴是（　　）。
   A. *X* 轴　　B. *Z* 轴　　C. *Y* 轴　　D. 不确定

2.1　数控车床简介

数控车床（CNC Lathe or CNC Turn）是用电子计算机数字化信号控制的车床。操作时可先将编制好的加工程序输入到数控车床，由数控车床的数控系统指挥各坐标轴的驱动电动机，控制车床各运动部件动作的先后顺序、速度和移动量，并与选定的主轴转速相配合，加工各种形状的回转零件。

2.1.1　数控车床的分类

数控车床的分类方法较多，归纳起来，主要有以下几种：

1. 按主轴位置分类

1）立式（Vertical）数控车床。它的主轴轴线垂直于水平面，并配有圆形工作台，主要用于加工径向尺寸大、轴向尺寸小的大型复杂零件。

2）卧式（Horizontal）数控车床。它的主轴轴线平行于水平面，主要用于加工长轴类、盘类等中小型零件。

2. 按加工零件的基本类型分类

1）卡盘式数控车床。它不配置尾座，适合车削盘类（含短轴类）零件，采用电动或液压方式夹紧零件，卡盘多采用可调卡爪或不淬火卡爪（即软卡爪）。

2）顶尖式数控车床。它配有普通尾座或数控尾座，适合车削较长的轴类零件及直径不太大的盘、套类零件。

3. 按刀架数量分类

1）单刀架数控车床。普通的数控车床一般配置单刀架。

2）双刀架数控车床。在这类数控车床中，双刀架的配置（即移动导轨形式）可以是平行分布也可以是互相垂直分布的，可实现多刀同时切削，效率较高。

4. 按数控车床功能分类

1）简易数控车床。简易（Simple）数控车床属于低档数控车床，一般用单板机或单片机进行控制。单板机不能存储程序，目前已很少使用；单片机可以存储程序，但没有刀尖圆弧半径自动补偿功能，编程时计算比较烦琐。

2）经济型数控车床。经济型（Economically）数控车床属于中档数控车床，一般具有单色显示的 CRT、程序存储和编辑功能，但没有恒线速度切削功能，刀尖圆弧半径自动补偿属于选择功能范围。

3）多功能数控车床。多功能（Multifunction）数控车床属于较高档次的数控车床，一般具备恒线速度切削、刀尖圆弧半径补偿功能、倒角、固定循环、螺纹切削、图形显示、用户宏程序等功能。

4）车削中心。车削中心（Turning Center）是配有刀库和机械手的数控车床，与数控车床单机相比，自动选择和使用的刀具数量大大增加。

卧式车削中心还具备如下两种功能：一种是动力刀具功能，即刀架上可使用回转刀具，如铣刀和钻头；另一种是 C 轴位置控制功能，该功能可以达到很高的角度定位分辨率（一般为 0.001°），还能使主轴和卡盘按进给脉冲作任意低速的回转，这样车床可实现 X、Z、C 轴三坐标两联动控制。例如：圆柱铣刀轴向安装，X-C 坐标联动就可以铣削零件端面；圆柱铣刀径向安装，Z-C 坐标联动，就可以在工件外径上铣削。此车削中心能铣削凸轮槽和螺旋槽。

另有一种双主轴车削中心，在一个主轴加工结束后，无须停机，工件被转移至另一主轴加工另一端，加工完毕后，工件除了去毛刺以外，不需要其他的补充加工。

2.1.2 数控车床的主要加工对象

数控车削是数控加工中用得最多的加工方法之一。由于数控车床具有加工精度高、能进行直线和圆弧插补（高档车床数控系统还有非圆曲线插补功能）以及在加工过程中能自动变速等特点，因此其工艺范围较普通车床宽得多。针对数控车床的特点，下列几种零件最适合数控车床加工。

1. 轮廓形状特别复杂或难于控制尺寸的回转体零件

由于数控车床具有直线和圆弧插补功能，部分车床数控系统还有某些非圆曲线插补功能，所以可以车削由任意直线和平面曲线组成的形状复杂的回转体零件和难于控制尺寸的零件，如具有封闭内成形面的壳体零件。图2-1所示壳体零件封闭内腔的成形面，“口小肚大”，在普通车床上是无法加工的，而在数控车床上则很容易加工出来。

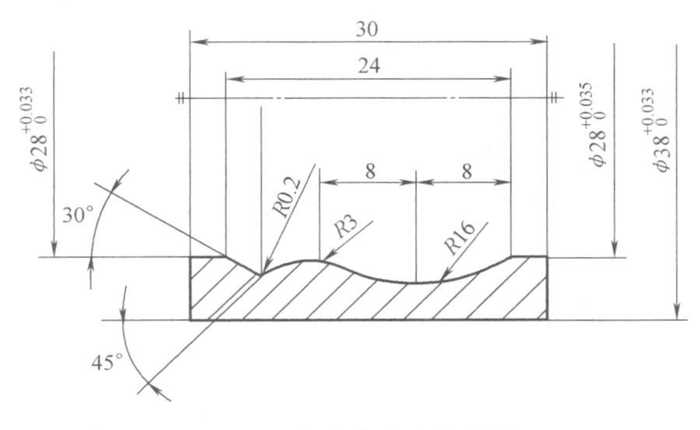

图 2-1　成形内腔壳体零件

2. 精度要求高的回转体零件

零件的精度要求主要是指尺寸精度、几何精度和表面等精度要求，其中的表面精度主要是指表面粗糙度值。例如：尺寸精度高达 0.001mm 或更小的零件；圆柱度要求高的圆柱体零件；素线直线度、圆度和倾斜度均要求高的圆锥体零件；线轮廓度要求高的零件（其轮廓形状精度可超过用数控线切割加工的样板精度）；在特种精密数控车床上，还可以加工出几何轮廓精度极高（达 0.0001mm）、表面粗糙度值极小（*Ra* 0.02μm）的超精零件（如复印机中的回转鼓及激光打印机上的多面反射体等）；通过恒线速度切削功能，还可加工表面精度要求高的各种变径表面类零件等。

3. 带特殊螺纹的回转体零件

普通车床所能车削的螺纹相当有限，其只能车削等导程的直、锥面米制或英制螺纹，而且一台车床只能限定加工若干种导程的螺纹。数控车床不但能车削任何等导程的直、锥和端面螺纹，而且能车削增导程、减导程及要求等导程与变导程之间平滑过渡的螺纹，还可以车削高精度的模数螺旋零件（如圆柱、圆弧蜗杆）和端面（盘形）螺旋零件等。数控车床可以配备精密螺纹切削功能，再加上一般采用硬质合金成形刀具以及可以使用较高的转速，所以车削出来的螺纹精度高、表面粗糙度值小。

4. 淬硬零件的加工

在大型模具加工中，有不少尺寸大且形状复杂的零件，这些零件热处理后的变形量较大，磨削加工困难，因此可用陶瓷车刀在数控车床上对淬火后的零件进行车削加工，以车代磨，提高加工效率。

5. 异形轴的加工

零件呈轴对称回转体形状，方便在车床上装夹加工。这些零件一般称为异形轴，如十字轴、曲轴等。

2.1.3　数控车床与普通车床的区别

从加工的对象结构及工艺方面上来讲，数控车床与普通车床有着很大的相似之处，但由于数控车床具备数控系统，所以数控车床与普通车床还存在很大的区别，主要有以下几个方面：

1）采用了全封闭或半封闭防护装置。此装置可防止切屑或切削液飞出，避免给操作人员带来意外伤害。

2）采用自动排屑装置。数控车床大都采用斜床身结构布局，排屑方便，便于采用自动排屑机。

3）主轴转速高，工件装夹安全可靠。数控车床大都采用了液压卡盘，夹紧力大，调整方便可靠，同时也降低了操作人员的劳动强度。

4）可自动换刀。数控车床都采用了自动回转刀架，在加工过程中可自动换刀，连续完成多道工序的加工。

5）主、进给传动分离。数控车床的主传动与进给传动采用了各自独立的伺服电动机，使传动链变得简单、可靠，同时，各电动机既可单独运动，也可实现多轴联动。

2.2 数控车削加工工艺分析

2.2.1 数控车床加工零件的工艺性分析

在选择并决定数控加工零件及其加工内容后，应对零件的数控加工工艺性进行全面、认真、仔细的分析，主要包括零件图分析与零件结构工艺性分析两部分。

1. 零件图分析

首先应熟悉零件在产品中的作用、位置、装配关系和工作条件，明确各项技术要求对零件装配质量和使用性能的影响，找出主要的、关键的技术要求，然后对零件图进行分析。

（1）尺寸标注分析　对于数控加工来说，零件图上应以同一基准引注尺寸或直接给出坐标尺寸。这种尺寸标注法既便于编程，也便于尺寸之间的互相协调，又利于设计基准、工艺基准、测量基准与编程原点设置的统一。零件设计人员在标注尺寸时，一般总是较多地考虑装配等使用特性方面的要求，因而常采用局部分散的标注方法，这样会给工序安排与数控加工带来诸多不便。实际上，由于数控加工精度及重复定位精度都很高，不会因产生较大的积累误差而破坏使用特性，因此可将局部的尺寸分散标注法改为坐标式标注法。

如图 2-2 所示，将零件设计时采用的局部分散标注（图上部的轴向尺寸）换算为以编程原点为基准的坐标式标注（图下部的尺寸）示例。

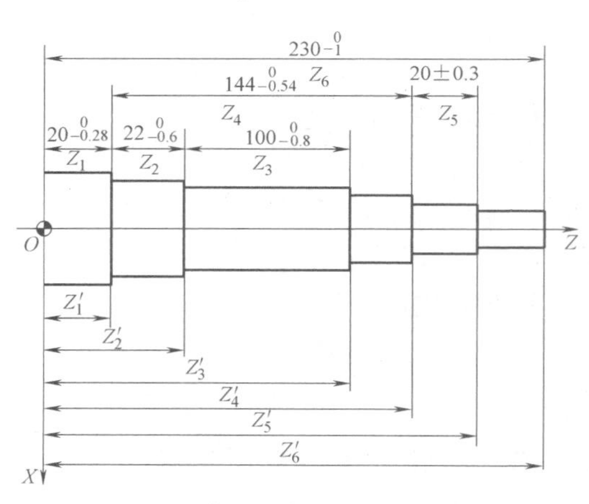

图 2-2　局部分散标注与坐标式标注

（2）零件轮廓的几何要素分析　在手工编程时要计算构成零件轮廓的每一个节点坐标，在自动编程时要对构成零件轮廓的所有几何要素进行定义，因此在分析零件图时，要分析几何要素的给定条件是否充分、正确。由于设计等多方面的原因，可能在图样上出现构成加工轮廓的条件不充分，尺寸模糊不清及多余等缺陷，有时所给条件又过于“苛刻”或自相矛盾，增加了编程工作的难度，有的甚至无法编程。因此，当审查与分析图样时，一定要仔细认真，发现问题应及时与零件设计人员协商解决。

图 2-3 所示的圆弧与斜线的关系要求为相切，但经计算后却为相交关系，而非相切。又如图 2-4 所示，图样上给定几何条件自相矛盾，其给出的各段长度之和不等于其总长。

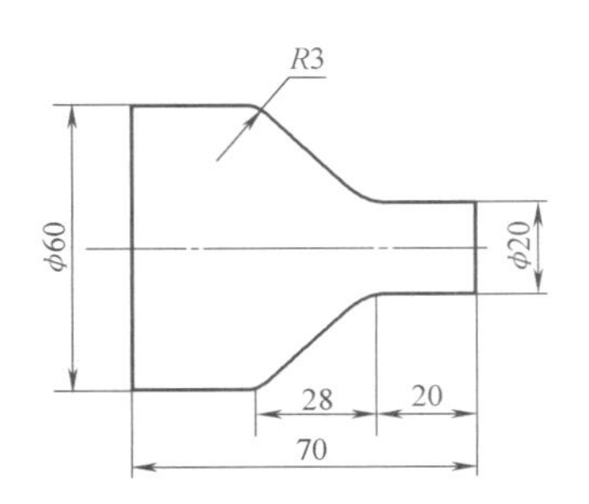

图 2-3　几何要素缺陷示例一

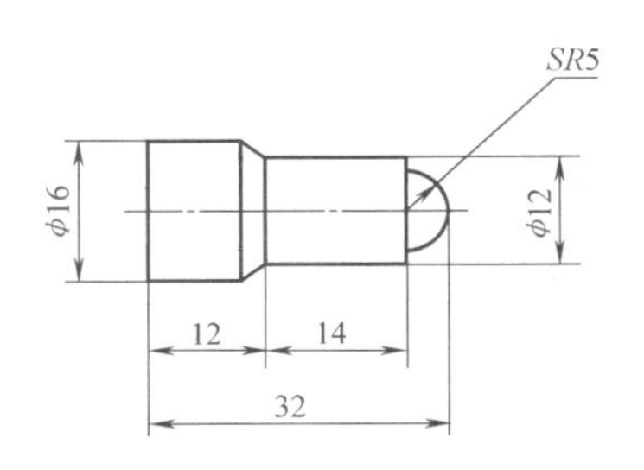

图 2-4　几何要素缺陷示例二

（3）精度及技术要求分析　对被加工零件的精度及技术要求进行分析，是零件工艺性分析的重要内容。只有在分析零件精度及技术要求的基础上，才能对加工方法、装夹方法、进给路线、刀具及切削用量等进行正确而合理的选择。精度及技术要求分析的主要内容如下：

1）分析精度及各项技术要求是否齐全、合理。对采用数控加工的表面，其精度要求应尽量一致，以便最后能一刀连续加工。

2）分析本工序的数控车削加工精度能否达到图样要求，若达不到，需采用其他措施（如磨削）弥补的话，注意给后续工序留有余量。

3）找出图样上有较高位置精度要求的表面，这些表面应在一次安装下完成。

4）对表面粗糙度要求较高的表面，应确定用恒线速度切削。

2. 零件结构工艺性分析

零件的结构工艺性是指零件对加工方法的适应性，即所设计的零件结构应便于加工成形，且成本低，效率高。在数控车床上加工零件时，应根据数控车削加工的特色，审查与分析零件结构的合理性。在结构分析时，若发现问题应向设计人员或有关部门提出修改意见，力求在不损害零件使用特性的许可范围内，更多地满足数控加工工艺的各种要求，并尽可能采用适合数控加工的结构，也尽可能发挥数控加工的优越性。

例如：图 2-5a 所示的零件，需用三把不同宽度的切槽刀切槽，如无特殊需要，显然是不合理的，若改成图 2-5b 所示结构，只需一把刀即可切出三个槽，既减少了刀具数量，少占了刀架刀位，又节省了换刀时间，提高了生产效益。

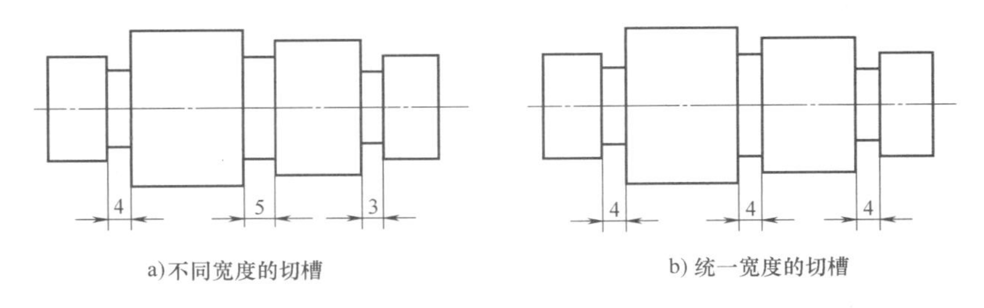

a）不同宽度的切槽　　b）统一宽度的切槽

图 2-5　结构工艺性示例

2.2.2　数控车削工艺路线的拟订

2.2.2.1　工序的划分

在数控车床上加工零件，应按工序集中的原则划分工序，应在一次安装下尽可能完成大部分甚至全部表面的加工。对于需要多台不同的数控机床、多道工序才能完成加工的零件，工序划分自然以机床为单位进行。而对于需要很少的数控机床就能加工完零件全部内容的情况，一般应根据零件的结构形状不同，选择外圆、端面或内孔、端面装夹，并力求设计基准、工艺基准和编程原点的统一。在批量生产中，常用下列两种方法进行工序的划分。

1. 按安装次数划分工序

一个或一组工人，在一个工作地对同一个或同时对几个工件所连续完成的那一部分工艺过程，称为工序。工件经一次装夹后所完成的那一部分工序称为安装，按安装次数划分工序的方法可将位置精度要求较高的表面安排在一次安装下完成，以免多次安装所产生的安装误差影响位置精度。这种工序划分方法适用于加工内容不多的零件。例如：图 2-6 所示的轴承内圈，其内孔对小端面的垂直度、滚道和大挡边对内孔回转中心的角度差以及滚道与内孔间的壁厚差均有严格的要求，精加工时划分成两道工序，用两台数控车床完成。第一道工序采用图 2-6a 所示的以大端面和大外径定位装夹的方案，将滚道、小端面及内孔等安排在一次安装下车出，很容易保证上述的位置精度。第二道工序采用图 2-6b 所示的以内孔和小端面定位装夹的方案，车削大外圆和大端面及倒角。

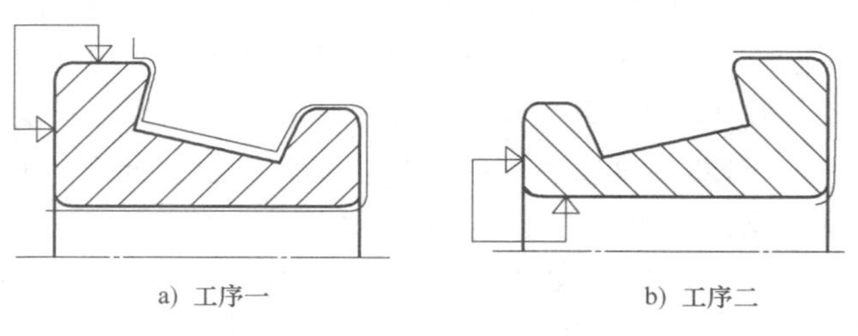

a）工序一　　b）工序二

图 2-6　轴承内圈精加工方案

2. 按粗、精加工划分工序

对于毛坯余量较大和加工精度要求较高的零件，应将粗车和精车分开，划分成两道或更多的工序。将粗车安排在精度较低、功率较大的数控车床上，将精车安排在精度较高的数控车床上。对于容易发生加工变形的零件，通常粗加工后需要进行矫正，这时粗加工和精加工作为两道工序，可以采用不同的刀具或不同的数控车床加工。这种划分方法适用于零件加工后易变形或精度要求较高的零件。图 2-6 所示的轴承内圈就因其加工精度要求较高而按粗、精加工划分工序。

例如：加工图 2-7a 所示手柄零件，该零件加工所用坯料为 ϕ32mm，批量生产，加工时用一台数控车床，工序的划分及装夹方式如下：

工序 1：如图 2-7b 所示，将一批工件全部车出，包括切断。夹棒料外圆柱面，工序内容有车出 ϕ12mm 和 ϕ20mm 两圆柱面→圆锥面（粗车掉 R42mm 圆弧的部分余量）→调头装夹后按总长要求留下加工余量切断。

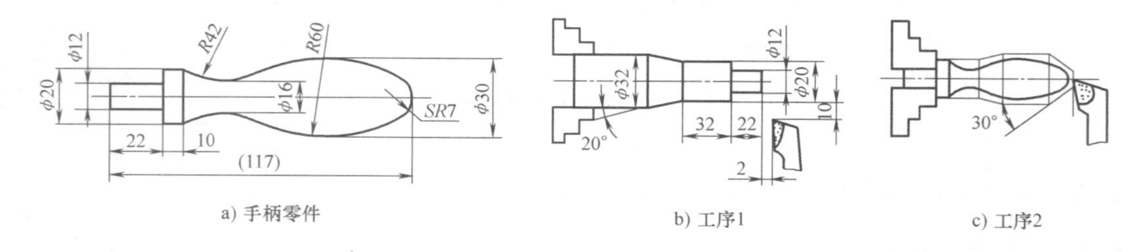

a）手柄零件　　b）工序1　　c）工序2

图 2-7　手柄零件加工示意图

工序2：如图2-7c所示，用ϕ12mm外圆和ϕ20mm端面定位装夹，工序内容有车削包络SR7mm球面的30°圆锥面→对全部圆弧表面半精车（留少量的精车余量）→换精车刀将全部圆弧表面一刀精车成形。

综上所述，在数控加工划分工序时，一定要根据零件的结构与工艺性、零件的批量、机床的功能、零件数控加工内容的多少、程序的大小、安装次数及本单位生产组织状况灵活而定。

2.2.2.2　加工顺序的确定

在数控车床加工过程中，由于加工对象复杂多样，特别是轮廓曲线的形状及位置千变万化，加上材料、批量不同等多方面因素的影响，具体在确定加工顺序时应根据零件的结构和毛坯的状况，结合定位及夹紧的需要一起考虑，重点应保证零件的刚度不被破坏，尽量减少变形。制订零件车削加工顺序一般遵循下列原则：

1. 先粗后精

对于粗、精加工在一道工序内进行的，先对各表面进行粗加工，全部粗加工结束后再进行半精加工和精加工，逐步提高加工精度。粗车将在较短的时间内将各表面上的大部分加工余量（如图2-8中的双点划线内所示部分）切掉，一方面提高金属切除率，另一方面满足精车的余量均匀性要求。其中，安排半精车的目的是：当粗车后所留余量的均匀性满足不了精加工的要求时，则可安排半精车作为过渡性工步，以便使精加工余量小而均匀。精加工时，零件的轮廓应由最后一刀连续加工而成，以保证加工精度。

2. 先近后远

这里所说的远与近，是按加工部位相对于对刀点的距离大小而言的。在一般情况下，离对刀点近的部位先加工，离对刀点远的部位后加工，以便缩短刀具移动距离，减少空行程时间。对于车削加工，先近后远还有利于保持毛坯件或半成品件的刚性，改善其切削条件。

例如：当加工图2-9所示零件时，如果按ϕ38mm→ϕ36mm→ϕ34mm的顺序安排车削，不仅会增加刀具返回对刀点所需的空行程时间，而且一开始就削弱了零件的刚性，还可能使台阶的外直角处产生毛刺（飞边）。对这类直径相差不大的台阶轴，当第一刀的背吃刀量（图2-9中最大背吃刀量可为3mm左右）未超限时，宜按ϕ34mm→ϕ36mm→ϕ38mm的顺序先近后远安排车削。

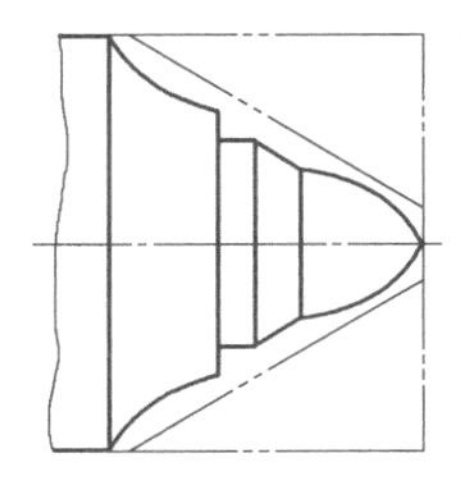

图2-8　先粗后精

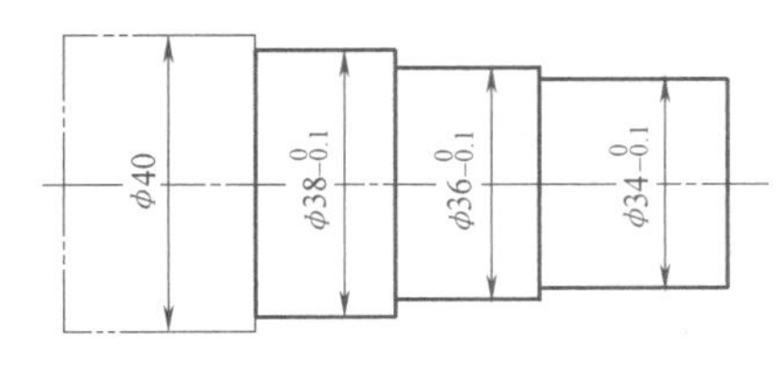

图2-9　先近后远

3. 内外交叉

对既有内表面（内型腔），又有外表面需加工的回转体零件，安排加工顺序时，应先进行外、内表面粗加工，后进行外、内表面精加工。切不可将零件上一部分表面（外表面或内表面）加工完毕后，再加工其他表面（内表面或外表面）。

4. 基面先行

用作精基准的表面应优先加工出来，因为定位基准的表面越精确，装夹误差就越小。例如：轴类零件加工时，总是先加工中心孔，再以中心孔为精基准加工外圆表面和端面。

2.2.2.3 进给路线的确定

确定进给路线的工作重点，主要在于确定粗加工及空行程的进给路线，因精加工切削过程的进给路线基本上都是沿零件轮廓顺序进行的。

在保证加工质量的前提下，使加工程序具有最短的进给路线，不仅可以节省整个加工过程的执行时间，还能减少一些不必要的刀具消耗及机床进给机构滑动部件的磨损等。实现最短的进给路线，除了依靠大量的实践经验外，还应善于分析，必要时可辅以一些简单的计算。

1. 空行程路线应最短

（1）巧用起刀点　图 2-10a 所示为采用矩形循环方式进行粗车的一般情况示例。考虑到精车等加工过程中换刀的方便和安全，故起刀点 A 的设置在离坯件较远的位置处，同时将起刀点与对刀点重合在一起，按三刀粗车的进给路线安排如下：

第一刀为 $A \rightarrow B \rightarrow C \rightarrow D \rightarrow A$。

第二刀为 $A \rightarrow E \rightarrow F \rightarrow G \rightarrow A$。

第三刀为 $A \rightarrow H \rightarrow I \rightarrow J \rightarrow A$。

图 2-10b 所示是巧将起刀点与对刀点分离，将起刀点设于点 B 处，仍按相同的切削量进行三刀粗车，其进给路线安排如下：

起刀点与对刀点分离的空行程为 $A \rightarrow B$。

第一刀为 $B \rightarrow C \rightarrow D \rightarrow E \rightarrow B$。

第二刀为 $B \rightarrow F \rightarrow G \rightarrow H \rightarrow B$。

第三刀为 $B \rightarrow I \rightarrow J \rightarrow K \rightarrow B$。

显然，图 2-10b 所示的进给路线短。该方法也可用在其他循环（如螺纹车削）切削加工中。

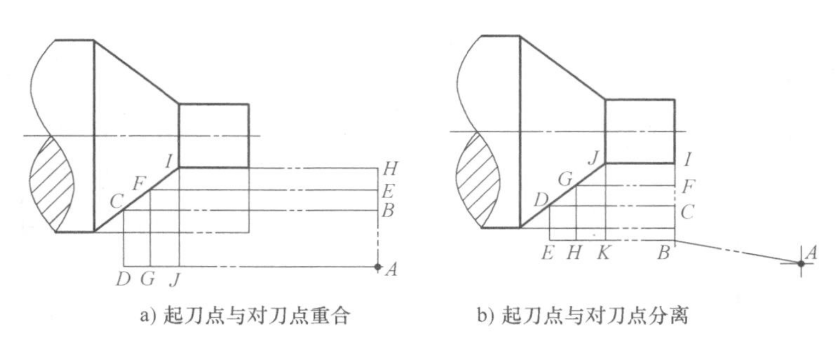

a) 起刀点与对刀点重合　　b) 起刀点与对刀点分离

图 2-10　巧用起刀点

（2）巧设换（转）刀点　为了考虑换（转）刀的方便和安全，有时将换刀点也设置在离坯件较远的位置处（如图 2-10 所示的点 A），那么，当换第二把刀后，进行精车时的空行程路线必然也较长；如果将第二把刀的换刀点也设置在图 2-10b 所示的点 B 位置上（因工件已去掉一定的余量），则可缩短空行程距离，但换刀过程中一定不能发生碰撞。

（3）合理安排“回零”路线　在手工编制较为复杂轮廓的加工程序时，为使其计算过程尽量简化，既不出错，又便于校核，编程人员有时将每一刀加工完成后的刀具终点通过执行“回零”（即返回对刀点）指令，使其全都返回到对刀点位置，然后再执行后续程序。这样会增加进给路线的距离，从而降低生产率。因此，在合理安排“回零”路线时，应使其前一刀终点与后一刀起点间的距离尽量减短或者为零，这样即可满足进给路线为最短的要求。另外，在选择返回对刀点指令时，在不发生加工干涉的前提下，宜尽量采用 X、Z 轴双向同时“回零”指令，该指令功能的“回零”路线是最短的。

2. 粗加工（或半精加工）进给路线

（1）常用的粗加工进给路线　常用的粗加工进给路线如图 2-11 所示。

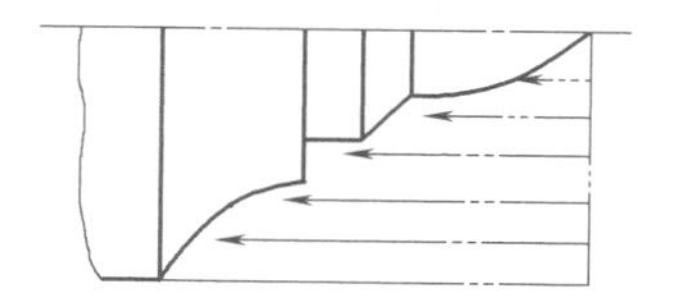

a) 利用数控系统具有的矩形循环功能而安排的矩形循环进给路线

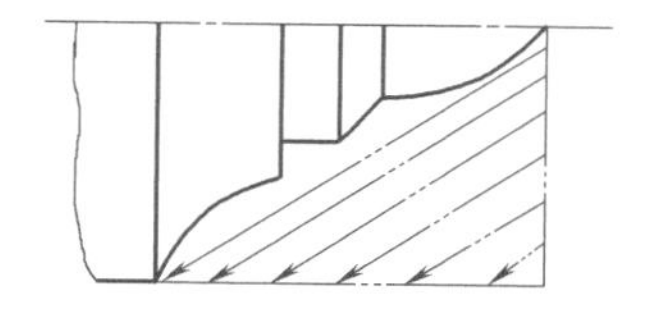

b) 利用数控系统具有的三角形循环功能而安排的三角形循环进给路线

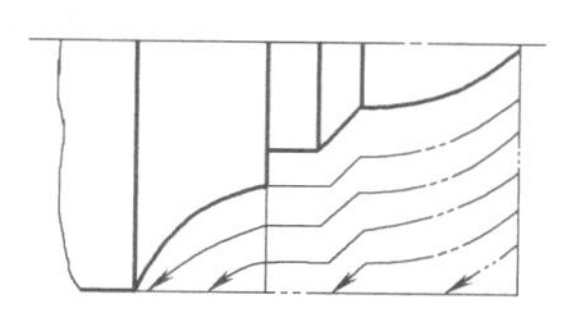

c) 利用数控系统具有的封闭式复合循环功能控制车刀沿工件轮廓等距线循环的进给路线

图 2-11　常用的粗加工进给路线

对以上三种切削进给路线，经分析和判断后可知矩形循环进给路线的进给长度总和最短。因此，在同等条件下，其切削所需时间（不含空行程）最短，刀具的损耗最少。但粗车后的精车余量不够均匀，一般需安排半精加工。

（2）大余量毛坯的阶梯切削进给路线　图 2-12 所示为大余量毛坯的阶梯切削进给路线，图 2-12a 所示为错误的阶梯切削进给路线，图 2-12b 中按 1～5 的顺序切削，每次切削所留余量相等，是正确的阶梯切削进给路线。在同样背吃刀量的条件下，按图 2-12a 所示的方式进行粗加工所剩的余量过多。

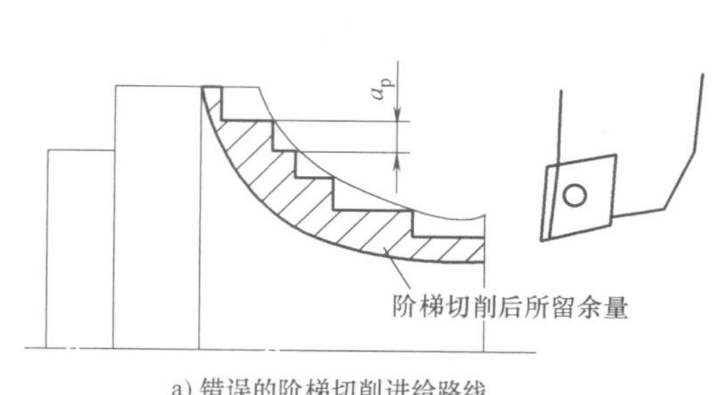

a) 错误的阶梯切削进给路线

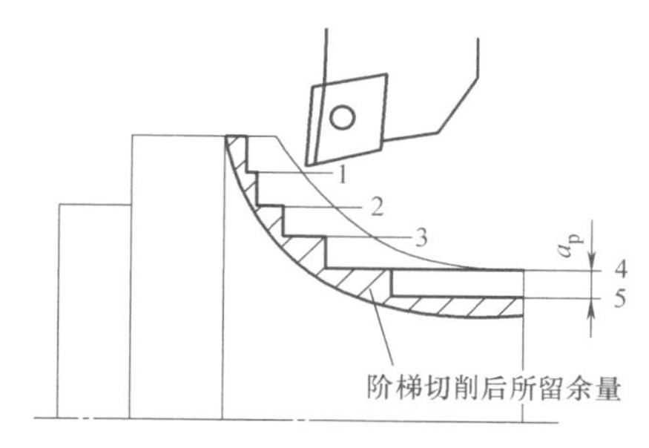

b) 正确的阶梯切削进给路线

图 2-12　大余量毛坯的阶梯切削进给路线

（3）双向切削进给路线　利用数控车床加工的特点，还可以放弃常用的阶梯车削法，改用轴向和径向联动双向进给，顺毛坯轮廓进给的路线，如图 2-13 所示。

3. 精加工进给路线

（1）完工轮廓的连续切削进给路线　在安排一刀或多刀进行的精加工进给路线时，其零件的完工轮廓应由最后一刀连续加工而成，并且加工刀具的进、退刀位置要考虑妥当，尽量不要在连续的轮廓中安排切入和切出或换刀及停顿，以免因切削力突然变化而造成破坏工艺系统的平衡状态，致使光滑连接轮廓上产生表面划伤、形状突变或滞留刀痕等缺陷。

(2) 各部位精度要求不一致的精加工进给路线　若各部位精度相差不是很大，应以最严格的精度为准，连续进给加工所有部位；若各部位精度相差很大，则精度接近的表面安排在同一把刀的进给路线内加工，并先加工精度较低的部位，最后再单独安排精度高的部位的进给路线。

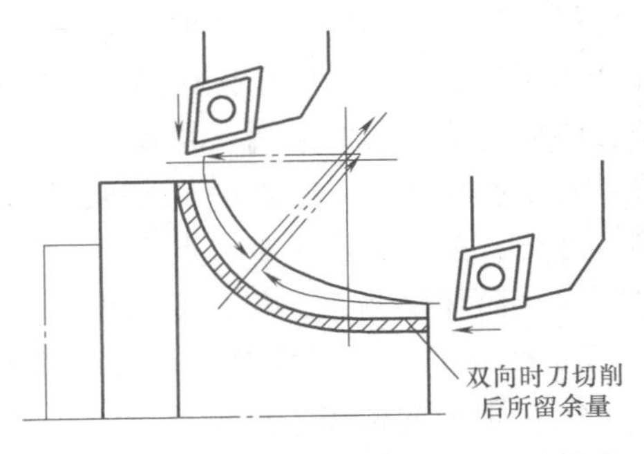

图 2-13　顺毛坯轮廓双向切削进给的路线

2.2.2.4　特殊的进给路线

在数控车削加工中，一般情况下，Z 轴方向的进给路线都是沿着坐标的负方向进给的，但有时按这种常规方式安排进给路线并不合理，甚至可能车坏零件。

例如：图 2-14 所示为用尖形车刀加工大圆弧内表面的两种不同的进给路线。对于图 2-14a所示的第一种进给路线，刀具沿 Z 轴负方向进给，因切削时尖形车刀的主偏角为 100°~105°，这时切削力在 X 向的分力 F_p（背向力）将沿着图 2-15 所示的+X 方向作用，当刀尖运动到圆弧的换象限处，背向力 F_p 马上与传动滑板的传动力方向相同，若螺旋副间有机械传动间隙，就可能使刀尖嵌入零件表面（即扎刀），其嵌入量 e 在理论上等于其机械传动间隙量 P（图 2-15）。即使该间隙量很小，由于刀尖在 X 方向换向时，横向滑板进给过程的位移量变化也很小，加上处于动摩擦与静摩擦之间呈过渡状态的滑板惯性的影响，仍会导致横向滑板产生严重的爬行现象，从而大大降低零件的表面质量。

对于图 2-14b 所示的第二种进给路线，刀具沿+Z 方向进给，因为刀尖运动到圆弧的换象限处，背向力 F_p 与横向滑板丝杠传动的传动力方向相反（图 2-16），不会受螺旋副机械传动间隙的影响而产生扎刀现象，所以图 2-14b 所示进给路线是较合理的。

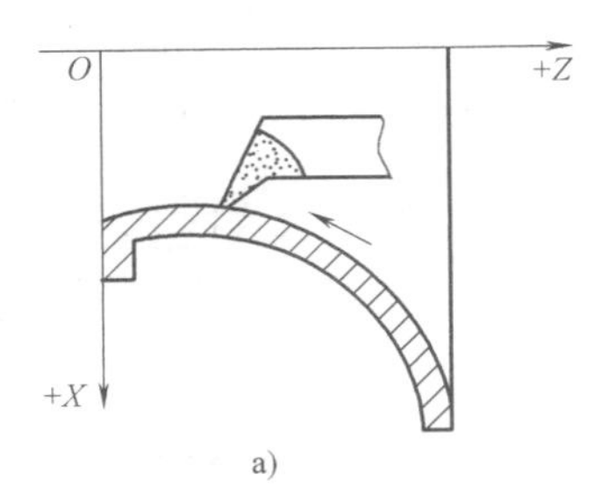

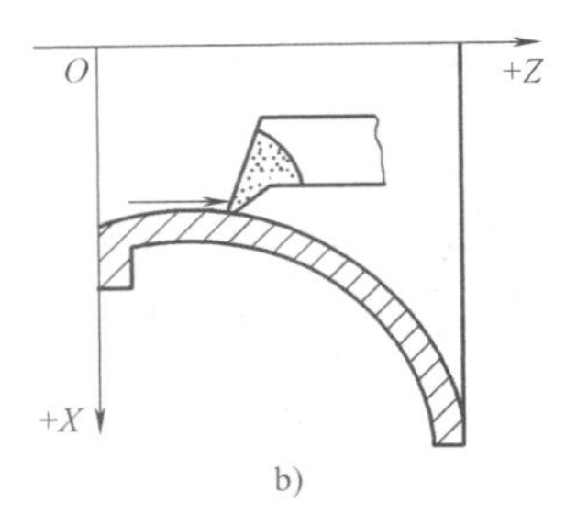

图 2-14　用尖形车刀加工大圆弧内表面的两种不同的进给路线

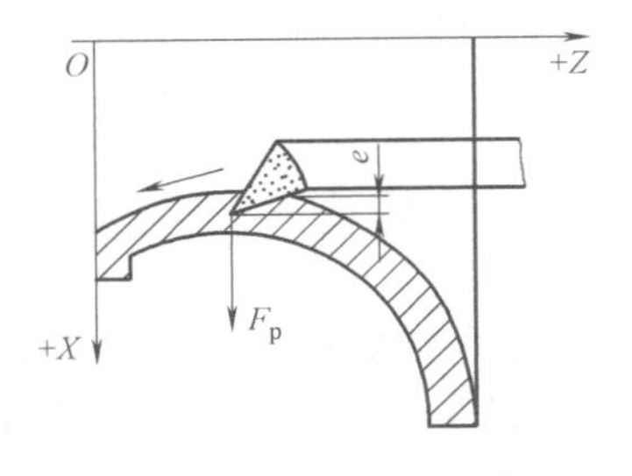

图 2-15　扎刀现象

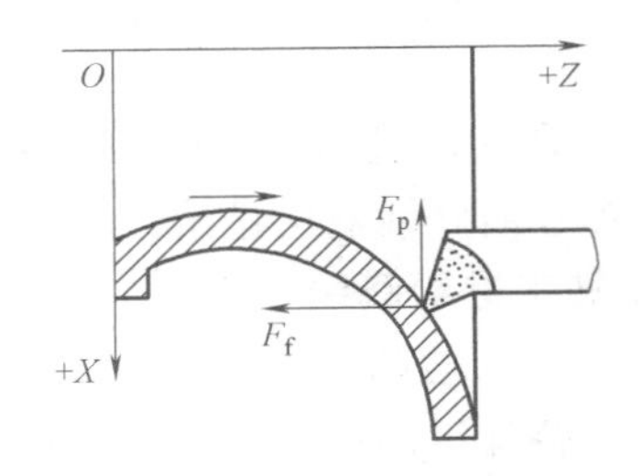

图 2-16　合理的进给方案

此外，在车削余量较大的毛坯和车削螺纹时，都有一些多次重复进给的动作，且每次进给的轨迹相差不大，这时进给路线的确定可采用系统固定循环功能。

【课前互动】

1. 怎样安排数控车削的加工顺序？

2. 数控车削的粗加工常用的进给路线是什么？

3. 判断对错题：数控车床适宜加工轮廓形状特别复杂或难于控制尺寸的回转体零件、箱体类零件、精度要求高的回转体类零件、特殊的螺旋类零件等。（ ）

4. 编制数控车床加工程序时，为了提高加工精度，一般采用（ ）。

A. 精密专用夹具 B. 流水线作业法

C. 工序分散加工法 D. 一次装夹、多工序集中加工

2.3 数控车刀的类型及选用

2.3.1 常用车刀的刀位点

常用车刀的刀位点如图 2-17 所示。

2.3.2 车刀的类型

数控车削用的车刀一般分为三类，即尖形车刀、圆弧形车刀和成形车刀。

1. 尖形车刀

以直线形切削刃为特征的车刀一般称为尖形车刀。尖形车刀的刀尖（同时也为其刀位点）由直线形的主、副切削刃相交构成，如 90°内、外圆车刀，左、右端面车刀，切槽（断）刀及刀尖倒棱很小的各种外圆和内孔车刀。

用尖形车刀加工零件时，其零件的轮廓形状主要由一个独立的刀尖或一条直线形主切削刃加工后得到。

2. 圆弧形车刀（图 2-18）

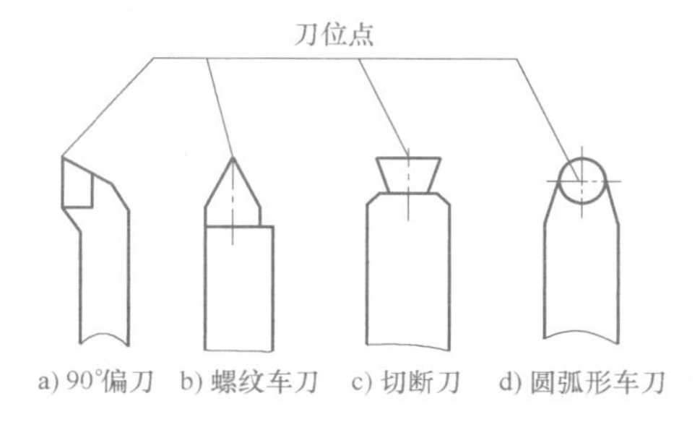

图 2-17 常用车刀的刀位点

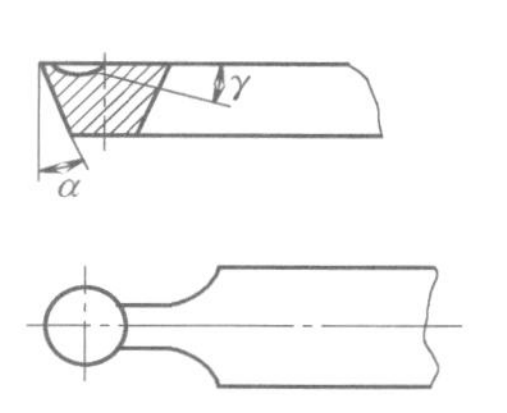

图 2-18 圆弧形车刀

圆弧形车刀的特征是：构成主切削刃的切削刃形状为一圆度误差或线轮廓度误差很小的圆弧。该圆弧刃上每一点都是圆弧形车刀的刀尖，因此，刀位点不在圆弧上，而在该圆弧的

圆心上，编程时要进行刀尖圆弧半径补偿。

圆弧形车刀具有宽刃切削（修光）性质，能使精车余量相当均匀而改善切削性能，还能一刀车出跨多个象限的圆弧面。

例如：当图 2-19 所示零件的曲面精度要求不高时，可以选择用尖形车刀进行加工；当曲面形状精度和表面粗糙度均有要求时，选择尖形车刀加工就不合适了，因为车刀主切削刃的实际背吃刀量在圆弧轮廓段总是不均匀的，如图 2-20 所示。当车刀主切削刃靠近其圆弧终点时，该位置上的背吃刀量（a_{p1}）将大大超过其圆弧起点位置上的背吃刀量（a_p），致使切削阻力增大，可能产生较大的线轮廓度误差，并增大其表面粗糙度值。

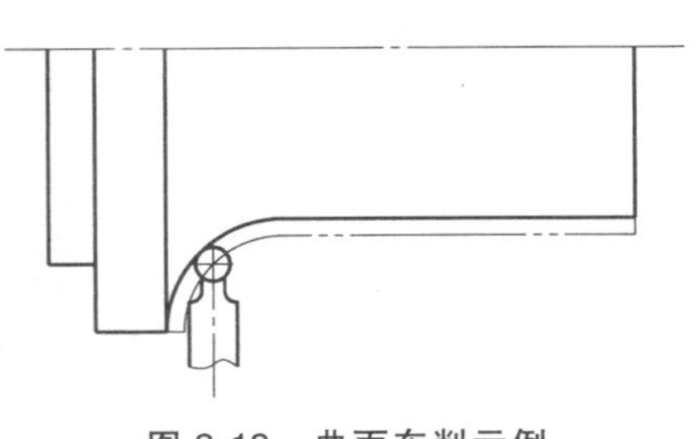

图 2-19　曲面车削示例

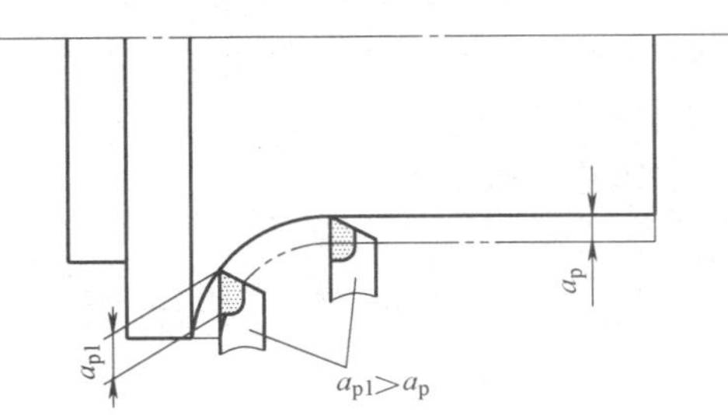

图 2-20　背吃刀量不均匀性示例

圆弧形车刀可以用于车削内、外圆表面，特别适宜于车削精度要求较高的凹曲面或大外圆弧面 。

3. 成形车刀

成形车刀俗称为样板车刀，其加工零件的轮廓形状完全由车刀切削刃的形状和尺寸决定。在数控车削加工中，常见的成形车刀有小半径圆弧车刀、非矩形车槽刀和螺纹车刀等。在数控加工中，应尽量少用或不用成形车刀，当确有必要选用时，则应在工艺准备的文件或加工程序单上进行详细说明。

2.3.3　常用车刀的几何参数

刀具切削部分的几何参数对零件的表面质量及切削性能影响极大，应根据零件的形状、刀具的安装位置以及加工方法等，正确选择刀具的几何形状及有关参数。

1. 尖形车刀的几何参数

尖形车刀的几何参数主要是指车刀的几何角度，选择方法与普通车削时基本相同，但应结合数控加工的特点（如进给路线及加工干涉等）进行全面考虑。

例如：在加工图 2-21 所示的零件时，要使其左右两个 45°圆锥面由一把车刀加工出来，则车刀的主偏角应取 50°～55°，副偏角应取 50°～52°，这样既保证了刀头有足够的强度，又有利于主、副切削刃车削圆锥面时不致发生加工干涉。

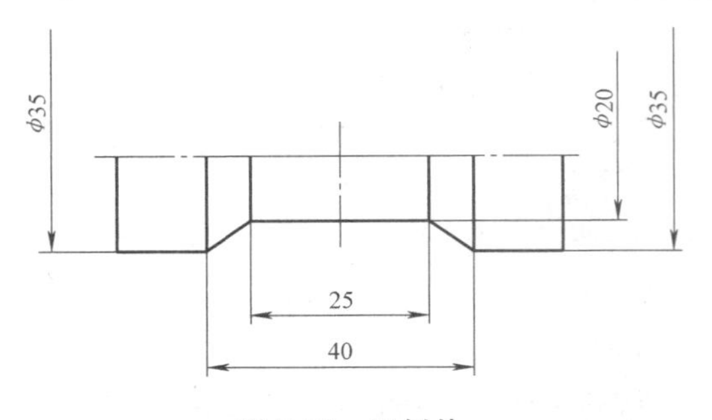

图 2-21　示例件

选择尖形车刀不发生干涉的几何角度，

可用作图或计算的方法，如副偏角大于作图或计算所得不发生干涉的极限角度值6°～8°即可。当确定几何角度困难或无法确定（如尖形车刀加工接近于半个凹圆弧的轮廓等）时，则应考虑选择其他类型车刀后，再确定其几何角度。

2. 圆弧形车刀的几何参数

圆弧形车刀的几何参数除了前角及后角外，主要几何参数为车刀圆弧切削刃的形状及半径。

选择车刀圆弧半径的大小时，应考虑两点：第一，车刀圆弧半径应当小于或等于零件凹形轮廓上的最小曲率半径，以免发生加工干涉；第二，该半径不宜选择太小，否则既难于制造，还会因其刀头强度太弱或刀体散热能力差，使车刀容易受到损坏。

2.3.4　机夹可转位车刀的选用

1. 可转位刀片代码

从刀具的材料应用方面，数控机床用刀具材料主要是各类硬质合金。从刀具的结构方面，数控机床主要采用镶嵌式机夹可转位刀片的刀具。因此，对硬质合金可转位刀片的运用是数控机床操作人员所必须了解的内容之一。

选用机夹可转位刀片，首先要了解可转位刀片型号表示规则、各代号的含义。按国家标准GB/T 2076—2007，可转位刀片型号表示规则用9个代号表征刀片的尺寸及其他特性，代号①～⑦是必需的，代号⑧和⑨在需要时添加，见例2-1。

例2-1　一般表示规则。

	①	②	③	④	⑤	⑥	⑦	⑧	⑨		⑬
公制	T	P	G	N	16	03	08	E	N	-	…
英制	T	P	G	N	3	2	2	E	N	-	…

镶片式刀片型号表示规则用12个代号表征刀片的尺寸及其他特性，代号①～⑦和⑪、⑫是必需的，代号⑧～⑩在需要时添加，代号⑪、⑫与代号⑨之间用短横线“-”隔开，见例2-2。

例2-2　符号ISO 16462、ISO 16463的刀片表示规则。

	①	②	③	④	⑤	⑥	⑦	⑧	⑩	⑨		⑪	⑫		⑬
切削刀片	S	N	M	A	15	06	08	E		(N)	-	B	L	-	…
磨削刀片	T	P	G	T	16	T3	AP	S	01520	R	-	M	028	-	…

除标准代号外，制造商可以用补充代号⑬表示一个或两个刀片特征，以更好地描述其产品（如不同槽型）。该代号应用短横线“-”与标准代号隔开，并不得使用与⑧、⑨、⑩位已用过的代号。

其中每一位字符串代表刀片某种参数的意义，现分别叙述如下。

①——刀片形状。

②——刀片法后角。

③——允许偏差等级。

④——夹固形式及有无断屑槽。

⑤——刀片长度。

⑥——刀片厚度。

⑦——刀尖角形状。

⑧——切削刃截面形状。

⑨——切削方向。

⑩——切削刃长度。

⑪——镶嵌或整体切削刃类型及镶嵌角数量。

⑫——镶刃长度。

⑬——制造商代号或符合 GB/T 2075 规定的切削材料表示代号。

2. 可转位刀片的断屑槽槽型

为满足切削能断屑、排屑流畅、加工表面质量好、切削刃耐磨等综合性要求，可转位车刀片制成各种断屑槽。各刀具公司都有自己的断屑槽槽型，选择具体断屑槽代号可参考各公司刀具样本。例如：日本三菱公司根据被加工材料的不同性质及切削范围，提供适合车削加工的断屑槽槽型。

3. 可转位刀片的夹紧方式

可转位刀片的刀具由刀片、定位元件、夹紧元件和刀体所组成。为了使刀具能达到良好的切削性能，对刀片的夹紧方式有如下基本要求：

1）夹紧可靠，不允许刀片松动或移动。

2）定位准确，确保定位精度和重复精度。

3）排屑流畅，有足够的排屑空间。

4）结构简单，操作方便，制造成本低，转位动作快，缩短换刀时间。

常见的可转位刀片的夹紧方式有杠杆式、楔块上压式、楔块夹紧式、螺钉上压式等多种方式。图 2-22 所示各种夹紧方式满足不同的加工范围，应为给定的加工工序选择最合适的夹紧方式。它们按照适应性分为 1~3 个等级，其中 3 级表示最合适的选择，见表 2-1。

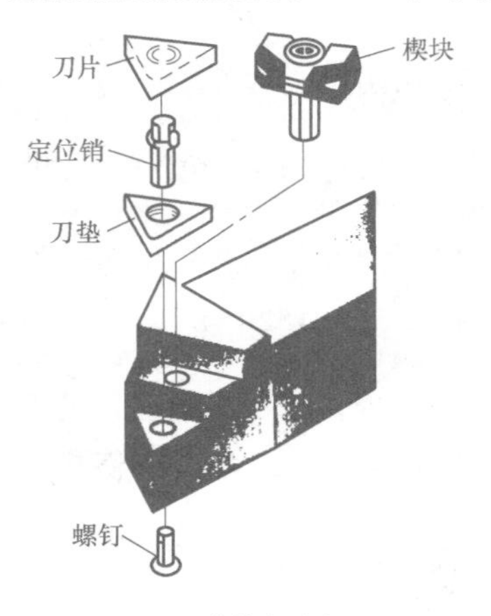

a) 楔块上压式

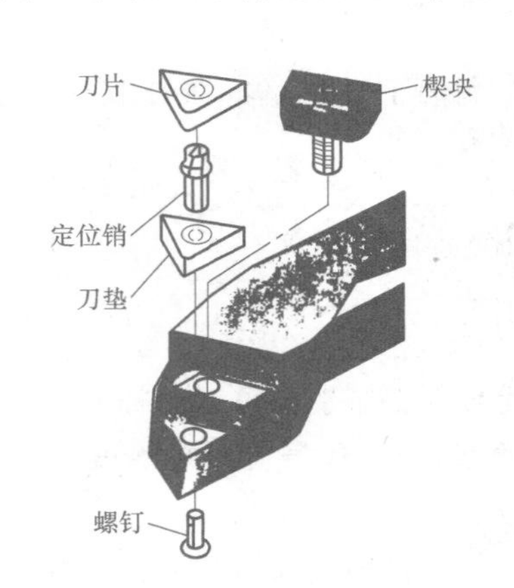

b) 楔块夹紧式

图 2-22　夹紧方式

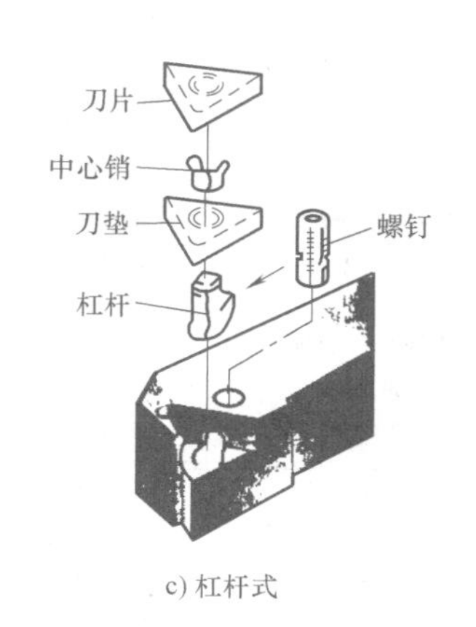

c) 杠杆式

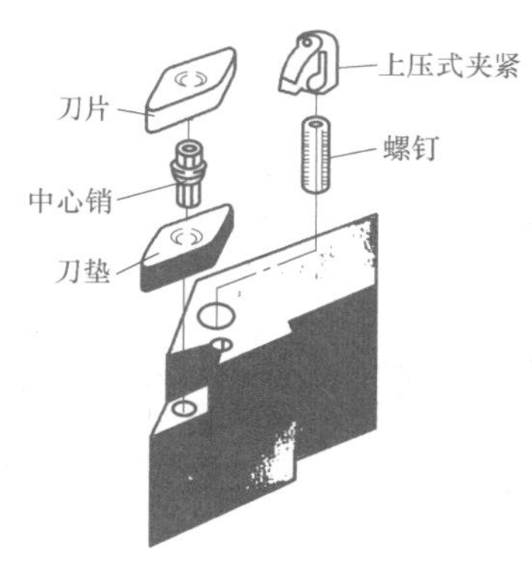

d) 螺钉上压式

图 2-22　夹紧方式（续）

表 2-1　各种夹紧方式最合适的加工范围

夹紧方式 / 加工范围	杠杆式	楔块上压式	楔块夹紧式	螺钉上压式
仿形加工/易接近性	2	3	3	3
重复性	3	2	2	3
仿形加工/轻载荷加工	2	3	3	3
断续加工	3	2	3	3
外圆加工	3	1	3	3
内圆加工	3	3	3	3

4. 可转位刀片的选择

根据被加工零件的材料、表面粗糙度值要求和加工余量等条件来决定刀片的类型。这里主要介绍车削加工中刀片的选择方法，其他切削加工中的刀片也可参考。

（1）刀片材料选择　车刀刀片的材料主要有高速钢、硬质合金、涂层硬质合金、陶瓷、立方氮化硼和金刚石等。其中应用最多的是硬质合金和涂层硬质合金刀片。选择刀片材料，主要依据被加工零件的材料、被加工表面的精度要求、切削载荷的大小以及切削过程中有无冲击和振动等。

（2）刀片尺寸选择　刀片尺寸的大小取决于有效切削刃长度 L、背吃刀量 a_p 和主偏角 κ_r，如图 2-23 所示。使用时可查阅有关刀具手册选择。

（3）刀片形状选择　刀片形状主要依据被加工零件的表面形状、切削方法、刀具寿命和刀片的转位次数等因素来选择。通常的刀尖角度影响加工性能，如图 2-24 所示。表 2-2 列

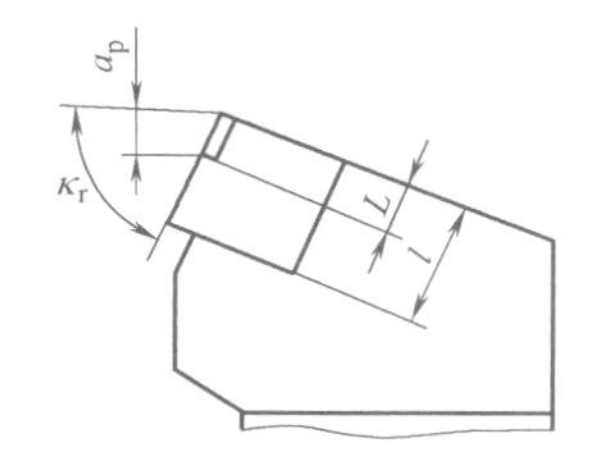

图 2-23　有效切削刃长度 L、背吃刀量 a_p 和主偏角 κ_r

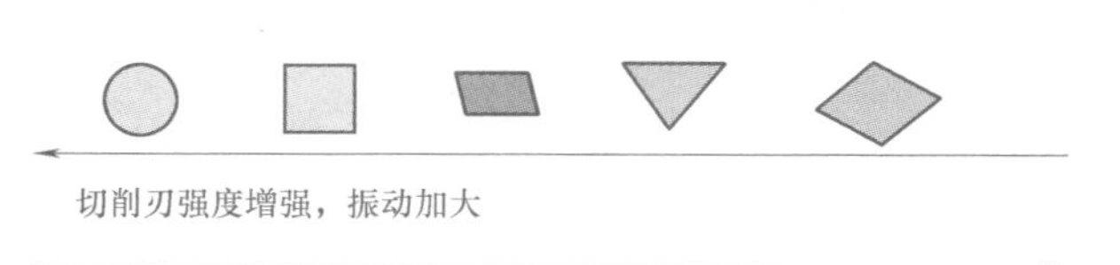

图 2-24　刀尖角度与加工性能的关系

表 2-2　被加工表面及适用的刀片形状

车削外圆表面	主偏角	45°	45°	60°	75°	95°
	刀片形状及加工示意图					
	推荐选用刀片	SCMA SPMR SCMM SNMM-8 SPUN SNMM-9	SCMA SPMR SCMM SNMG SPUN SPGR	TCMA TNMM-8 TCMM TPUN	SCMM SPUM SCMA SPMR SNMA	CCMA CCMM CNMM-7
车削端面	主偏角	75°	90°	90°	95°	
	刀片形状及加工示意图					
	推荐选用刀片	SCMA SPMR SCMM SPUR SPUN CNMC	TNUN TNMA TCMA TPUM TCMM TPMR	CCMA	TPUN TPMR	
车削成形面	主偏角	15°	45°	60°	90°	
	刀片形状及加工示意图					
	推荐选用刀片	RCMM	RNNG	TNMM-8	TNMG	

出了被加工表面及适用的刀片形状。具体使用时可查阅有关刀具手册选择。

（4）刀片的刀尖圆角半径选择　刀尖圆角半径的大小直接影响刀尖的强度及被加工零件的表面粗糙度值。刀尖圆角半径增大，表面粗糙度值增大，切削力增大且易产生振动，切削性能变坏，但切削刃强度增加，刀具前后刀面磨损减少。通常在背吃刀量较小的精加工、细长轴加工、机床刚度较差的情况下，采用较小的刀尖圆角半径；而在需要切削刃强度高、零件直径大的粗加工中，要采用较大的刀尖圆角半径。国家标准 GB/T 2077—1987 中规定刀尖圆角半径的尺寸系列为 0.2mm、0.4mm、0.8mm、1.2mm、1.6mm、2.0mm、2.4mm、3.2mm。图 2-25 所示为刀尖圆角半径与表面粗糙度值、刀具寿命的关系。刀尖圆角半径一

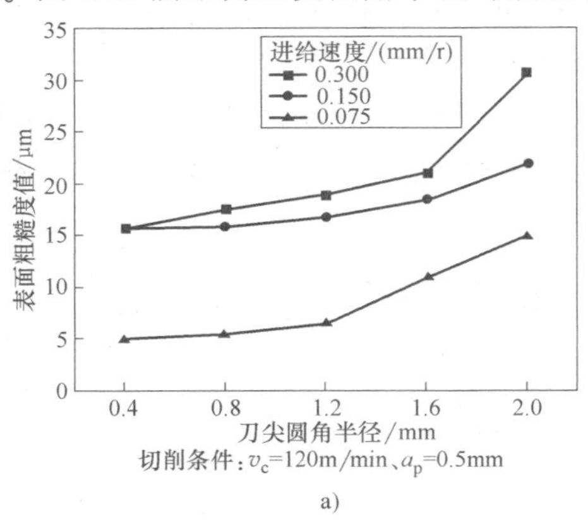

a)

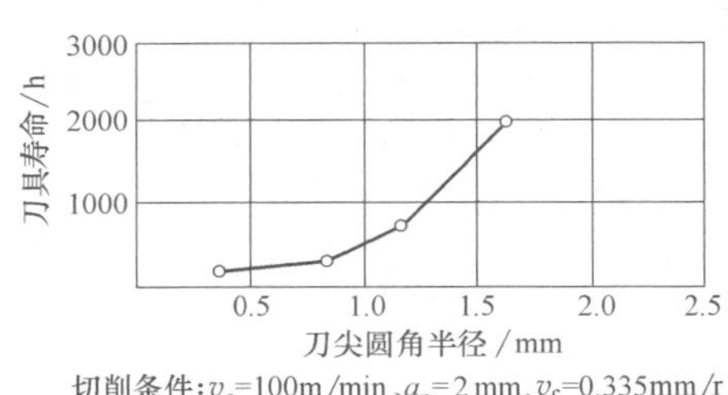

b)

图 2-25　刀尖圆角半径与表面粗糙度值、刀具寿命的关系

般适宜选取进给量的 2~3 倍。

2.4　车削夹具的选择

为了充分发挥数控机床的高速度、高精度、高效率等特点，在数控加工中，还应有相应的数控夹具进行配合。数控车床夹具除了使用通用的自定心卡盘、单动卡盘和大批量生产中使用自动控制的液压、电动及气动夹具外，还有多种相应的实用夹具。它们主要分为两大类，即用于轴类工件加工的夹具和用于盘类工件加工的夹具。下面介绍车削夹具的典型结构。

2.4.1　圆周定位夹具

1. 自定心卡盘

自定心卡盘（图 2-26）是最常用的车床通用夹具，其三个卡爪是同步运动的，能自动定心（定心误差在 0.05mm 以内），夹持范围大，一般不需找正，装夹速度较快。但它夹紧力小，卡盘磨损后会降低定心精度。用自定心卡盘装夹精加工过的表面时，被夹住的表面应包一层铜皮，以免夹伤工件表面。

自定心卡盘常见的有机械式和液压式两种。液压卡盘装夹迅速、方便，但夹持范围变化小，尺寸变化大时需重新调整卡爪位置。数控车床常用液压卡盘。液压卡盘还特别适用于批量加工。

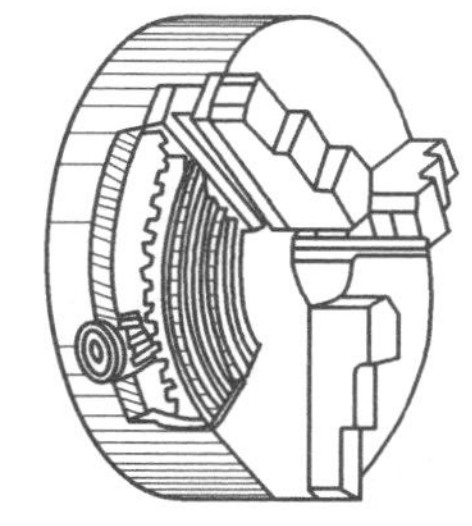

图 2-26　自定心卡盘示意图

2. 软爪

软爪是一种具有切削性能的夹爪。当成批加工某一工件时，为了提高自定心卡盘的定心精度，可以采用软爪结构，即用黄铜或软钢焊在三个卡爪上，然后根据工件形状和直径把三个软爪的夹持部分直接在车床上车出来（定心误差只有 0.01~0.02mm），即软爪是在使用前配合被加工工件特别制造的（图 2-27），如加工成圆弧面、圆锥面或螺纹等形式，可获得理想的夹持精度。

软爪也有机械式和液压式两种。软爪还常用于加工同轴度要求较高的工件的二次装夹。

3. 弹簧夹套

弹簧夹套（图 2-28）定心精度高，装夹工件快捷方便，常用于精加工的外圆表面定位。弹簧夹套特别适用于尺寸精度较高、表面质量较好的冷拔圆棒料，若配以自动送料器，可实现自动上料。弹簧夹套夹持工件的内孔是标准系列，并非任意直径。

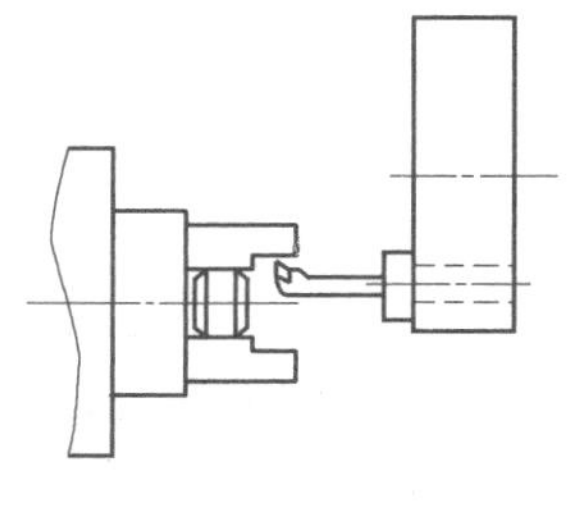

图 2-27　软爪

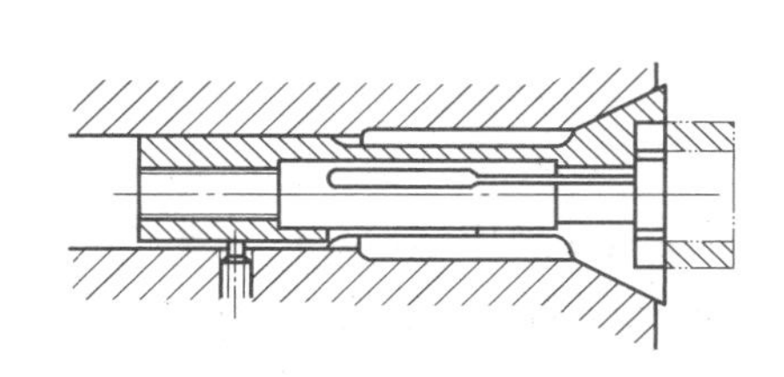

图 2-28　弹簧夹套

4. 单动卡盘

单动卡盘如图 2-29 所示，其四个对称分布卡爪是各自独立运动的，可以调整工件在主轴上的夹持位置，使工件加工面的回转中心与车床主轴的回转中心重合，但单动卡盘找正比较费时，只能用于单件小批量生产。单动卡盘夹紧力较大，所以适用于大型或形状不规则的工件。

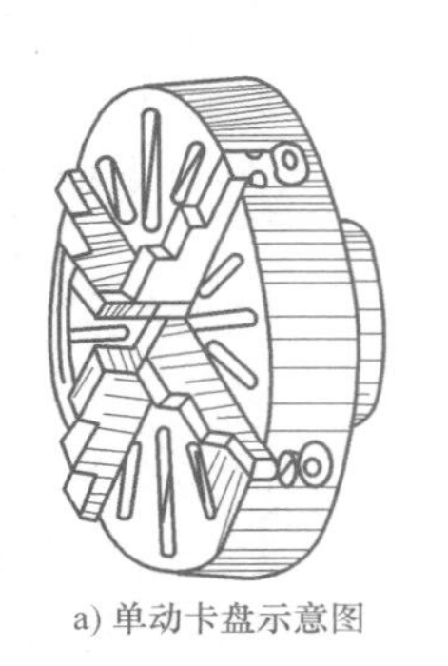

a) 单动卡盘示意图

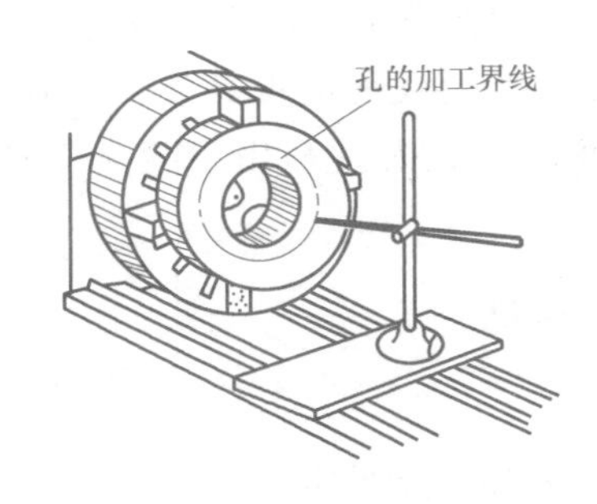

b) 单动卡盘装夹工件

图 2-29　单动卡盘

2.4.2　中心孔定位夹具

1. 两顶尖拨盘

数控车床加工轴类工件时，坯料装夹在主轴顶尖和尾座顶尖之间，工件由主轴上的拨盘带动旋转。这类夹具在粗车时可以传递足够大的转矩，以适应主轴高速旋转切削。两顶尖装夹工件方便，不需找正，装夹精度高。该装夹方式适用于长度尺寸较大或加工工序较多的轴类工件的精加工。顶尖分固定顶尖和活顶尖，如图 2-30 所示。

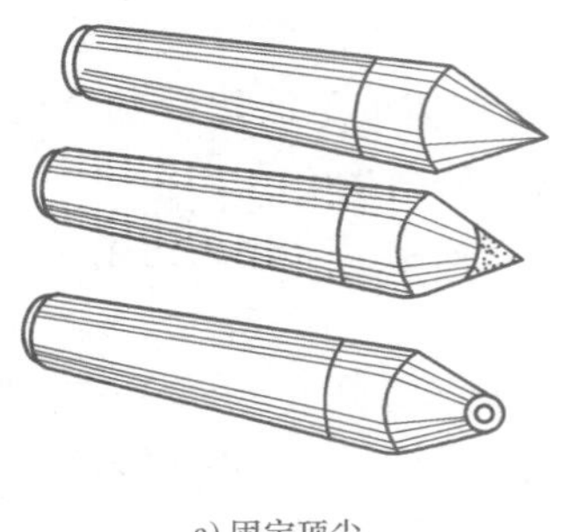

a) 固定顶尖

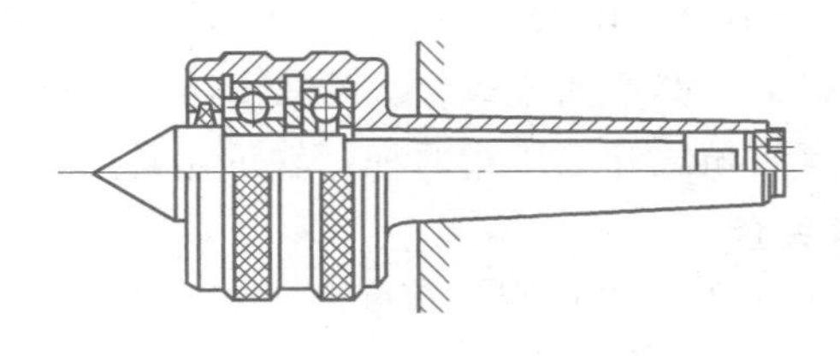

b) 活顶尖

图 2-30　顶尖

前顶尖有一种是插入主轴锥孔内的，另一种是夹持在卡盘上的。前顶尖与主轴一起旋转，与主轴中心孔不产生摩擦，都用固定顶尖。

后顶尖插入尾座套筒。后顶尖有一种是固定的（固定顶尖），另一种是回转的（活顶尖）。固定顶尖刚性大，定心精度高，但工件中心孔易磨损。活顶尖内部装有滚动轴承，适用于高速切削时使用，但定心精度不如固定顶尖高。活顶尖使用较为广泛。

工件装夹时用对分夹头或鸡心夹头夹紧工件一端，拨杆伸向端面，两顶尖只对工件有定心和支承作用，必须通过对分夹头或鸡心夹头的拨杆带动工件旋转，如图 2-31 所示。利用两顶尖定位还可加工偏心工件，如图 2-32 所示。

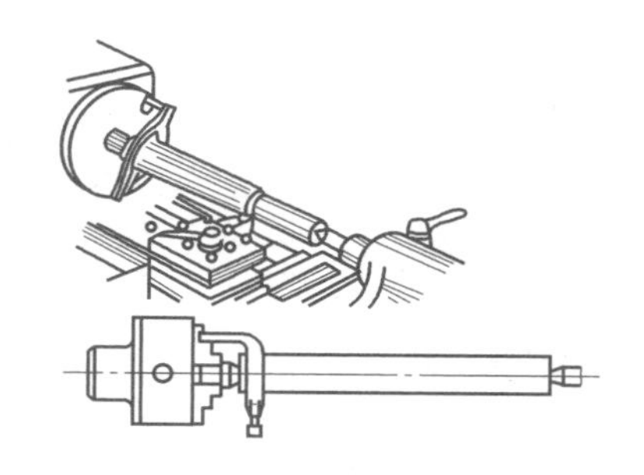

图 2-31　两顶尖装夹工件

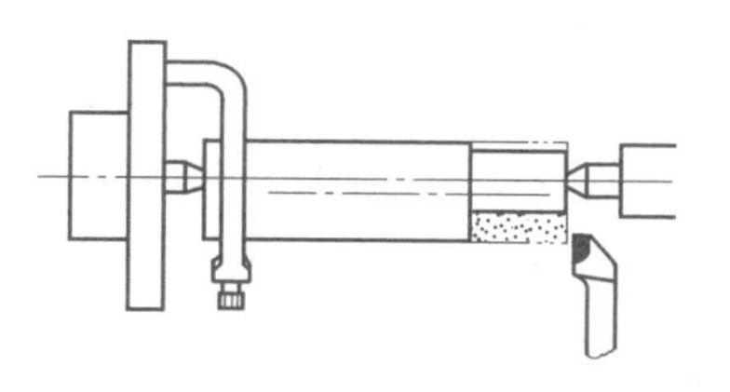

图 2-32　两顶尖定位加工偏心轴

2. 拨动顶尖

常用的拨动顶尖有内、外拨动顶尖和端面拨动顶尖两种。内、外拨动顶尖如图 2-33 所示，这种顶尖的锥面带齿，能嵌入工件，拨动工件旋转。端面拨动顶尖如图 2-34 所示，这种顶尖利用端面拨爪带动工件旋转，适合装夹工件的直径为 $\phi50 \sim \phi150$mm。

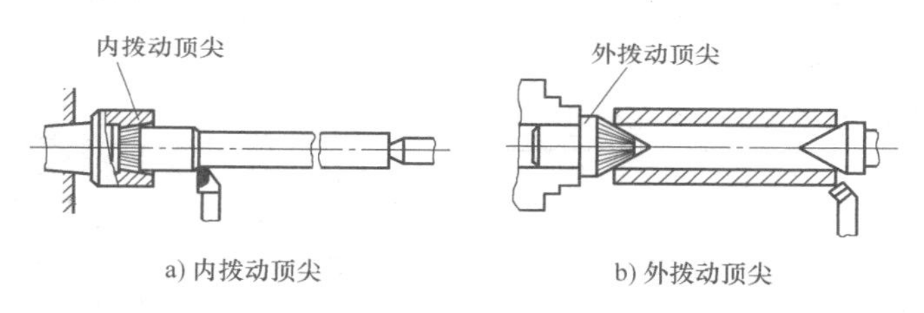

图 2-33　内、外拨动顶尖

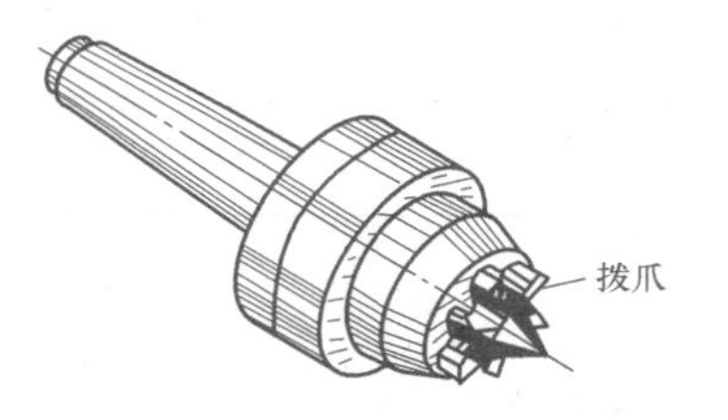

图 2-34　端面拨动顶尖

2.4.3　复杂、异形、精密工件的装夹

数控车削加工中有时会遇到一些形状复杂和不规则的异形工件，不能用自定心卡盘或单动卡盘装夹，需要借助花盘、角铁等其他工装夹具。

1. 花盘

加工表面的回转轴线与基准面垂直、外形复杂的工件可以装夹在花盘上加工。图 2-35 所示为用花盘装夹双孔连杆的方法。

2. 角铁

加工表面的回转轴线与基准面平行、外形复杂的工件可以装夹在角铁上加工。图 2-36 所

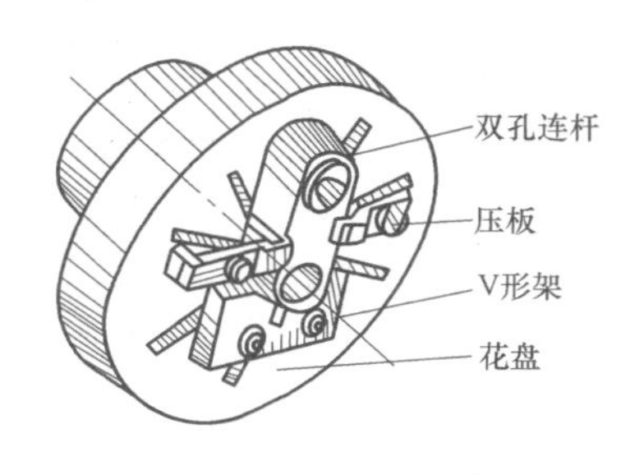

图 2-35　用花盘装夹双孔连杆的方法

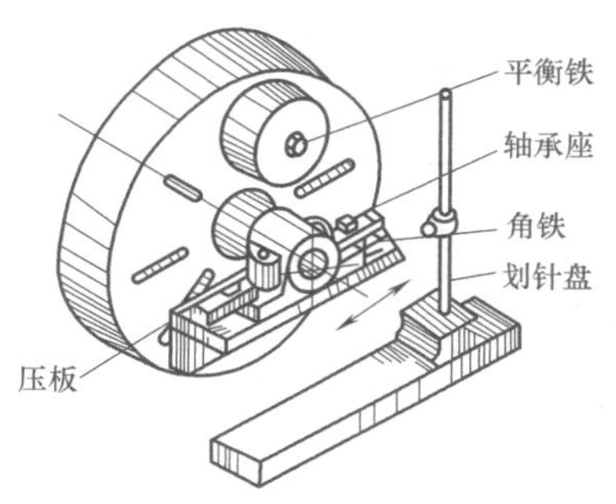

图 2-36　用角铁装夹轴承座的方法

示为用角铁装夹轴承座的方法。

【学有所获】

1. 掌握数控车床的工艺范围以及其与普通车床的区别。
2. 学会数控车削工艺路线的拟订。
3. 掌握数控车刀的类型及选用。
4. 了解数控车削夹具的选用。

【总结回顾】

本章主要讲述了数控车床的工艺范围；数控车削工艺的制订；工艺路线的拟订；数控车削刀具、夹具的类型与选用。掌握了数控车削基本加工工艺，为数控车削编程与加工奠定了基础。

【课后实践】

毛坯为 ϕ50mm×77mm 的圆棒料，材料为 45 钢，调质处理，硬度为 22HRC，现在想加工成图 2-37 所示的零件，试完成表 2-3 的填写。

表 2-3　机械加工工艺过程卡

<table>
<tr><td rowspan="2">课后实践</td><td rowspan="2" colspan="2">机械加工工艺过程卡</td><td>产品型号</td><td></td><td>工件图号</td><td></td><td>共　页</td></tr>
<tr><td>产品名称</td><td></td><td>工件名称</td><td></td><td>共　页</td></tr>
<tr><td>工件件号</td><td></td><td rowspan="2">材料牌号</td><td rowspan="2" colspan="2"></td><td rowspan="2">毛坯</td><td>种类</td><td></td></tr>
<tr><td>每台件数</td><td></td><td>规格尺寸</td><td></td></tr>
</table>

<table>
<tr><td rowspan="2">工序号</td><td rowspan="2">工序名称</td><td rowspan="2">工步号</td><td rowspan="2">工序、工步内容</td><td rowspan="2">设备名称、型号</td><td colspan="3">工艺装备</td><td rowspan="2">工艺简图</td></tr>
<tr><td>夹具</td><td>刀具</td><td>量具</td></tr>
<tr><td></td><td></td><td></td><td></td><td></td><td></td><td></td><td></td><td></td></tr>
<tr><td></td><td></td><td></td><td></td><td></td><td></td><td></td><td></td><td></td></tr>
<tr><td></td><td></td><td></td><td></td><td></td><td></td><td></td><td></td><td></td></tr>
<tr><td></td><td></td><td></td><td></td><td></td><td></td><td></td><td></td><td></td></tr>
<tr><td></td><td></td><td></td><td></td><td></td><td></td><td></td><td></td><td></td></tr>
<tr><td></td><td></td><td></td><td></td><td></td><td></td><td></td><td></td><td></td></tr>
<tr><td></td><td></td><td></td><td></td><td></td><td></td><td></td><td></td><td></td></tr>
<tr><td></td><td></td><td></td><td></td><td></td><td></td><td></td><td></td><td></td></tr>
<tr><td></td><td></td><td></td><td></td><td></td><td></td><td></td><td></td><td></td></tr>
<tr><td></td><td></td><td></td><td></td><td></td><td></td><td></td><td></td><td></td></tr>
</table>

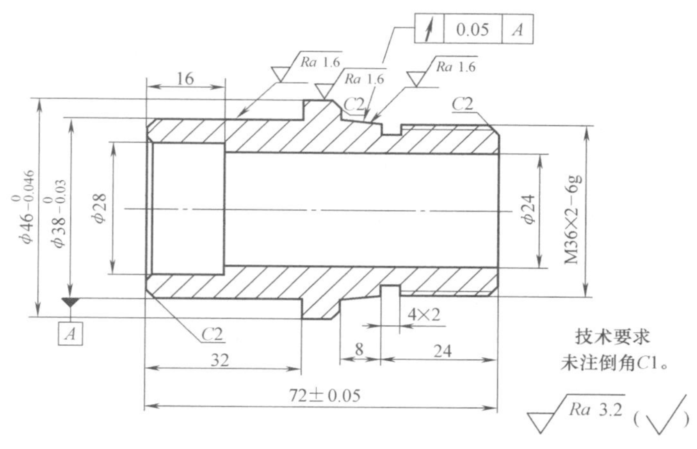

图 2-37　课后实践题图

思考与练习题

一、判断题

1. 编程人员在数控编程过程中，定义在工件上的几何基准点称为绝对原点。(　　)

2. 虽然车削加工可以选择大的切削用量，但是生产效率不高。(　　)

3. 对刀点既是程序的起点，也是程序的终点。为了提高工件的加工精度，对刀点应尽量选在工件的设计基准或工艺基准上。(　　)

4. 车削中心必须配备动力刀架。(　　)

5. 非模态指令只能在本程序段内有效。(　　)

6. 数控机床的机床原点和机床参考点是重合的。(　　)

7. 同一工件，无论用数控机床加工还是用普通机床加工，其工序都一样。(　　)

8. 数控机床的进给路线不但作为编程轨迹计算的依据，而且还会影响工件的加工精度和表面粗糙度。(　　)

9. 机床上的卡盘、中心架等属于通用夹具。(　　)

10. 只需根据零件图样进行编程，而不必考虑是刀具运动还是工件运动。(　　)

二、选择题

1. 下列叙述中，除（　　）外，均适用于数控车床进行加工。

A. 轮廓形状复杂的轴类零件　　B. 精度要求高的盘套类零件

C. 各种螺旋回转类零件　　D. 多孔系的箱体类零件

2. 下列叙述中，(　　）是数控编程的基本步骤之一。

A. 零件图设计　　B. 确定机床坐标系

C. 传输零件加工程序　　D. 分析图样、确定加工工艺过程

3. 在数控加工中，下列划分工序的方法中错误的是（　　）。

A. 按所用刀具划分工序　　B. 以加工部位划分工序

C. 按粗、精加工划分工序　　D. 按不同的机床划分工序

4. 调整数控机床的进给速度直接影响到（　　）。

A. 加工零件的表面粗糙度和精度、刀具和机床的寿命、生产率

B. 加工零件的表面粗糙度和精度、刀具和机床的寿命

C. 刀具和机床的寿命、生产率

D. 生产率

5. 轴类零件用双中心孔定位，能消除（　　）个自由度。

A. 六　　B. 五　　C. 四　　D. 三

6. 数控车床与普通车床相比，在结构上差别最大的部件是（　　）。

A. 主轴箱　　B. 卡盘　　C. 床身　　D. 刀架

7. 数控车床上的卡盘、中心架等属于（　　）夹具。

A. 通用　　B. 专用　　C. 组合

8. 数控车床的种类很多，如果按主轴位置分类则可分为（　　）数控车床。

A. 二轴控制、三轴控制和连续控制

B. 点位控制、直线控制和连续控制

C. 二轴控制、三轴控制和多轴控制

D. 立式和卧式

9. 工件在机床上或在夹具中装夹时，用来确定加工表面相对于刀具切削位置的面称为（　　）。

A. 测量基准　　B. 装配基准　　C. 工艺基准　　D. 定位基准

10. 在加工表面、刀具和切削用量中的切削速度和进给量都不变的情况下，所连续完成的那部分工艺过程称为（　　）。

A. 工步　　B. 工序　　C. 工位　　D. 进给

三、简答题

1. 数控车床与普通车床的区别有哪些？

2. 数控车床的加工对象主要有哪些？

3. 对数控车削工艺分析的重要意义是什么？

4. 什么叫粗、精加工分开？有什么优点？

第3章

数控车床的基本操作与编程

【章前导读】

数控车床的基本操作主要是指操作者能熟练地利用操作面板上的键和按钮等对车床进行位置调整、对刀和对程序的编辑、修改与保存。这一项工作是利用数控车床进行编程、加工的基础，是必须要掌握的基本技能。本章将数控车床的编程知识分为基本编程指令、循环指令、螺纹编程、子程序编程、宏程序编程五个知识点来讲解，主要讲解轴类、套类、盘类和综合类零件的编程与加工，以便让读者能较全面地掌握数控车床编程的技能。

【课前互动】

1. 数控车床上的通用夹具有哪些？
2. 什么是软爪？它一般用于什么场合？
3. 工艺基准除了测量基准、装配基准以外，还包括（　　）。

A. 定位基准　　B. 粗基准　　C. 精基准　　D. 设计基准

4. 工件欲获得较佳表面质量，宜采用（　　）。

A. 较大进给量与较高转速　　B. 较大进给量与较低转速
C. 较小进给量与较高转速　　D. 较小进给量与较低转速

5. 数控机床每次接通电源后，在运行前首先应做的是（　　）。

A. 给机床各部分加润滑油　　B. 检查刀具安装是否正确
C. 机床各坐标轴回参考点；　　D. 检查工件是否安装正确

6. 为了保持恒切削速度，在由外向内车削端面时，如进给速度不变，主轴转速应该（　　）。

A. 不变　　B. 由快变慢　　C. 由慢变快　　D. 先由慢变快再由快变慢

3.1 数控车床的基本操作

3.1.1 数控车床的位置调整

1. 回参考点操作

对于具有参考点功能的数控车床而言，当系统接通电源、复位后，首先应进行机床各轴回参考点的操作，以建立机床坐标系。

1）先检查一下各轴是否在参考点的内侧。如不在，则应手动回到参考点的内侧，以避免回参考点时产生超程。

2）在操作面板上按“回零”键。

3）分别按+X、+Z 轴移动方向按键，使各轴返回参考点。返回参考点后，相应的指示灯将点亮。

返回参考点后，屏幕上即显示此时刀具（或刀架）上某一参考点在机床坐标系中的坐标值。对某一机床来说，该值应该是固定的。系统将凭这一固定距离关系而建立起机床坐标系，机床原点通常就设在尾座正极限位置处，也有的设在车床主轴端头（或卡盘）的回转中心处。

2. 手摇操作

如果机床配置了手持单元，即可进行手摇操作控制。手持单元由手摇脉冲发生器和坐标轴选择开关组成，如图 3-1 所示。

手摇操作方法如下：

1）在数控系统的操作面板上按“手摇”键。

2）将手持单元上的增量倍率修调旋钮旋至所需的倍率（增量×1、×10、×100 分别对应于 0.001mm、0.01mm、0.1mm 的增量值）。

3）将手持单元的坐标轴选择开关置于所要移动的 X 轴或 Z 轴挡。

4）顺时针/逆时针旋转手摇脉冲发生器一格，可控制相应的轴向正向或负向移动一个增量值。

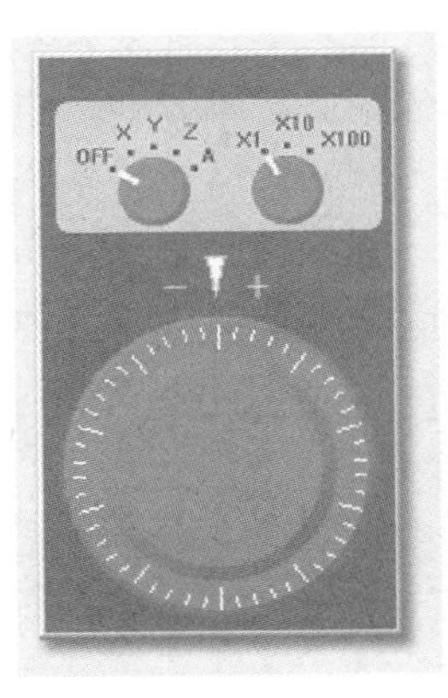

图 3-1　手持单元

3.1.2　刀具装夹与对刀

1. 刀具装夹

数控车床用刀具必须有稳定的切削性能，能够承受较高的切削速度，必须能较好地断屑，能快速更换且能保证较高的换刀精度。为了达到上述要求，数控车床应有一个较为完善的工具系统。数控车床用工具系统主要由两部分组成，一部分是刀具，另一部分是刀夹。

数控车床用刀具的种类较多，除各种车刀外，在车削中心上还有钻头、铣刀、镗刀等。在车削加工中，目前主要使用各种机夹不重磨刀片，刀片种类和所用材料品种很多。国际标准（ISO）对于不重磨刀片的各种形式的编码和各种机夹夹紧刀片的方法均有统一规定。

（1）利用转塔刀架（或电动刀架）的刀具及其装夹　数控车床的刀架有多种形式，且各公司生产的车床的刀架结构各不相同，所以各种数控车床所配的工具系统也各不相同。一般是把系列化、标准化的精化刀具应用到不同结构的转塔刀架（或电动刀架）上，以达到快速更换的目的。图 3-2 所示为刀具配置图。图 3-2a 所示为电动四方刀架的刀具配置，图 3-2b所示为转塔刀架的刀具配置。

（2）快换刀夹及其装夹　数控车床及车削中心也可采用快换刀夹。图 3-3 所示为圆柱柄车刀快换刀夹。每把刀具都装在一个刀夹上，机外预调好尺寸，换刀时一起更换。快换刀夹的装夹方式大多数是采用 T 形槽夹紧的，也有采用齿纹面进行夹紧的。

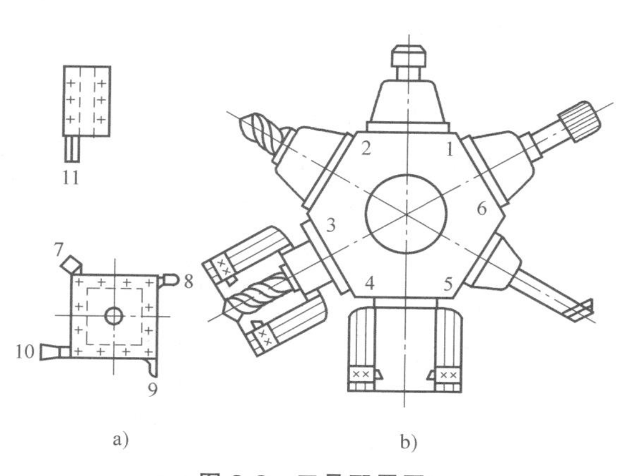

图 3-2　刀具配置图

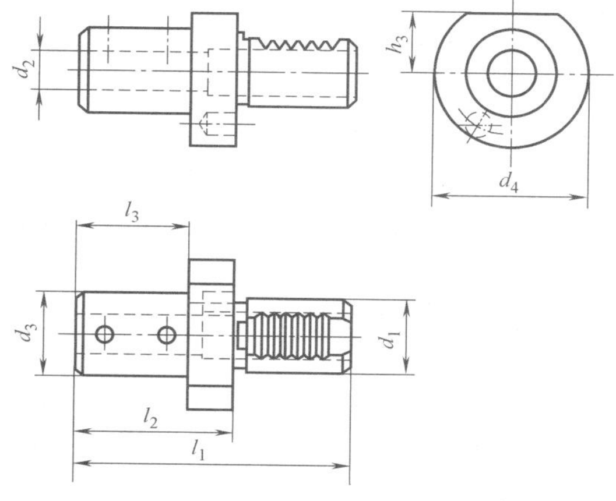

图 3-3　圆柱柄车刀快换刀夹

（3）模块式车削刀具及其装夹　刀架转位或更换刀夹（整体式）只更换刀具头部，就能够实现快速换刀，如图 3-4 所示。模块式车削刀具连接部分如图 3-5 所示。

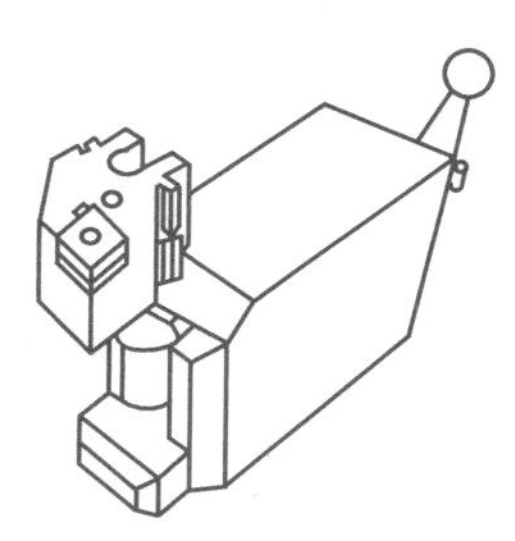
图 3-4　模块式车刀结构

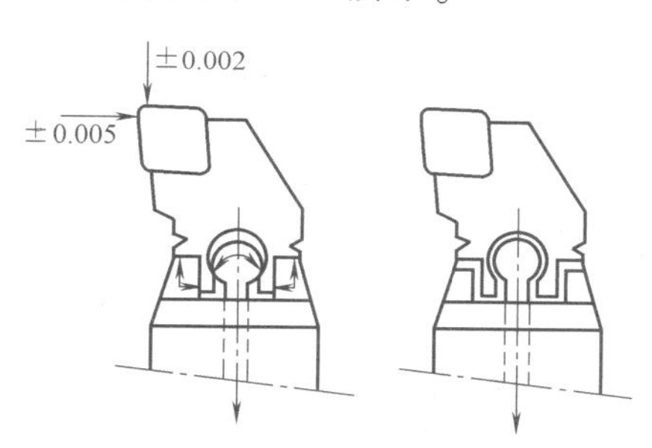

图 3-5　模块式车削刀具连接部分

2. 对刀

（1）对刀的概念　数控车削加工一个零件时，往往需要几把不同的刀具，而每把刀具在安装时是根据数控车床装刀要求安放的，当它们转至切削位置时，其刀尖所处的位置各不相同。但是数控系统要求在加工一个零件时，无论使用哪一把刀具，其刀尖位置在切削前均应处于同一点，否则，零件加工程序就缺少一个共同的基准点。为使零件加工程序不因刀具安装位置而给切削带来影响，必须在加工程序执行前，调整每把刀的刀尖位置，使刀架转位后，每把刀的刀尖位置都重合在同一点，这一过程称为数控车床的对刀。

对刀一般分为手动对刀和自动对刀两大类。目前，绝大多数的数控车床采用手动对刀，其基本方法有定位对刀法、光学对刀法、ATC 对刀法和试切对刀法。前三种手动对刀方法均因可能受到手动和目测等多种误差的影响，对刀精度十分有限，因此往往通过试切对刀，以得到更加准确和可靠的结果。

1）刀位点。刀位点是刀具的基准点，一般是刀具上的一个特定点。尖形车刀的刀位点为假想刀尖点，圆弧形车刀的刀位点为圆弧中心。数控系统控制刀具的运动轨迹，就是控制刀位点的运动轨迹。刀具的轨迹是由一系列有序的刀位点位置和连接这些位置点的直线或圆弧组成的。

2）起刀点。起刀点是刀具相对工件运动的起点，即加工程序开始时刀位点的起始位置，经常也将它作为加工程序运行的终点（终刀点）。

3）对刀点与对刀。对刀点是用来确定刀具与工件相对位置关系的点，是确定工件坐标系与机床坐标系关系的点。对刀就是将刀具的刀位点置于对刀点上，以建立工件坐标系。

4）对刀基准点。对刀时确定对刀点的位置所依据的基准可以是点、线或面。对刀基准点一般设置在工件上（定位基准或测量基准）、夹具上（夹具元件设置的起始点）或机床上。图 3-6 所示为有关对刀点的关系，O 为工件坐标系原点，O_1 为对刀基准点，B 为对刀参考点，A 为对刀点，也是起刀点和终刀点。

5）对刀参考点。它是代表刀架、刀台或刀盘在机床坐标系内位置的参考点，即 CRT 显示的机床坐标中坐标值的点，也称为刀架中心或刀具参考点，如图 3-6 所示的点 B。可以利用此坐标值进行对刀操作。数控加工中回参考点时应该使刀架中心与机床参考点重合。

6）换刀点。数控加工程序中指定用于换刀的位置点。在数控加工中，需要经常换刀，所以在加工程序中要设置换刀点。换刀点的位置应该避免与工件、夹具和机床发生干涉。普通数控车床的换刀点由编程指定，通常将其与对刀点重合。车削中心的换刀点一般为一固定点。不能将换刀点与对刀点混为一谈。

（2）确定对刀点的一般原则　对刀点可以设置在被加工工件上，也可以设置在与工件定位基准有关联尺寸的夹具的某一位置上，还可以设置在机床自定心卡盘的前端面上。选择原则如下：

1）对刀点的位置容易确定。

2）能够方便换刀，以便与换刀点重合。

3）在批量加工时，为使得一次对刀可以加工一批工件，对刀点应该选择在定位元件的起始基准上，并将编程原点与定位基准重合，以便直接按照定位基准对刀。

（3）对刀的方法　对刀的方法因实际情况而异，多种多样。数控车床常采用试切法对刀，下面以图 3-7 所示的具体加工示例说明对刀操作方法。

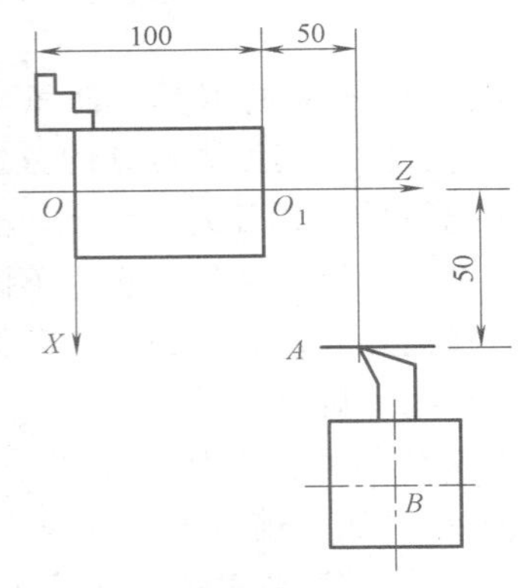

图 3-6　有关对刀点的关系

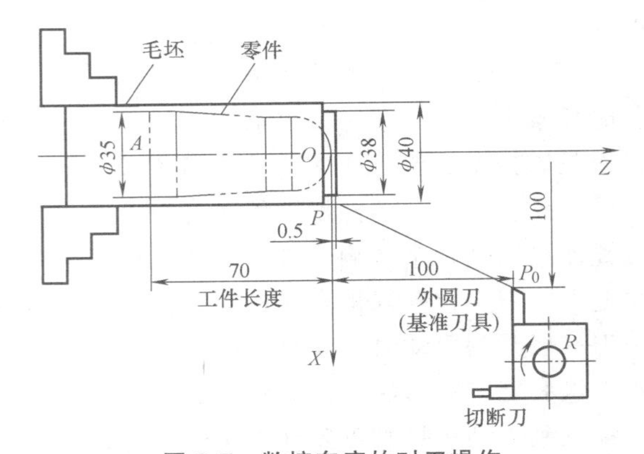

图 3-7　数控车床的对刀操作

1）采用 G50（FANUC 数控系统）设定工件坐标系时的对刀方法。毛坯为 ϕ40mm 的棒料，欲加工最大直径为 ϕ35mm、总长为 70mm 的零件。编程时采用程序段“G50　X100.0 Z100.0”；设定工件坐标系，将工件坐标系原点 O 设置在零件右端面中心。

数控加工采用的 1 号刀具（基准刀具）为主偏角为 90°硬质合金机夹偏车刀，2 号刀具为硬质合金机夹切断车刀。基准刀具刀尖点的起始点为 P_0。

基准刀具的对刀操作，就是设定基准刀具刀尖点的起始点位置，即建立工件坐标系，其操作步骤如下：

① 车削毛坯外圆。把“方式选择”旋钮调到 HX 或 HZ 位置，按“主轴正转”键，摇动脉冲发生器手轮，车削毛坯外圆约 10mm 长，沿 Z 轴正方向退刀至开始切削点。

② 使屏幕上的 W 坐标值清零。按软键操作区的对应软键，在地址/数字键区按“W”键，再按“取消”键。

③ 车削毛坯端面。把“方式选择”旋钮调到 HX 或 HZ 位置，摇动脉冲发生器手轮车削毛坯端面，沿 X 轴正方向退刀至开始切削点。

④ 使屏幕上的 U 坐标值清零。按软键操作区的对应软键，在地址/数字键区按“U”键，再按“取消”键。

⑤ 测量尺寸。按“主轴停止”键，测量车削后的外圆直径，假设为 ϕ38mm。

⑥ 计算基准刀具移动的增量尺寸。X 轴正向移动的增量尺寸 U=100mm−38mm=62mm。Z 轴正方向移动的增量尺寸 W=100mm−0.5mm=99.5mm，其中 0.5mm 为零件端面精加工余量。

⑦ 确定基准刀具的起始点位置。将“方式选择”旋钮调到 HX 位置，摇动脉冲发生器手轮使基准刀具沿 X 轴移动，直到屏幕上显示的数据 U=62mm 为止。再将“方式选择”旋钮调到 HZ 位置，摇动脉冲发生器手轮，使基准刀具沿 Z 轴移动，直到屏幕上显示的数据 W=99.5mm 为止。

以上操作步骤完成了基准刀具的对刀。此时，若执行程序段“G50 X100.0 Z100.0”，屏幕上的绝对坐标值处显示基准刀具刀尖点在工件坐标系的位置（100，100），即数控系统用新建立的工件坐标系取代了机床坐标系。

加工之前还要进行的一步操作就是刀具安装位置的偏差补偿。

在基准刀具对刀操作基础上，使 2 号刀具与基准刀具的刀尖点在切削前处于同一起始点 P_0位置。对 2 号刀具安装位置偏差进行补偿的操作步骤如下：

① 调用 2 号刀具。将“方式选择”旋钮调到 MDI 位置，按“程序”键，分别按“T”键、“0”键和“2”键，按“输入”键，按“启动输出”键，2 号刀具绕点 R 顺时针转动到切削位置。

② 沿 X 轴方向对刀。将“方式选择”旋钮调到 HX 位置，按“位置”键，按“主轴正转”键，摇动脉冲发生器手轮，将 2 号刀具左刀尖轻轻靠上工件外圆，此时，屏幕上 U 坐标位置处的数值，即是 2 号刀具与基准刀具刀尖在 X 轴方向的安装位置偏差。

③ 输入 X 轴方向的安装位置偏差。按“偏置量”键，按“光标移动”键，把光标移动到 T02 处，按“X”键及数值键（屏幕上目前位置相对坐标 U 处的数字和符号），按“输入”键，将 X 轴方向的安装位置偏差输入到系统存储器中的偏置号 T02 处。

④ 沿 Z 轴方向对刀。将“方式选择”旋钮调到 HZ 位置，按“位置”键，摇动脉冲发生器手轮，将 2 号刀具左刀尖轻轻靠上工件端面，此时，屏幕上 W 坐标位置处的数值，即 2 号刀具与基准刀具刀尖在 Z 轴方向的安装位置偏差。

⑤ 输入 Z 轴方向的安装位置偏差。按“偏置量”键，按“光标移动”键，把光标移动到 T02 处，按“Z”键及数值键（屏幕上目前位置相对坐标 W 处的数字和符号），按“输

入”键，将 Z 轴方向的安装位置偏差输入到系统存储器中的偏置号 T02 处。

以上操作完成了 2 号刀具安装位置偏差补偿。如果加工中使用更多的刀具，那么多次重复以上操作步骤，即可完成所有刀具的安装位置偏差补偿。对刀后应再次确定基准刀具的起始点位置，为数控机床执行自动加工做好准备。

2）采用 G54～G59（FANUC 数控系统）设定工件坐标系时的对刀方法。采用 G50 设定工件坐标系时，每加工一个零件前都要重复基准刀具的对刀操作，因此影响了生产率。生产实践中常用 G54～G59 设定工件坐标系来解决此问题。图 3-7 所示的加工示例中，编程时若采用程序段“G54　X100. 0　Z100. 0”；来设定工件坐标系，当完成首次对刀后，每次开机后只需操作车床返回机床零点一次，则所有工件加工前都不必重复基准刀具的对刀操作，即可进行自动加工。

这里只介绍基准刀具（1 号刀具）的对刀方法（刀具安装位置偏差补偿的方法与采用 G50 设定工件坐标系时的方法相同），其操作步骤如下。

① 返回机床零点。分别操作机床使 X 向、Z 向返回机床零点。

② 车削毛坯外圆。将“方式选择”旋钮调到 HX 或 HZ 位置，按“主轴正转”键，摇动脉冲发生器手轮，车削毛坯外圆约 10mm 长，沿 Z 轴正方向退刀，并记录屏幕上显示的 X 坐标的数据。

③ 测量尺寸。按“主轴停止”键，测量车削后的外圆直径，假设为 ϕ38mm。

④ 计算 X 轴方向的坐标尺寸。X 轴方向的坐标尺寸等于屏幕上 X 坐标处的数字+38mm。

⑤ 输入 X 轴方向的坐标尺寸。按“偏置量”键，按软键操作区的坐标系软键，按“光标移动”键把光标移动到 G54 处，按“X”键并输入上步计算出的 X 轴方向的坐标尺寸，按“输入”键将 X 轴方向的坐标尺寸输入到系统存储器中的 G54 处。

⑥ 车削毛坯端面。将“方式选择”旋钮调到 HX 或 HZ 位置，按“主轴正转”键，摇动脉冲发生器手轮，车削工件端面，沿 X 轴正方向退刀，并记录屏幕上显示的 Z 坐标处和数据。

⑦ 输入 Z 轴方向的坐标尺寸。按“偏置量”键，按软键操作区的坐标系软键，按“光标移动”键把光标移动到 G54 处，按“Z”键并输入上步计算出的 Z 轴方向的坐标尺寸，按“输入”键，将 Z 轴方向的坐标尺寸输入到系统存储器中的 G54 处。

以上操作步骤可完成基准刀具的对刀。此时，在进行返回机床零点的操作后，在屏幕上的绝对坐标值处，显示出工件坐标系原点在机床坐标系中的位置，这时数控系统用新建立的工件坐标系取代了原来的机床坐标系。

3.2　数控车削的编程与加工

3.2.1　数控车床的编程方式

在数控车床编程时，可采用绝对值编程、增量值编程或混合编程。

1. 绝对值编程

绝对值编程是根据预先设定的编程原点计算出绝对值坐标尺寸进行编程的一种方法，即采用绝对值编程时，首先要指出编程原点的位置，并用地址 X、Z 进行编程（X 为直径值）。

有的数控系统用 G90 指令指定绝对值编程。

2. 增量值编程

增量值编程是根据与前一个位置的坐标值增量来表示位置的一种编程方法，即程序中的终点坐标是相对于起点坐标而言的。采用增量值编程时，用地址 U、W 代替 X、Z 进行编程。

3. 混合编程

绝对值编程与增量值编程混合起来进行编程的方法称为混合编程。编程时也必须先设定编程原点。

3.2.2　数控车削基本编程指令

1. 绝对值编程指令 G90

格式：G90

说明：该指令表示程序段中的运动坐标数字为绝对坐标值，即从编程原点开始的坐标值。

2. 增量值编程指令 G91

格式：G91

说明：该指令表示程序段中的运动坐标数字为增量坐标值，即刀具运动的终点相对于起点坐标值的增量。

3. 工件坐标系设定指令 G50

在编程时，首先应该确定工件原点并用 G50 指令设定工件坐标系。车削加工中，工件原点一般设置在工件右端面或左端面与主轴轴线的交点上。

格式：G50X __ Z __;

说明：X、Z 值分别为刀尖（刀位点）起始点相对工件原点的 *X* 向和 *Z* 向坐标，注意 X 应为直径值。

如图 3-8 所示，假设刀尖起始点距离工件原点的 *X* 向尺寸和 *Z* 向尺寸分别为 200mm（直径值）和 150mm，工件坐标系的设定指令为

G50 X200.0 Z150.0;

执行以上程序段后，系统内部即对 X、Z 值进行记忆，并且显示在显示器上，这就相当于系统内建立了一个以工件原点为坐标原点的工件坐标系。

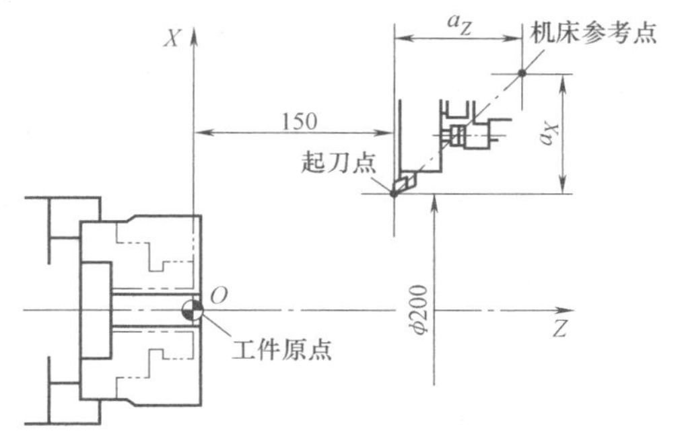

图 3-8　工件坐标系设定

显然，当改变刀具的当前位置时，所设定的工件坐标系的工件原点位置也不同。因此，在执行该程序段前，必须先进行对刀，通过调整机床，将刀尖放在程序所要求的起刀点位置（200.0，150.0）上。对具有刀具补偿功能的数控机床，其对刀误差还可以通过刀具偏移来补偿，所以调整机床时要求并不严格。

4. 快速点定位指令 G00

格式：G00 X（U）__ Z（W）__;

特别提示：

1）G00指令使刀具以点位控制方式从刀具所在点快速移动到目标点。

2）它只是快速定位，一般不能用于加工，且无运动轨迹要求。常见G00指令运动轨迹如图3-9所示，从*A*到*B*应是折线*AEB*。因为快速定位时，机床以设定的进给速度同时沿*X*、*Z*轴移动，然后再到达目标点，所以使用G00指令时要注意刀具是否和工件及夹具发生干涉，忽略这一点，就容易发生碰撞，而在快速状态下的碰撞就更加危险了。

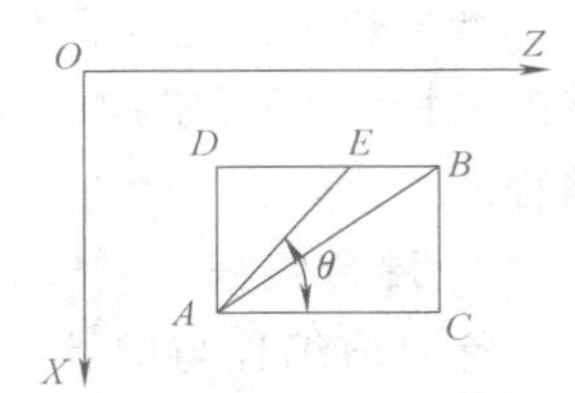

图3-9 常见G00指令运动轨迹

3）G00指令是模态指令，其中X（U）和Z（W）是目标点的坐标。当用绝对值编程时，其数值为工件坐标系中点的坐标值X和Z。当用增量值编程时，其数值为刀具当前点与目标点的坐标增量U和W。实际编程时采用哪种坐标方式由数控车床当时的状态设定。FANUC数控系统绝对值方式为X、Z，增量值方式为U、W，而有的数控系统常用G90、G91设定。

4）使用G00指令时，目标点不能直接选在工件上，一般要离开工件表面1~2mm。

5）G00指令的速度由系统参数指定，不能用F指令来控制速度，但可以用面板速度倍率旋钮进行调节。

5. 直线插补指令G01

格式：G01 X（U）__ Z（W）__ F __；

特别提示：

1）G01指令使刀具从当前点出发，在两坐标间以插补联动方式按指定的进给速度直线移动到目标点。G01指令是模态指令。

2）进给速度由F指令指定。F指令也是模态指令，它可以用G00指令将其取消。如果在G01程序段之前没有F指令，当前G01程序段中也没有F指令，则机床不运动或者按最低速度运行。因此，G01程序段中必须含有F指令。

例3-1 如图3-10所示，刀具从*A*点直线移动到*B*点，完成车外圆、车槽、车倒角的操作。

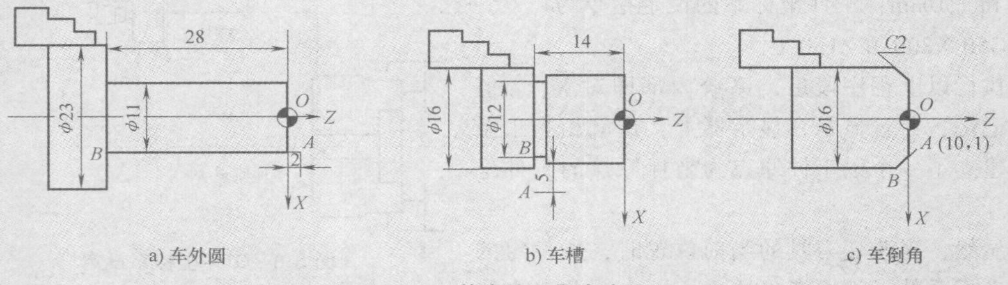

图3-10 基本编程指令应用

编程坐标原点*O*设在工件右端面中心。

1）车外圆，如图3-10a所示。

G00 X11 Z2；　　　　（刀具快速移至*A*点）

绝对值方式　G90 G01 Z-28 F0.2；　　　　（车削ϕ11mm外圆至*B*点）

增量值方式　G01 U0 W-30 F0.2;　　（车削 ϕ11mm 外圆至 *B* 点）
或　G91 G01 Z-30 F0.2;
2）车槽，如图 3-10b 所示。
G00 X22 Z-14;　　（刀具快速移至 *A* 点）
绝对值方式　G01 X12 F0.1;　　（切槽至 *B* 点）
增量值方式　G01 U-10 W0 F0.1;　　（切槽至 *B* 点）
3）车倒角，如图 3-10c 所示。
G00 X10 Z1;　　（刀具快速移至 *A* 点）
绝对值方式　G01 X16 Z-2 F0.2;　　（车倒角）
增量值方式　G01 U6 W-3 F0.2;　　（车倒角）

【课间互动】

如图 3-11 所示，分别用绝对值编程和增量值编程的方式，编写由 *A* 点到 *B* 点的程序。

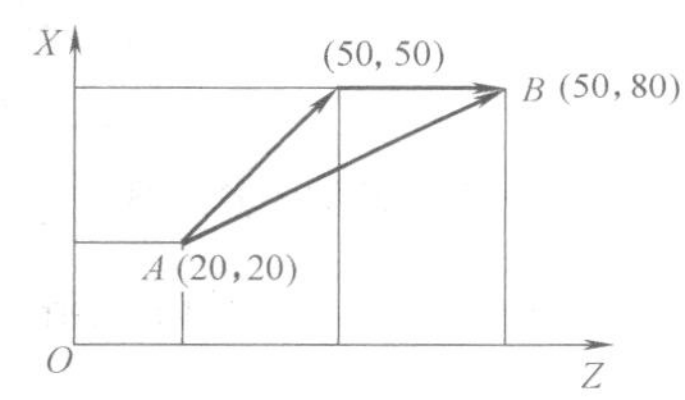

图 3-11　绝对值和增量值编程练习题

6. 圆弧插补指令 G02/G03

格式：G02/G03 X（U）__ Z（W）__ I __ K __ F __;
　　　G02/G03 X（U）__ Z（W）__ R __ F __;

特别提示：

1）G02：顺时针圆弧插补；G03 逆时针圆弧插补。车床上圆弧顺、逆方向可按图 3-12 所示的方向判断，沿垂直于圆弧所在的平面（*OXZ* 面）坐标轴（*Y* 轴）的正方向向负方向看去，刀具相对于工件转动方向顺时针为 G02，逆时针为 G03。

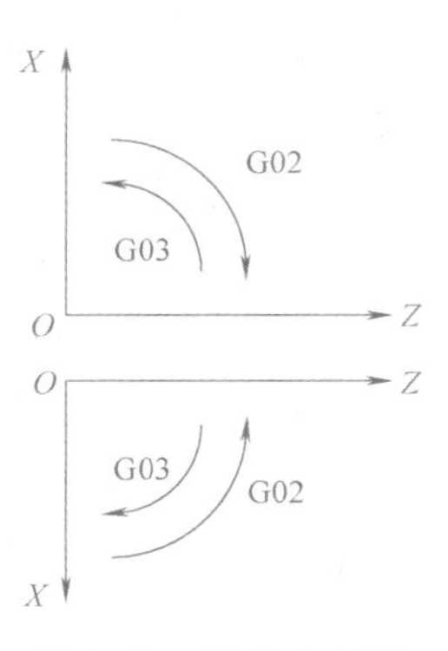

图 3-12　车床上圆弧顺、逆方向

2）采用绝对值编程时，圆弧终点坐标为工件坐标系中的坐标值，用 X、Z 表示。采用增量值编程时，圆弧终点坐标为圆弧终点相对于圆弧起点的坐标增量值，用 U、W 表示。

3）I、K 为圆心相对于圆弧起点的增量坐标，无论是绝对值编程还是增量值编程，都用增量坐标表示。一般用 I、K 值可进行任意圆弧（包括整圆）插补。

4）当用半径 R 指定圆心位置时（它不能与 I、K 同时使用），由于在同一半径 R 的情况下，从圆弧的起点到终点有两个圆弧路径，为区别两者，规定圆心角 $\alpha \leq 180°$ 时，用“+R”表示，正号可省略；当圆心角 $\alpha > 180°$ 时用“-R”表示。用圆弧半径指定圆心位置时，不能进行整圆插补。

7. **自动倒角及倒圆指令**

使用本功能可以简化倒角及倒圆的编程。

（1）自动倒角指令　G01 指令除了进行直线切削外，还可进行自动倒角加工。

1）由 *Z* 轴向 *X* 轴倒角。如图 3-13a 所示，编程指令格式为：

G01 Z（W）__ I __ F __；

说明：Z、W 分别为图 3-13a 中 *B* 点的绝对值坐标和相对于 *D* 点的增量值坐标；I 的正负取决于倒角方向，当向 *X* 轴正方向倒角时，I 为正值，反之为负值，如图 3-13a 所示。

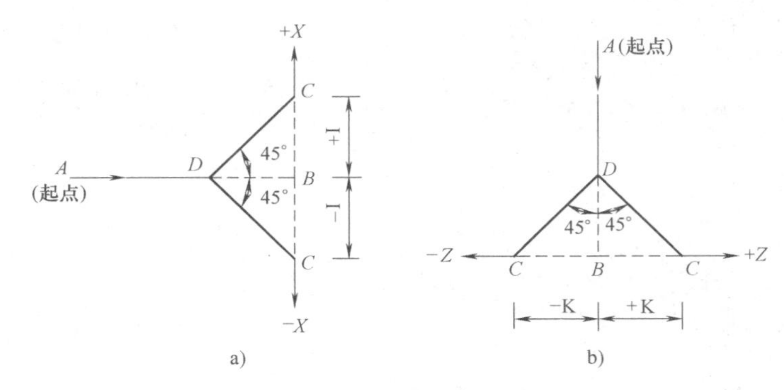

图 3-13　自动倒角指令

2）由 *X* 轴向 *Z* 轴倒角。如图 3-13b 所示，编程指令格式为：

G01 X（U）__ K __ F __；

说明：X、U 分别为图 3-13b 中 *B* 点绝对值坐标和相对于 *D* 点的增量值坐标；K 的正负取决于倒角方向，当向+*Z* 轴方向倒角时，K 为正值，反之为负值，如图 3-13b 所示。

（2）自动倒圆指令　G01 指令除了进行直线切削外，还可进行自动倒圆加工。

1）由 *Z* 轴向 *X* 轴倒圆。如图 3-14a 所示，编程指令格式为：

G01 Z（W）__ R __ F __；

说明：Z、W 分别为图 3-14a 中 *B* 点的绝对值坐标和相对于 *D* 点的增量值坐标；R 的正负取决于倒圆方向，当向+*X* 轴方向倒圆时，R 为正值，反之为负值，如图 3-14a 所示。

2）由 *X* 轴向 *Z* 轴倒圆。如图 3-14b 所示，编程指令格式为：

G01 X（U）__ R __ F __；

说明：X、U 分别为图 3-14b 中点 *B* 的绝对值坐标和相对于 *D* 点的增量值坐标；R 的正负取决于倒圆方向，当向+*Z* 轴方向倒圆时，R 为正值，反之为负值，如图 3-14b 所示。

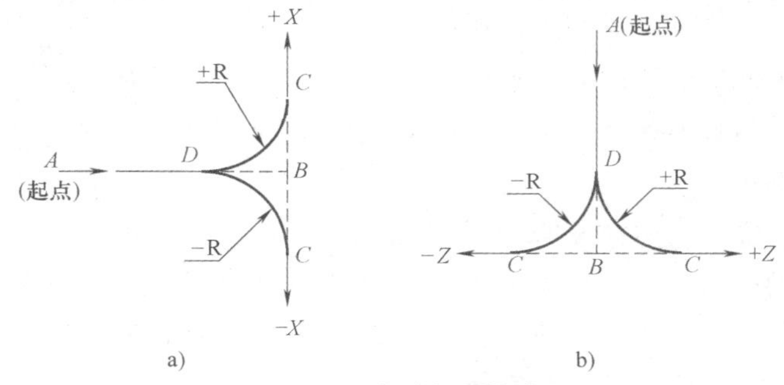

图 3-14　自动倒圆指令

例 3-2　刀具按图 3-15 所示的进给路线进行加工，已知进给速度为 0.15mm/r，切削线速度为 180m/min，主轴最高转速为 2000r/min，试编程。

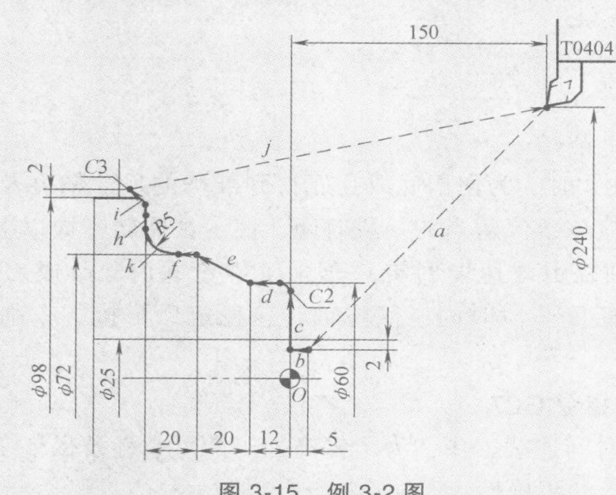

图 3-15　例 3-2 图

程序编制如下：

O2001；	程序号
G28 U0 W0；	回机床参考点
G00 U __ W __；	刀具到起刀点，U、W 值取决于起刀点到参考点的距离
M00；	程序暂停
G50 S2000；	主轴最高转速限制
G96 S180 T0400；	恒线速度设定，换 4 号刀
G50 X240 Z150 M03；	设定工件坐标系，主轴正转
G00 X21 Z5 T0404 M08；	切削液开
W-5；	
G01 X60 K-2 F0.15；	倒角
Z-12；	
X72 Z-32；	
Z-47；	
G02 X82 Z-52 R5；	
G01 X92；	
U10 W-5；	
G00 X240 Z150 T0000；	取消刀具补偿
M30；	程序结束

8. 程序暂停指令 G04

该指令控制系统按指定时间暂时停止执行后续程序段。暂停时间结束后则继续执行。该指令为非模态指令，只在本程序段有效。

格式：G04 X __（U __或 P __）

说明：其中 X、U 的单位为 s，P 的单位为 ms。注意在用地址 P 表示暂停时间时不能用小数点表示法。

例如：若要暂停 4s，则可写成如下几种格式：

G04　X4；

G04　U4；

G04　P4000；

G04 主要应用于以下情况：

1）在车削沟槽或钻孔时，为使槽底或孔底得到准确的尺寸精度及光滑的加工表面，在加工到槽底或孔底时，应该暂停适当的一段时间，使工件回转一周以上。

2）使用 G96（主轴以恒线速度回转）车削工件轮廓后，改成 G97（主轴以恒转速回转）车削螺纹时，指令暂停一段时间，使主轴转速稳定后再执行车削螺纹，以保证螺距加工精度要求。

9. 返回参考点检查指令 G27

数控车床通常是长时间连续工作，为了提高加工的可靠性及保证工件的加工精度，可用 G27 指令来检查工件原点的正确性。

格式：G27 X（U）__ Z（W）__；

说明：X、Z 值指机床参考点在工件坐标系的绝对值坐标；U、W 表示机床参考点相对刀具目前所在位置的增量值坐标。

该指令的用法如下：当加工完成一次循环，在程序结束前，执行 G27 指令，则刀具将以快速点定位（G00）移动方式自动返回机床参考点，如果刀具到达参考点位置，则操作面板上的参考点返回指示灯会亮；若工件原点位置在某一轴向有误差，则该轴对应的指示灯不亮，且系统将自动停止执行程序，发出报警提示。

使用 G27 指令时，若先前用 G41 或 G42 建立了刀尖圆弧半径补偿，必须用 G40 将刀尖圆弧半径补偿取消后，才可使用 G27 指令。编程时可参考如下程序结构。

```
…
T0202;
…
G40;    取消刀补
G27 X200.345 Z450.568;
…
```

10. 自动返回参考点指令 G28

G28 指令的功能是使刀具从当前位置以快速点定位（G00）移动方式，经过中间点回到参考点。指定中间点的目的是使刀具沿着一条安全路径回到参考点。

格式：G28 X(U)__ Z(W)__；

说明：X、Z 是刀具经过中间点的绝对值坐标；U、W 是以刀具经过的中间点为相对起点为的增量值坐标。

如图 3-16 所示，若刀具从当前位置经过中间点（30，15）返回参考点，则可用指令如下：

G28 X30.0 Z15.0；

如图 3-17 所示，若刀具从当前位置直接返回参考点，这时相当于中间点与当前位置重合，则可用增量方式指令编程如下：

G28 U0 W0；

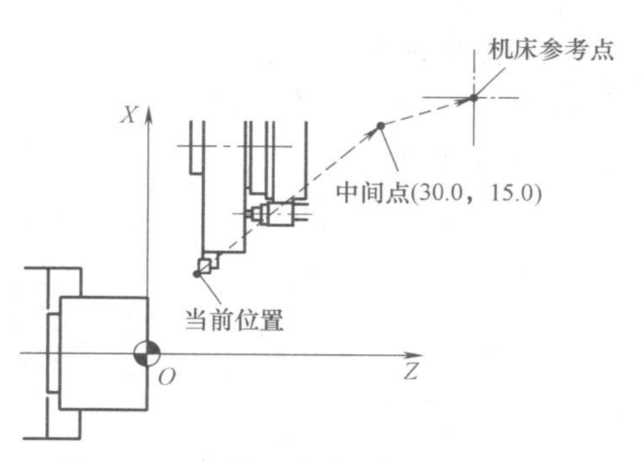

图 3-16 刀具经过中间点返回参考点

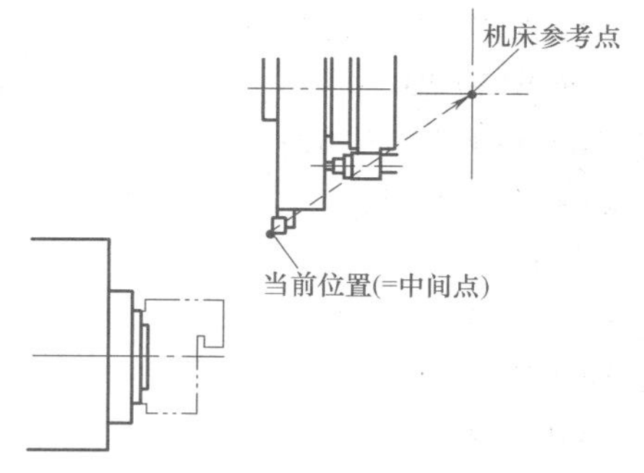

图 3-17 刀具直接返回参考点

11. 从参考点返回指令 G29

此指令的功能是使刀具由机床参考点经过中间点到达目标点。

格式：G29 X __ Z __；

说明：X、Z 后面的数值是指刀具的目标点坐标。

这里经过的中间点就是 G28 指令所指定的中间点，故刀具可经过这一安全路径到达欲切削加工的目标点位置。所以用 G29 指令之前，必须先用 G28 指令，否则 G29 指令会因不知道中间点位置而发生错误。

例 3-3 刀具按图 3-18 所示的进给路线进行加工，已知进给量为 0.25mm/r，切削线速度为 150m/min，试编程。

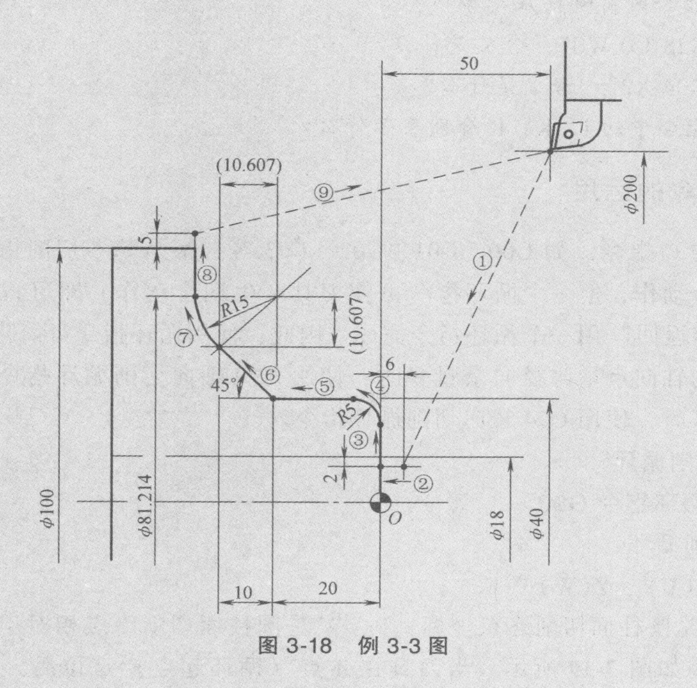

图 3-18 例 3-3 图

程序编制如下：

O2002；	程序号
G50 X200 Z50 T0200；	建立工件坐标系，换2号刀
G96 S150 M03；	恒线速度设定，主轴正转
G00 X14 Z6 T0202；	建立刀具补偿
G01 Z0 F0.25；	
X30；	
G03 X40 Z-5 R5 ；	
G01 Z-20；	
X60 Z-30；	
G02 X81.214 Z-34.393 R15；	
G01 X110；	
G00 X200 Z50 T0000；	取消刀具补偿
M30；	程序结束

【课前互动】

1. 分别说明外圆车刀、切槽刀、螺纹刀和圆弧形车刀的刀位点在哪里？
2. 如图3-15所示，试问哪一个是对刀点和起刀点？
3. 使用G00指令时有哪些注意事项？
4. 使用G01指令时有哪些注意事项？
5. 程序段“G28 U0 W0”；含义是什么？
6. 程序段“G04 X2”；含义是什么？
7. 圆弧插补指令中的I、K、R分别表示什么？

3.2.3 循环指令的运用

前面所介绍的G指令，如G00、G01、G02、G03等，都是基本切削指令，即一个指令只使刀具产生一个动作，但一个循环指令可使刀具产生四个动作，即可将刀具“切入——→切削——→退刀——→返回”用一个循环指令完成。因此，使用循环指令可简化编程。

当工件毛坯的轴向余量比径向余量多时，使用G90轴向切削循环指令；当材料的径向余量比轴向余量多时，使用G94径向切削循环指令。

3.2.3.1 简单车削循环

1. 轴向切削循环指令G90

(1) 圆柱切削循环

格式：G90 X(U)__ Z(W)__ F __；

说明：X、Z是圆柱面切削终点坐标，U、W是圆柱面切削终点相对于循环起点增量值坐标，其运动轨迹如图3-19所示，当刀具在*A*点（循环起点）定位后，执行G90循环指令，则刀具由*A*点快速定位至*B*点，再以指定的进给速度切削到*C*点（切削终点），再切削

退刀到 D 点，最后快速定位回到 A 点完成一个循环切削。

注意：使用循环指令，刀具必须先定位至循环起点，再执行循环指令，且完成一个循环切削后，刀具仍回到此循环起点。循环指令为模态指令。

例 3-4 使用 1 号粗车刀、2 号精车刀切削图 3-20 所示工件的外圆，试用 G90 指令编程。

程序编制如下：	程序号
O2003;	
G50 S3000;	主轴最高转速限制
G96 S120 T0100;	恒线速度设定，换 1 号刀
G50 X150 Z-200 M08;	设定工件坐标系，切削液开
G00 X55 Z3 T0101 M03;	快速定位至循环起点 a，建立刀具补偿，主轴正转
G90 X46 Z-44.95 F0.2;	以循环方式车削，由 $a \rightarrow b \rightarrow g \rightarrow h \rightarrow a$
X42;	以循环方式车削，由 $a \rightarrow c \rightarrow f \rightarrow h \rightarrow a$
X40.2;	以循环方式车削，由 $a \rightarrow d \rightarrow e \rightarrow h \rightarrow a$
G00 X150 Z200 T0100;	快速定位至起始点，准备换 2 号刀
T0202 S150;	换 2 号刀及建立刀具补偿，并提高切削速度为 150m/min
X40 Z3;	刀具至精车起点
G01 Z-45 F0.07;	精车外圆
X55;	精车轴肩
G00 X150 Z200 T0000;	刀具至起始点，取消刀具补偿
M30;	程序结束

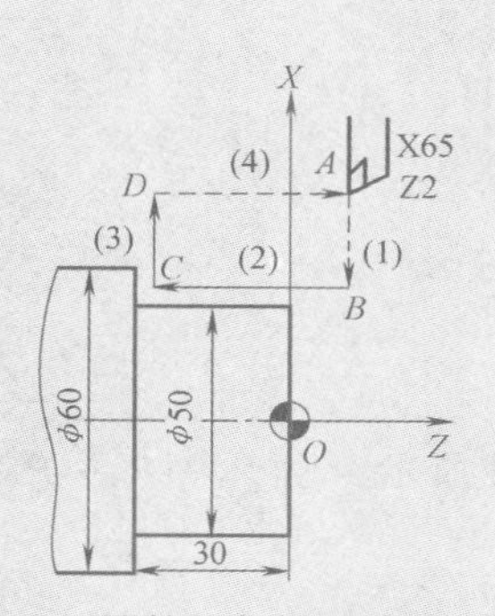

图 3-19 圆柱切削循环的运动轨迹

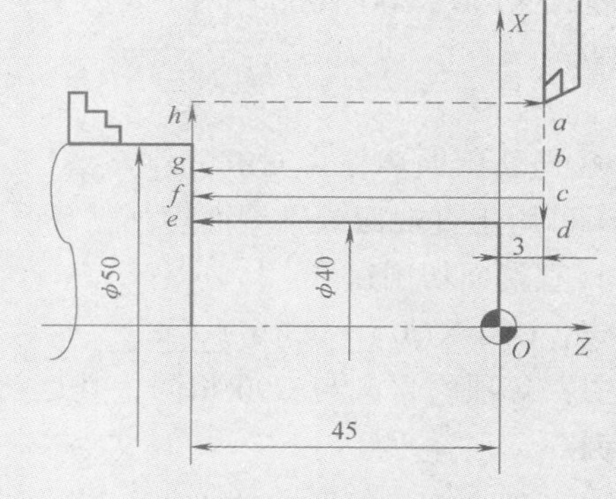

图 3-20 切削外圆

（2）圆锥切削循环

格式：G90 X(U)__ Z(W)__ R __ F __;

说明：X（U）、Z（W）含义与圆柱切削循环指令相同；R 是指切削终点 P_3 至起点 P_2 的向量值（以半径值表示），若锥面起点坐标大于终点坐标时，该值为正，反之为负，其运动轨迹如图 3-21 所示。

刀具定位至 P_1 点后，执行 G90 指令，则刀具由 P_1 点快速定位至 P_2 点，再以指定的进给

速度切削至 P_3 点，再切削退刀至 P_4 点，最后快速定位到 P_1 点完成一个循环切削。

例 3-5　使用 1 号车刀切削图 3-22 所示工件的外圆锥面，试用 G90 指令编程。

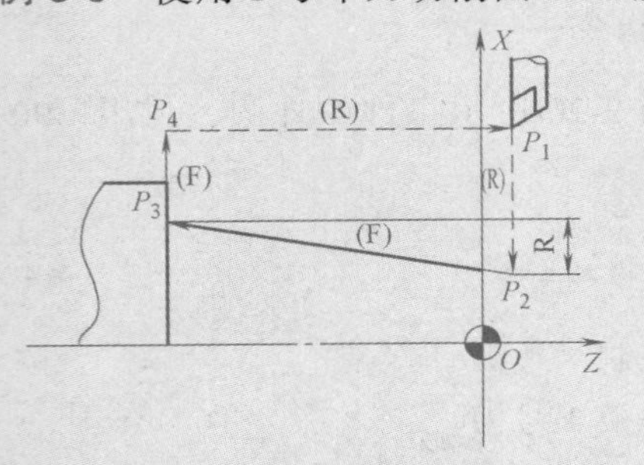

图 3-21　圆锥切削循环的运动轨迹

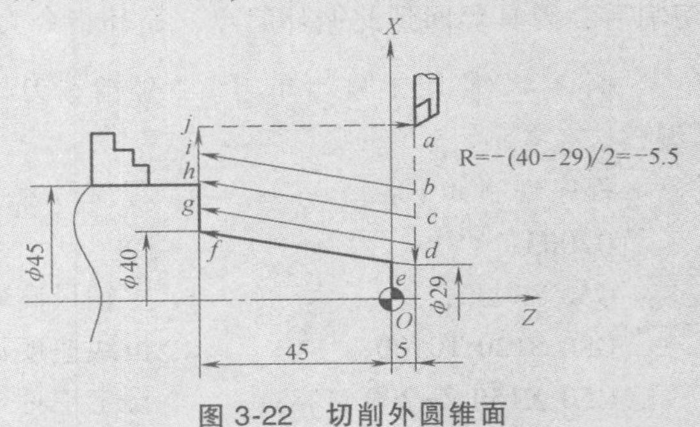

图 3-22　切削外圆锥面

程序编制如下：

```
O2004;
G50   S3500;
G96   S120 T0100;
G50   X150 Z200 M08;
G00   X50 Z5 T0101 M03;             快速定位至循环起点 a
G90   X49 Z-45 R-5.5 F0.2;          以循环方式车削，由 a→b→i→j→a
X45;                                以循环方式车削，由 a→c→h→j→a
X41;                                以循环方式车削，由 a→d→g→j→a
X40 S150 F0.07;                     以循环方式车削，由 a→e→f→j→a
G00   X150 Z200 T0000;
M30;
```

2. 径向切削循环指令 G94

G94 可用于直端面或锥端面切削循环。

(1) 直端面切削循环

格式：G94 X(U)__ Z(W)__ F__;

说明：各项的含义与 G90 相同，其运动轨迹如图 3-23 所示，由 $P_1 \to P_2 \to P_3 \to P_4 \to P_1$ 完成一个循环。

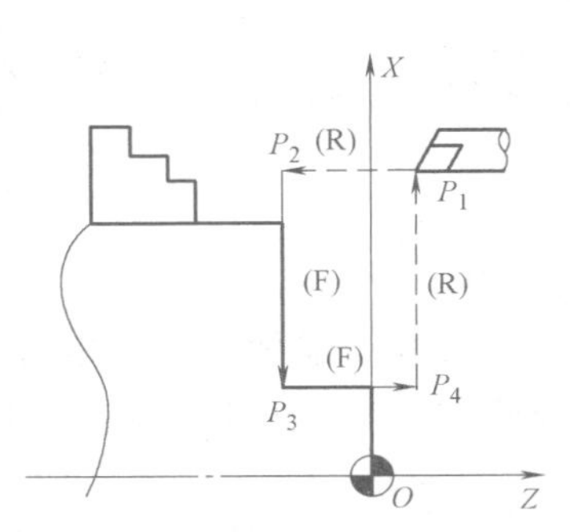

图 3-23　直端面切削循环的运动轨迹

（R）表示刀具以快速定位方式移动。

（F）表示刀具以指定的进给速度切削工件。

P_1点称为循环起点。

P_3点为终点坐标位置。

例 3-6 使用 2 号车刀切削图 3-24 所示工件的端面，试用 G94 指令编程。

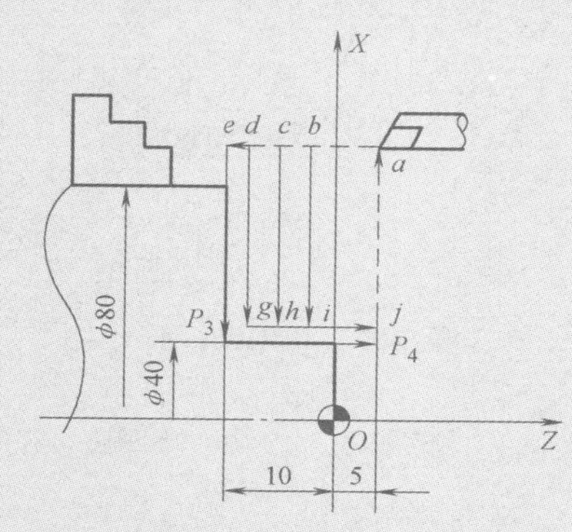

图 3-24 切削端面

程序编制如下：

O2005；	
G50 S3500 T0200；	
G50 X150 Z200 M08；	
G96 S120；	
G00 X85 Z5 T0202 M03；	快速定位循环起点 *a*，建立刀具补偿，主轴正转
G94 X40.5 Z-3.0 F0.2；	由 $a \to b \to i \to j \to$ a 循环粗车
Z-6.5；	由 $a \to c \to h \to j \to a$ 循环粗车
Z-9.9；	由 $a \to d \to g \to j \to a$ 循环粗车
X40.0 Z-10.0 S150 F0.07；	由 $a \to e \to P_3 \to P_4 \to a$ 循环精车
G00 X150 Z200 T0000；	
M30；	

（2）锥端面切削循环

格式：G94 X(U)__ Z(W)__ R __ F __；

说明：各项的含义大都与 G90 相同，只有 R 为循环起点 *Z* 坐标与终点 *Z* 坐标之差，其运动轨迹如图 3-25 所示，由 $P_1 \to P_2 \to P_3 \to P_4 \to P_1$ 完成一个循环。

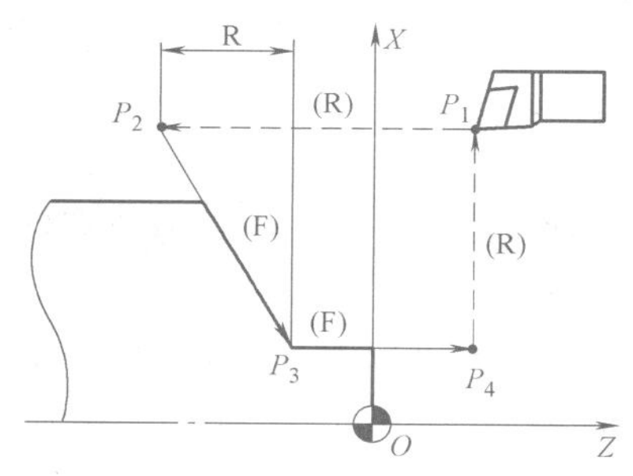

图 3-25 锥端面切削循环的运动轨迹

例 3-7　使用 3 号车刀切削图 3-26 所示工件的端面，试用 G94 指令编程。a（119，5）循环起点；f(119,−32)；g(20,−10)；h(20,−9.5)；i(20, −6.5)；j(20,−3.5)；k(20,0)；l(20,5)；R=(−32)−(−10)=−22.0。

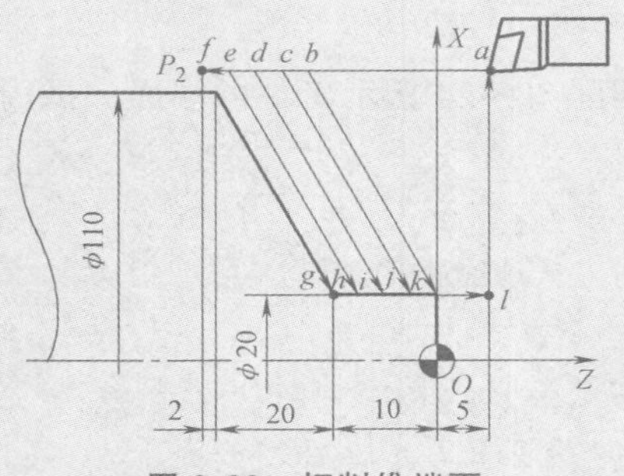

图 3-26　切削锥端面

程序编制如下：

```
O2006 ;
G50 S3500 T0300;
G50 X150   Z200   M08;
G96 S120;
G00 X119   Z5 T0303 M03;        快速定位至循环起点 a
G94 X20   Z0 R-22. F0. 2;       由 a→b→k→l→a 循环粗车
Z-3. 5;                         由 a→c→j→l→a 循环粗车
Z-6. 5;                         由 a→d→i→l→a 循环粗车
Z-9. 5;                         由 a→e→h→l→a 循环粗车
Z-10   S150 F0. 07;             由 a→f→g→l→a 循环精车
G00 X150   Z200   T 0000;
M30;
```


3. 2. 3. 2　粗车复合循环

当工件的形状较复杂（如有台阶、锥度、圆弧等）时，若使用基本切削指令或切削循环指令，为了考虑精车余量，在计算粗车的坐标点时，可能会很繁杂。如果使用复合循环指令，只需依指令格式设定粗车时每次的背吃刀量、精车余量、进给量等参数，在接下来的程序段中给出精车时的加工路径，则数控系统即可自动计算出粗车的刀具路径，自动进行粗加工，因此在编制程序时可节省很多时间。

使用粗加工固定循环 G71、G72、G73 指令后，必须使用 G70 指令进行精车，使工件达到所要求的尺寸精度和表面粗糙度。

1. 轴向粗车复合循环指令 G71

该指令适用于圆柱棒料粗车阶梯轴的外圆或内孔需切除较多余量时的情况。

格式：G71　U（Δd）R（e）；

G71　P（ns）Q（nf）U（Δu）W（Δw）F（Δf）S（Δs）T（t）；

N（ns）…；

…S（s）F（f）；

…

N（*nf*）…

说明：

Δd 是每次切削背吃刀量，即 X 轴方向的进刀量，以半径值表示，一定为正值。

e 是每次切削结束的退刀量。

ns 是精车开始程序段的顺序号。

nf 是精车结束程序段的顺序号。

Δu 是 X 轴方向精加工余量，以直径值表示。

Δw 是 Z 轴方向精加工余量。

Δf 是粗车时的进给量。

Δs 是粗车时的主轴功能（一般在 G71 之前即已指定，故大都省略）。

t 是粗车时所用的刀具（一般在 G71 之前即已指定，故大都省略）。

s 是精车时的主轴功能。

f 是精车时的进给量。

G71 指令的运动轨迹如图 3-27 所示，在 G71 指令的下一程序段给出精车加工指令，描述 $A \rightarrow B$ 间的工件轮廓，并在 G71 指令中给出精车余量 Δu、Δw 及背吃刀量 Δd，则数控系统即会自动计算粗车的加工路径控制刀具完成粗车，且最后会沿粗车轮廓 $A' \rightarrow B'$ 车削一刀，再退回至循环起点 C 完成粗车循环。

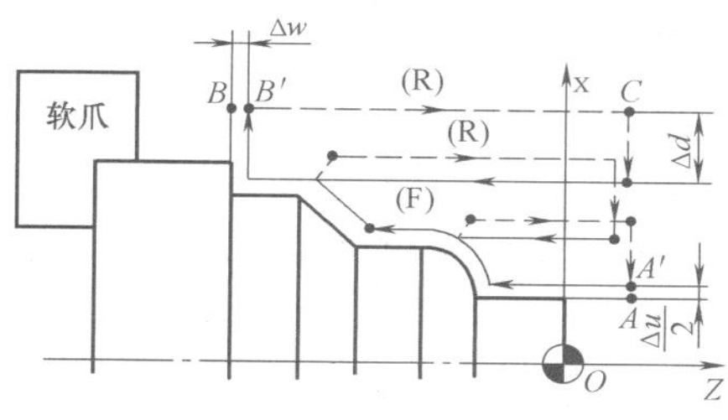

图 3-27 G71 指令的运动轨迹

在图 3-27 中，（F）为以粗车进给速度切削，（R）为以快速定位速度退刀，C 点为循环起点，Δu 和 Δw 为正值。

特别提示：

1）当使用 G71 指令粗车内孔轮廓时，须注意 Δu 为负值。如图 3-28 所示，点 C 为循环终点，Δu 为负值，Δw 为正值。

2）图 3-27 中由循环起点 C 到点 A 只能用 G00 或 G01 指令，且不可有 Z 轴方向移动指令。

3）车削的路径必须是单调增大或减小，即不可有内凹的轮廓外形。

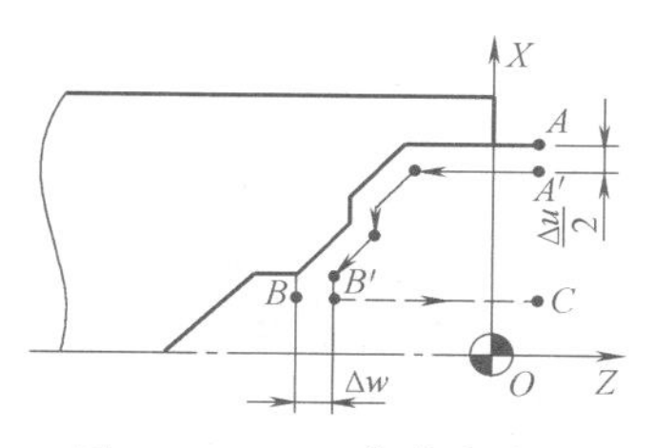

图 3-28 G71 指令车内孔

若使用配置 FANUC 10T 系统的数控车床时，则没有第三条限制。

2. 径向粗车复合循环指令 G72

此指令用于当直径方向的切除量比轴向余量大时的情况。

格式：G72 W（Δd）R（e）；

G72 P（ns）Q（nf）U（Δu）W（Δw）F（Δf）S（Δs）T（t）；

N（ns）…；

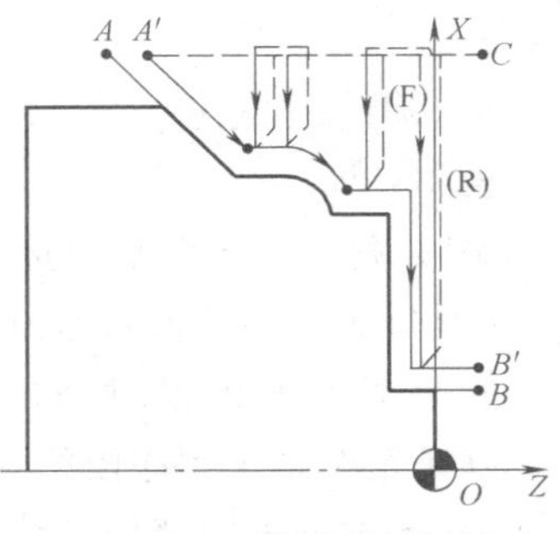

图 3-29　G72 指令的运动轨迹

…S（s）F（f）；

…

N（nf）…；

说明：指令中各项的含义与 G71 相同，其运动轨迹如图 3-29 所示，使用方式如同 G71。

3. 仿形粗车循环指令 G73

G73 指令用于已基本成形的铸件或锻件的加工。铸件或锻件的形状与零件轮廓相接近，这时若仍使用 G71 或 G72 指令，则会产生许多无效切削而浪费加工时间。

格式：G73 U（Δi）W（Δk）R（d）；

G73　P（ns）Q（nf）U（Δu）W（Δw）F（Δf）S（Δs）T（t）；

N（ns）…

…S（s）F（f）；

…

N（nf）…

说明：

Δi 是 X 轴方向退刀距离，以半径值表示，当向 +X 轴方向退刀时，该值为正，反之为负。

Δk 是 Z 轴方向退刀距离，当向 +Z 轴方向退刀时，该值为正，反之为负。

d 是粗切削次数。

其余各项的含义与 G71 相同。图 3-30 所示为 G73 指令的运动轨迹。

Δi 和 Δk 为第一次车削时退离工件轮廓的距离，确定该值时应参考毛坯的粗加工余量大小，以使第一次进给车削时就有合理的背吃刀量，计算方法如下：

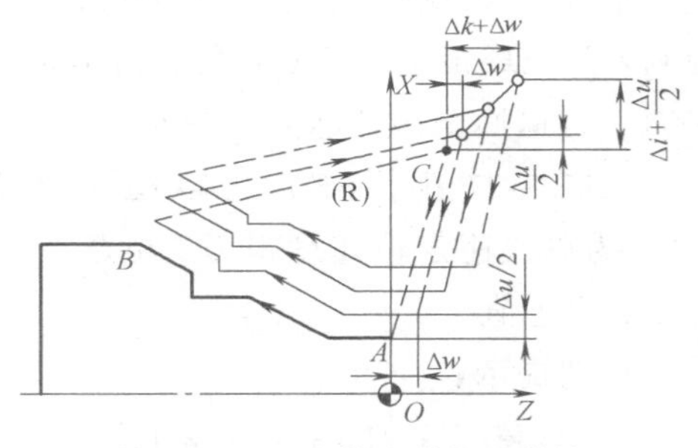

图 3-30　G73 指令的运动轨迹

$$\Delta i(X\text{ 轴方向退刀距离}) = (X\text{ 轴方向粗加工余量}) - (\text{每一次背吃刀量})$$

$$\Delta k(Z\text{ 轴方向退刀距离}) = (Z\text{ 轴方向粗加工余量}) - (\text{每一次背吃刀量})$$

如 X 轴方向粗加工余量为 6mm，分三次进给，每一次背吃刀量 2mm，则 $\Delta i = 6\text{mm} - 2\text{mm} = 4\text{mm}$，$d = 3$。

4. 精加工循环指令 G70

格式：G70 P（ns）Q（nf）；

说明：

ns 是精车开始程序段的顺序号。

nf 是精车结束程序段的顺序号。

使用 G70 时应注意下列事项。

1）必须先使用 G71、G72 或 G73 指令后，才可使用 G70 指令。

2）G70 指令指定 ns～nf 间精车的程序段中，不能调用子程序。

3）$ns \sim nf$ 间精车的程序段所指定的 F 及 S 是给 G70 精车时使用的。

4）精车时的 S 也可以于 G70 指令前，在换精车刀时同时指定。

5）使用 G71、G72 或 G73 及 G70 指令的程序必须存储于数控系统的内存内，即有复合循环指令的程序不能通过计算机以边传边加工的方式控制数控车床。

例 3-8　以配有 FANUC 0i 系统的数控车床车削图 3-31 所示工件。1 号为粗车刀，2 号为精车刀，刀尖圆弧半径为 0.4mm。精车余量 *X* 轴方向为 0.2mm，*Z* 轴方向为 0.05mm。粗车的切削速度为 150m/min，精车的切削速度为 180m/min。粗车的进给量为 0.2mm/r，精车的进给量为 0.07mm/r。粗车时每次背吃刀量为 3mm。图 3-31 中细虚线为快速定位路径，细实线为切削路径，点 *C* 为循环起点。

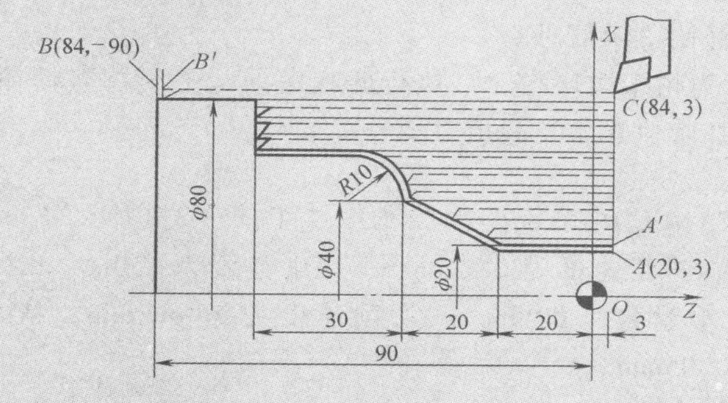

图 3-31　车削工件 1

程序编制如下：

O2007;	
G50 X150 Z200 T0101;	
G50 S2000;	
G96 S150 M03;	粗车时的切削速度 150m/min
T0101 M08;	
G00 X84 Z3;	快速点定位至循环起点 *C*
G71 U3 R1;	粗车每次背吃刀量 3mm，退刀量 1mm
G71 P10 Q20 U0.2 W0.05 F0.2;	粗车的进给量为 0.2mm/r
N10 G00 X20;	由点 *C* 快速定位至点 *A*，开始精车程序段，不能有 *Z* 轴移动
G01 G42 Z-20. F0.07 S180;	建立刀尖半径右补偿，设定精车的进给量和切削速度
X40.0 W-20;	
G03 X60 W-10 R10;	
G01 W-20;	
X80.0;	
Z-90	
N20 G40 X84;	完成精车程序段，并取消刀尖圆弧半径补偿
G00 X150 Z200 T0100;	快速退至安全点，准备换 2 号精车刀

T0202;　　　　　　　　　换 2 号精车刀，建立刀具补偿

X84 Z3;　　　　　　　　　快速点定位至循环起点 *C*

G70 P10 Q20;　　　　　　精车循环

G00 X150 Z200 T0000;

M30;

程序说明：

1）精车开始程序段必须由循环起点 *C* 到点 *A*，且没有 *Z* 轴方向移动指令。

2）必须用 G40 指令在 N20 程序段取消刀尖半径补偿，否则会发生补偿错误信息，而且此程序段的 *X* 坐标值（84）减去上个程序段的 *X* 坐标值（80），必须大于两倍精车刀刀尖半径，否则会发生补偿错误信息。

3）G70 P10 Q20 为精车循环指令。执行此程序前，必须在刀具补偿参数页面的 2 号补偿内输入刀尖半径补偿值 0.4 及假想刀尖号码 3 号。

例 3-9　以配有 FANUC 0i 系统的数控车床加工图 3-32 所示的工件。1 号为粗车刀，每次背吃刀量为 3mm，进给速度为 0.2mm/r，切削速度为 150m/min；2 号为精车刀，刀尖半径为 0.6mm，进给量为 0.07mm/r，切削速度为 180m/min；精车余量 *X* 轴方向为 0.2mm，*Z* 轴方向为 0.05mm。

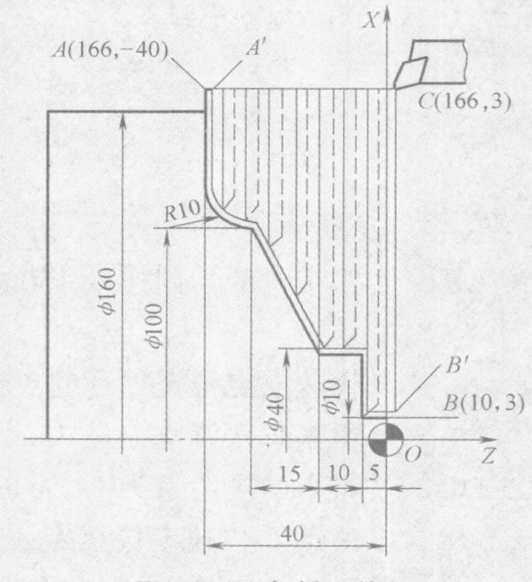

图 3-32　车削工件 2

程序编制如下。

O2008;

G50 X150 Z200 T0100;

G50 S3000;

G96 S150 M03;

T0101 M08;

G00 X166 Z3;　　　　　　　　快速定位至循环起点 *C*

G72 W3 R1;　　　　　　　　　每次背吃刀量为 3mm，退刀量 1mm

G72 P10 Q20 U0.2 W0.05 F0.2; 粗车的进给量为 0.2mm/r

```
N10 G00 Z-40.0;              由点C快速定位至点A，开始精车程序段，不能有X轴移动
G01 G41 X120. F0.07 S180;    建立刀尖半径左补偿，设定精车的进给量和切削速度
G03 X100  W10  R10;
G01 X40  W15;
W10;
X10;
N20 G40 Z3;                  完成精车程序段，并取消刀尖半径补偿
G00 X150  Z200  T0100;       快速退至安全点，准备换2号精车刀
T0202;                       换2号精车刀，建立刀具补偿
X166  Z3;                    快速定位至循环起点C
G70 P10 Q20;                 精车循环
G00 X150 Z200  T0000;
M30;
```


例3-10　以FANUC 0i系统的数控车床车削图3-33所示工件。加工余量X轴方向为6mm（半径值），Z轴方向为6mm，粗加工次数为三次。1号为粗车刀，2号为精车刀，刀尖半径为0.6mm。精车余量X轴方向为0.2mm，Z轴方向为0.05mm。粗车的进给量为0.2mm/r，精车的进给量为0.07mm/r。粗车的切削速度为120m/min，精车的切削速度为150m/min。

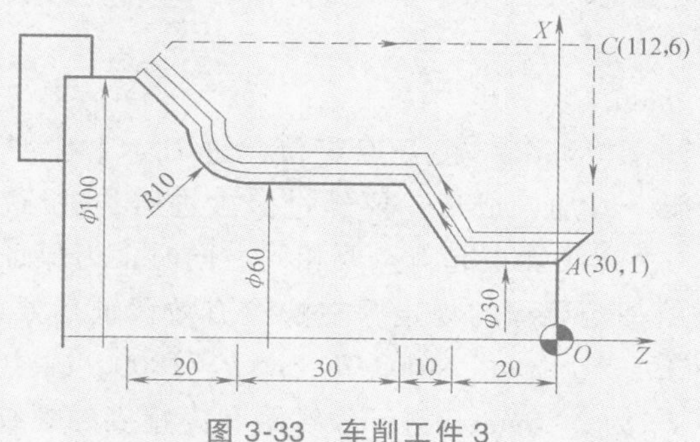

图3-33　车削工件3

先按前面介绍方法计算Δi、Δk可得：$\Delta i=\Delta k=4\text{mm}$。程序编制如下。

```
O2009;
G50 X150 Z200  T0100;
G96 S120 M03;
T0101 M08;
G00 X112  Z6;                     快速点定位至循环起点C
G73 U4  W4  R3 ;                  Δi=Δk=4mm，d=3
G73 P10 Q20 U0.2 W0.05 F0.2;      粗车的进给量为0.2mm/r
N10 G00 X30  Z1;                  快速定位至点A，开始精车程序段，可有Z轴移动
G42 G01 Z-20  F0.07;              建立刀尖半径右补偿，设置精车的进给量
X60 W-10;
```

```
W-30;
G02 X80 W-10 R10. ;
G01 X100 W-10;
N20 G40 X106;                完成精车程序段，并取消刀尖半径补偿
G00 X150 Z200;               快速退至安全点，准备换2号精车刀
T0202 S150;                  换2号精车刀，建立刀具补偿，设置精车的切削速度
X112 Z6;
G70 P10 Q20;                 精车循环
G00 X150 Z200 T0000;
M30;
```

【课前互动】

1. G90与G94中的R分别表示什么？
2. 使用G71时需要注意哪些？
3. G71中U和R分别表示什么？
4. 用G71车内孔与车外圆在指令的用法上具体有哪几个方面的不同？
5. G73适用于什么场合？

3.2.4 螺纹编程

1. 螺纹加工特点

1）螺纹加工具有四个基本动作 起刀点定位、进刀、车牙型、退刀到起刀点，如图3-34所示。由于螺纹不可能一刀加工成形，要经过多次进给，进给次数见表3-1。为保证车削过程中不“乱牙”，每一次螺纹加工起刀点要相同。同时，为保证在螺纹车削过程中严格遵循主轴转一圈，刀具进给一个导程的规定，在螺纹有效段前后要有适当的升速段δ_1和减速段δ_2。δ_1、δ_2按公式计算：$\delta_1=n\times P_h/400$，$\delta_2=n\times P_h/1800$。式中$n$为主轴转速，$P_h$为螺纹导程。一般情况下可取$\delta_1$为2~5mm，对于大螺距和高精度的螺纹取大值，$\delta_2$取$\delta_1$的1/4左右，若螺纹的收尾处没有退刀槽时一般按45°退刀收尾。

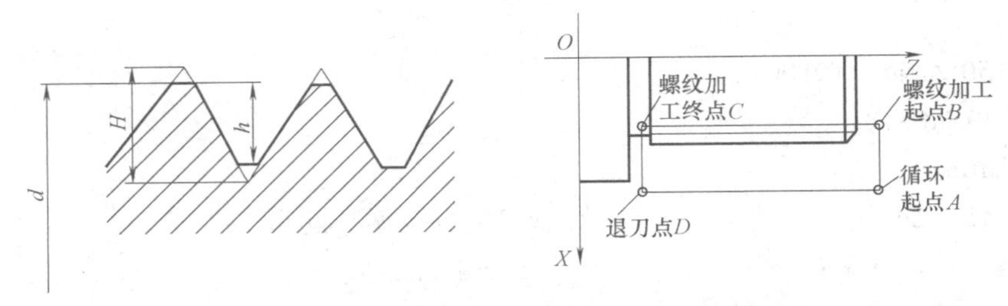

图3-34 螺纹牙型与螺纹加工循环

2）在螺纹加工中，径向起点的确定决定于螺纹公称尺寸，螺纹公称尺寸由内、外圆车削来保证。径向终点的确定决定于螺纹底径，因为编程顶径确定后，螺纹总切深是由编程底径（螺纹底径）来控制的。根据普通螺纹的国家标准规定，普通螺纹的牙型理论高度$H=$

0.866P，实际由于螺纹车刀刀尖半径的影响，根据经验通常取螺纹的实际牙型高度为

$$h=H-2(H/8)=0.6495P$$

式中　H——螺纹原始三角形高度；

P——螺纹螺距。

3）螺纹加工为成形切削，其切削量较大，一般要求分数次进给，进给次数可由经验或查表3-1确定。表3-1列出了常用螺纹切削进给次数与背吃刀量。

表3-1　常用螺纹切削进给次数与背吃刀量

米制螺纹								
螺距/mm		1.0	1.5	2.0	2.5	3.0	3.5	4.0
牙高/mm		0.649	0.974	1.299	1.624	1.949	2.273	2.598
背吃刀量/mm及进给次数	1次	0.7	0.8	0.9	1.0	1.2	1.5	1.5
	2次	0.4	0.6	0.6	0.7	0.7	0.7	0.8
	3次	0.2	0.4	0.6	0.6	0.6	0.6	0.6
	4次		0.16	0.4	0.4	0.4	0.6	0.6
	5次			0.1	0.4	0.4	0.4	0.4
	6次				0.15	0.4	0.4	0.4
	7次					0.2	0.2	0.4
	8次						0.15	0.3
	9次							0.2
英制螺纹								
牙		24牙	18牙	16牙	14牙	12牙	10牙	8牙
牙高/in		0.678	0.904	1.016	1.162	1.355	1.626	2.033
背吃刀量/in及进给次数	1次	0.8	0.8	0.8	0.8	0.9	1.0	1.2
	2次	0.4	0.6	0.6	0.6	0.6	0.7	0.7
	3次	0.16	0.3	0.5	0.5	0.6	0.6	0.6
	4次		0.11	0.14	0.3	0.4	0.4	0.5
	5次				0.13	0.21	0.4	0.5
	6次						0.16	0.4
	7次							0.17
	8次							

注：1. 从螺纹粗加工到精加工，主轴的转速必须保持一致。

2. 在螺纹加工中，不能使用恒线速度控制功能。

2. 基本螺纹切削指令G32

格式：G32 X（U）__ Z（W）__ F __；

说明：

1）G32指令可以执行单线螺纹切削，包括锥螺纹切削。

2）F为螺纹导程。

3）车刀进给运动严格根据输入的螺纹导程进行。但是，车刀的切入、切出、返回均需

要编入程序。

4）锥螺纹其斜角 α 小于45°时，螺纹导程以 Z 轴方向指定；在45°～90°时，以 X 轴方向指定。该指令一般很少使用。

特别提示：

1）加工螺纹时一般采用主轴恒转速控制指令G97。若使用恒线速度控制指令G96，则工件旋转时，其转速会随切削点直径减少而逐次减少，这会使F指定的值（即导程）产生变动（因为F会随转速而变化），从而发生乱牙现象。

2）螺纹加工需采用分层多次切削，其进给次数和背吃刀量会直接影响螺纹的加工质量，车削螺纹的背吃刀量和进给次数可参考表3-1。

3）为了能加工出合格的螺纹，一般根据经验把外圆柱直径适当车小后再加工螺纹，具体车小的数值需要根据螺纹导程和经验来定。

4）当按照表3-1车出的外螺纹小径通不过螺纹环规的通规时，还需要适当车小小径，具体数值以螺纹环规检验为准。

例3-11　加工图3-35所示的工件。由表3-1可知，该螺纹车四刀可成。以工件左端面中心点为工件原点，试编写其加工程序。

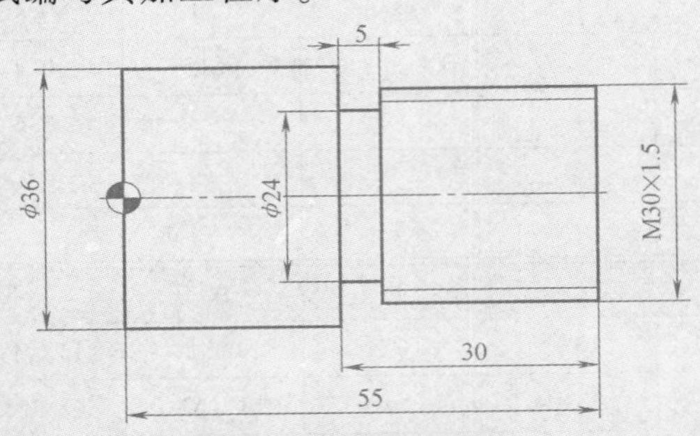

图3-35　螺纹加工

参考程序：工件坐标系建立在工件的左端面中心点。

O0009;	程序号
N10　G50 X50 Z120;	建立工件坐标系，程序启动时，车刀应在距工件左端120mm、距中心线25mm处
N20　M03 S300;	主轴正转，转速300r/min
N30　G00 X29.2 Z60;	确定车螺纹的起点
N40　G32 Z27.5 F1.5;	退刀点选在退刀槽的中间
N50　G00 X40;	退刀
N60　Z60;	返回到螺纹车削起点
N70　X28.6;	确定车第二刀的起点位置
N80　G32　Z27.5　F1.5;	车第二刀
N90　G00 X40;	
N100 Z60;	
N110 X28.2;	
N120 G32 Z27.5 F1.5;	车第三刀

```
N130 G00 X40;
N140 Z60;
N150 X28.04;
N160 G32 Z27.5　F1.5;                车第四刀
N170 G00 X40;
N180 X50 Z120;
N190 M02;
N200 M30;
```


3. 螺纹固定循环切削指令 G92

格式：G92 X（U）__ Z（W）__ I __ F __；

说明：

1）指令 G92 为简单的螺纹循环切削指令，该指令可切削锥螺纹和圆柱螺纹，其循环路线与前面的单一形状固定循环基本相同，也是由四个过程组成：下刀→切削→退刀→返回循环起点，只是 F 后边的进给量改为导程值即可。如图 3-36 所示。

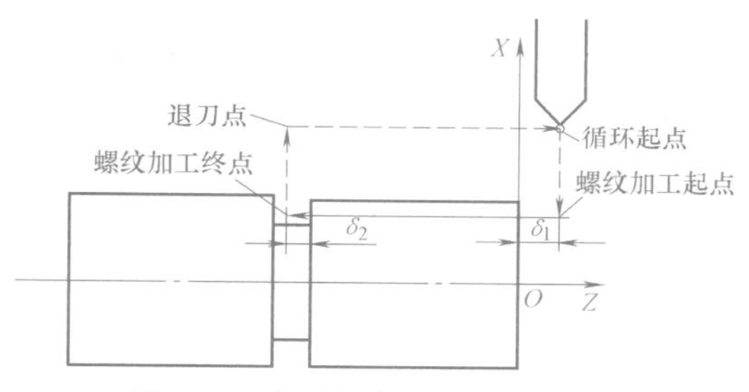

图 3-36　螺纹切削循环指令 G92

2）X、Z 是螺纹加工终点的绝对值坐标；U、W 是螺纹加工终点相对于螺纹加工起点的增量值坐标；I 为锥螺纹加工起点和加工终点的半径差，加工圆柱螺纹时，I 为零，可省略。

图 3-35 所示螺纹部分的切削程序就可以改为如下（工件坐标系建立在工件的右端面中心点，外圆已切削）。

O0009；	程序号
N10　G54 G00 X80 Z100；	调用 G54 建立的工件坐标系，刀具快速移动到安全位置
N20　M03 S300；	主轴正转，转速 300r/min
N30　G00 X34 Z2；	确定车螺纹的起点
N40　G92 X29.2 Z-26 F1.5；	螺纹车削循环第一次进给，螺距 1.5mm.
N50　X28.6；	第二次进给
N60　X28.2；	第三次进给
N70　X28.04；	第四次进给
N80　G00 X80 Z100；	
N90　M02；	

N100 M30；

使用 G92 与 G32 相比较，可以看出，应用 G92 编写螺纹加工程序要简单得多。

4. 螺纹复合循环切削指令 G76

已介绍过 G32 和 G92 两个切削螺纹指令。G32 指令需要四个程序段才能完成一次螺纹切削循环；G92 是一个程序段可完成一次螺纹切削循环，程序长度比 G32 短，但仍须多次进刀方可完成螺纹切削。若使用 G76 指令，则一个指令即可完成多次螺纹切削循环。

格式：G76 P（m）（r）（α）Q（Δd_{min}）R（d）；

G76 X（U）__ Z（W）__ R（i）P（k）Q（Δd）F（l）；

说明：

m 是精车次数，必须用两位数表示，范围从 01～99。

r 是螺纹末端倒角量，必须用两位数表示，范围从 00～99，如 $r=10$，则倒角量 $=10\times0.1P_h=P_h$；

α 是刀具角度，有 80°、60°、55°、30°、29°、0°六种。

m、r、α 都必须用两位数表示，同时由 P 指定，如 P021060 表示精车两次，末端倒角量为一个导程长，刀具角度为 60°；

Δd_{min}是最小背吃刀量，若自动计算得到的背吃刀量小于 Δd_{min}时，以 Δd_{min}为准，此数值不可用小数点方式表示，如 $\Delta d_{min}=0.02$mm，需写成 Q20；

d 是精车余量；

X（U）、Z（W）是螺纹加工终点坐标，X 即螺纹的小径，Z 即螺纹的长度。

i 是车削锥螺纹时，加工终点到加工起点的向量值。若 i=0 或省略，则表示车削圆柱螺纹。

k 是 X 轴方向的螺纹深度，以半径值表示。注意：FANUC 0T 系统的 k 不可用小数点方式表示数值。

Δd 是第一刀背吃刀量，以半径值表示，该值不可用小数点方式表示，如 Δd = 0.6mm，需写成 Q600。

l 是螺纹的导程（单线螺纹为螺距）。

G76 的运动轨迹如图 3-37 所示。

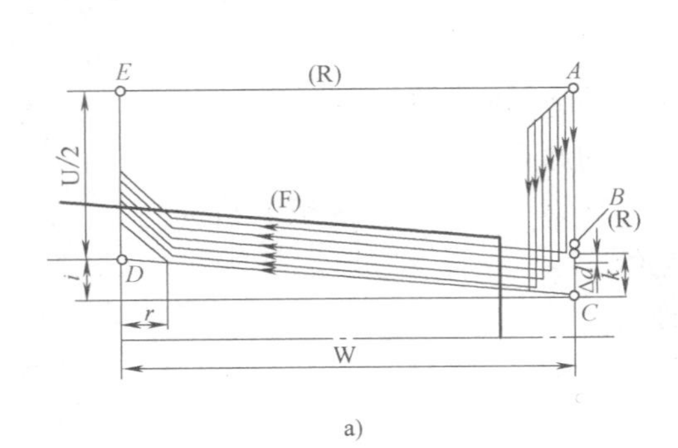

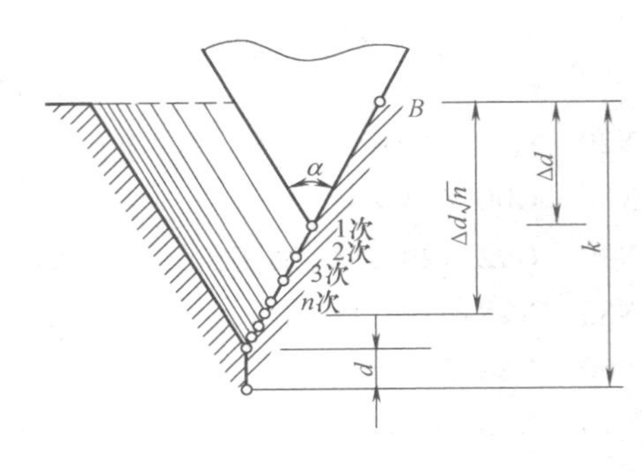

图 3-37　G76 的运动轨迹

例 3-12　图 3-38 所示为圆柱螺纹加工示例，外圆已加工，螺距为 2mm，车削螺纹前工件直径为 ϕ48mm，分别用 G92、G76 进行编程。采用绝对值编程。

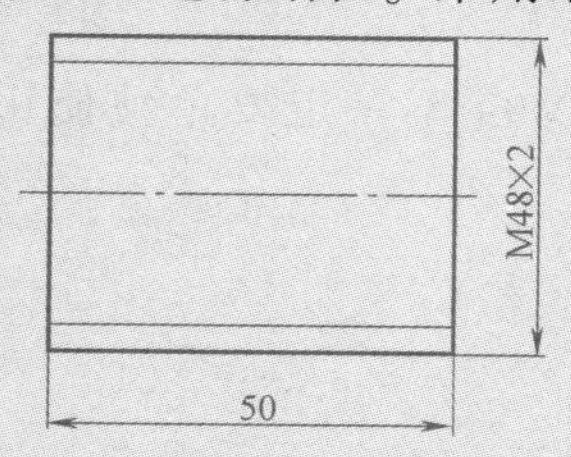

图 3-38　G92、G76 编程比较

G92 编程参考程序（以工件右端面中心为坐标原点）如下：

```
O0010;
N10  M03 S700;
N20  G00 X50.0 Z5.0;              螺纹切削前刀具移动到循环起点
N30  G92 X47.1 Z-53.0 F2.0;       第一次切削
N40  X46.5;                       第二次切削
N50  X45.9;                       第三次切削
N60  X45.5;                       第四次切削
N70  X45.4;                       第五次切削
N80  M02;
```

G76 编程参考程序如下。

```
O010;
N10 M03 S700;
N20  G00 X58.0 Z5.0；螺纹切削前刀具移动到循环起点
N30  G76 P031060 Q20 R0.02
N40  G76 X45.4 Z-53.0 P1.299 Q900 F2.0
N50  M02;
```

3.2.5　子程序编程

在编制加工程序时，有时会遇到一组程序段在一个程序中多次出现，或者在几个程序中都要使用它。这个典型的加工程序可以做成固定程序，并单独加以命名。这组程序段就称为子程序。使用子程序，可以简化编程。

1. 子程序格式

```
O××××;                 子程序号
N010…  ┐
N020…  │
…      ├               子程序内容
N200…  ┘
N210 M99;              子程序结束
```

说明：

1）在子程序的开头，在“O”之后规定子程序号（由四位数字组成，四位数字中前面的 0 可以省略）。

2）M99 为子程序结束指令，M99 不一定要单独使用一个程序段，下面的格式也是允许的。

G00 X __ Y __ M99；

2. 子程序的调用

格式：M98 P×××× L×××；

说明：

1）M98 是调用子程序指令，P××××为子程序的号，L×××为子程序调用次数，系统允许调用的次数为 999 次，如“M98 P1000L5；”表示调用子程序（O1000）共五次。

2）如果在主程序中执行 M99，则控制返回到主程序的开头，然后从主程序的开头重复执行。

3）为了进一步简化程序，子程序还可调用另一个子程序，这称为子程序的嵌套，也称为子程序的两重嵌套。一般机床可以允许多达四重的子程序嵌套。

例 3-13　试完成图 3-39 和图 3-40 所示零件的编程。

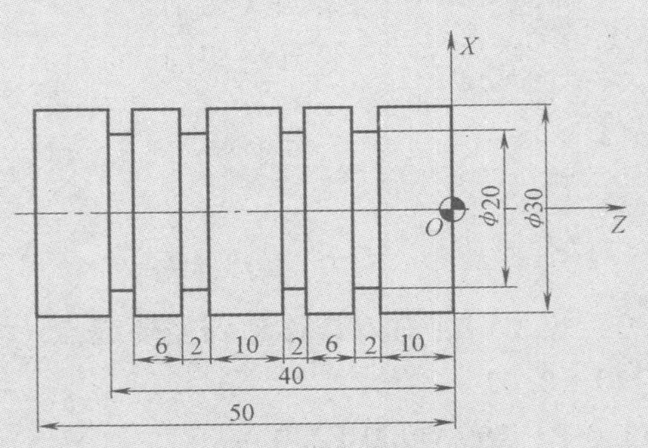

图 3-39　子程序练习题 1

图 3-39 所示零件的程序编制如下：

O5001；	
N10 G00 X100 Z200；	刀具换刀参考点
N20 T0100；	换 1 号刀
N30 M03 S400；	主轴起动
N40 G00 X35 Z2；	刀具定位
N50 G94 X0 Z0 F60；	端面车削循环
N60 G00 X35 Z2 S500；	刀具定位
N70 G90 X30.5 Z-54 F100；	外圆粗车
N80 X30 S1000 F40；	外圆精车
N90 X100 Z200；	刀具定位
N100 T0202 S400；	换 2 号刀
N110 G00 X32 Z0；	刀具定位

```
N120 M98 P0001L2;                 调用子程序两次
N130 G00 W-12;                    刀具定位
N140 G01 X1 F40;                  切断
N150 G00 X100 Z200;               回换刀点
N160 M05 T0200;                   主轴停止，取消 2 号刀补
N170 M30;                         程序结束

O0001;
N10 G00 W-12;                     子程序开始点
N20 G01 U-12 F40;                 加工第一个槽
N30 G04 X1;                       暂停 1s
N40 G00 U12;                      退刀
N50 W-8;                          刀具定位
N60 G01 U-12 F40;                 加工第二个槽
N70 G04 X1;                       暂停 1s
N80 G00 U12;                      退刀
N90 M99;                          子程序返回
```

图 3-40 所示零件的程序编制如下：

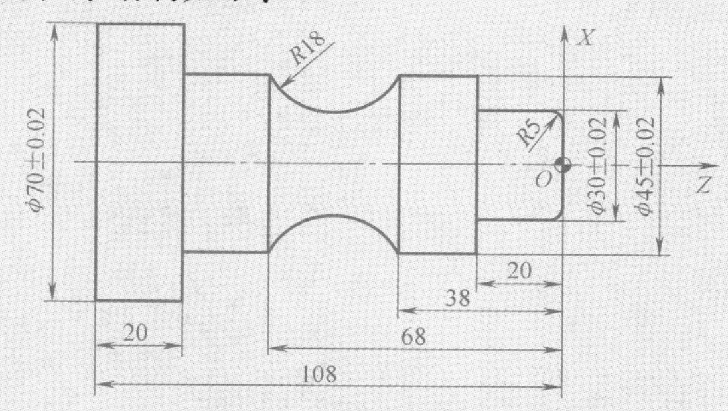

图 3-40　子程序练习题 2

```
O5002;
N10 G00 X100 Z200;                刀具换刀参考点
N20 T0100;                        换 1 号刀
N30 M03 S400;                     主轴起动
N40 G00 X80 Z4;                   刀具定位
N50 G94 X0 Z0 F60;                端面车削循环
N60 G00 X76 Z5;                   刀具定位
N80 G71 U2 R1;                    轮廓粗车循环
N90 G71 P100 Q175 U0.5 W0.25 F100 S500    轮廓粗车循环
N100 G01 X20 F40 S1000;           轮廓描叙第一句
N110 Z0;
N120 G03 X30 W-5 R5;              逆圆加工
N130 G01 Z-20;
```

```
N140 X45;
N150 Z-88;
N160 X70;
N170 Z-112;
N175 X75;
N180 G00 X100;
N190 Z200;                         到达换刀点
N200 T0202;                        换 2 号刀
N210 G00 X74 Z4;
N220 G70 P100 Q175;                精车循环
N230 G00 X100 Z200;                到达换刀点
N240 T0200;                        取消 2 号刀补
N250 T0303;                        换 3 号刀
N260 G00 X61.5 Z-38 S500;          刀具定位
N270 M98 P0003L4;                  调子程序
N280 G01 X45 S1000;
N290 G02 X45 Z-68 R18;             顺圆加工
N300 G01 X48 F100;
N310 G00 Z2 S400;                  刀具定位
N320 X100;
N330 Z200;                         到达换刀点
N340 T0300;                        取消 3 号刀补
N350 T0404;                        换 4 号刀
N360 G00 X74 Z-112;                刀具定位
N370 G01 X2 F40;
N380 G00 X100;                     到达换刀点
N390 Z200 T0400;                   取消 4 号刀补
N400 M05;                          主轴停止
N410 M30;                          程序结束

O0003;
N10 G01 U-4 F40;                   子程序开始点
N20 G02 U0 W-30 R18;               顺圆加工
N25 G01 U5;
N30 W30;
N35 U-5;
N40 M99;                           子程序结束
```

【课前互动】

1. G92 指令中的 I 表示什么?
2. 螺纹加工有哪些注意事项?
3. 子程序应用于哪些场合?
4. 子程序与主程序的编写有哪些不同?

3.2.6 宏程序编程

FANUC 0i 系统提供两种用户宏程序，即用户宏程序 A 和用户宏程序 B。用户宏程序 A 可以说是 FANUC 系统的标准配置功能，任何配置的 FANUC 系统都具备此功能，而用户宏程序 B 虽然不算 FANUC 系统的标准配置功能，但是绝大部分的 FANUC 系统也支持用户宏程序 B。用户宏程序 B 提供了更丰富的编程功能，其允许使用变量、算术、逻辑操作及条件分支，使得用户可以自行编辑软件包、固定循环程序，本节仅对宏程序 B 做介绍。

1. 变量

一个普通的零件加工程序指定 G 码并直接用数字值表示移动的距离，如 G01 X100。

利用用户宏，既可以直接使用数字值也可以使用变量号。当使用变量号时，变量值既可以由程序改变，也可以用 MDI 面板改变。

如：#1=#2+100;

G01 X#1 F300;

2. 变量的格式

当指定一个变量时，在#后指定变量号。个人计算机允许赋名给变量，宏没有此功能，如#1。

3. 变量分类

根据变量号将变量分为四类，见表 3-2：

表 3-2 变量分类

变量号	变量分类	功 能
#0	“空”	这个变量总是空的，不能赋值
#1～#33	局部变量	局部变量只能在宏中使用，以保持操作的结果，关闭电源时，局部变量被初始化成空。宏调用时，自变量分配给局部变量
#100～#199 #500～#999	公共变量	公共变量在不同的宏程序中的意义相同(即公共变量对于主程序和从这些主程序调用的每个宏程序来说是公用的)，断电时，#100～#199 清除(初始化成空)，通电时复位到 0；而#500～#999 数据，即使在断电时也不清除
#1000 以上	系统变量	系统变量用于读写各种 NC 数据，如当前位置、刀具补偿值

4. 系统变量

系统变量能用来读写内部 NC 数据，如刀具补偿值和当前位置。有些系统变量是只读变量。对于扩展自动化操作和一般的程序，系统变量是必需的。在本章仅对系统变量的部分内容做介绍，见表 3-3。

表 3-3　系统变量

变量号	含义
#1000～#1015、#1032	接口输入变量
#1100～#1115、#1132,#1133	接口输出变量
#10001～#10400、#11001～#11400	刀具长度补偿值
#12001～#12400、#13001～#13400	刀具半径补偿值
#2001 ～#2400	刀具长度与半径补偿值(偏置组数≤200时)
#3000	报警
#3001、#3002	时钟
#3003、#3004	循环运行控制
#3005	设定数据(SETING值)
#3006	停止和信息显示
#3007	镜像
#3011、#3012	日期和时间
#3901、#3902	零件数
#4001～#4120、#4130	模态信息
#5001～#5104	位置信息
#5201～#5324	工件坐标系补偿值(工件零点偏移值)
#7001～#7944	扩展工件坐标系补偿值(工件零点偏移值)

5. 算术和逻辑

在表 3-4 中列出的操作可以用变量进行。操作符右边的表达式，可以含有常数和由一个功能块或操作符组成的变量。表达式中的变量#j 和#k 可以用常数替换。左边的变量也可以用表达式替换。

表 3-4　算术和逻辑符号

功能	格式	注释
赋值	#i=#j	
加 减 乘 除	#i=#j+#k #i=#j-#k #i=#j * #k #i=#j/#k	
正弦 余弦 正切	#i=SIN[#j] #i=COS[#j] #i=TAN[#j]	角度以度为单位,如 90°30′表示成 90.5°
平方根 绝对值 进位 下进位 上进位	#i=SQRT[#j] #i=ABS[#j] #i=ROUND[#j] #i=FIX[#j] #i=FUP[#j]	
OR(或) XOR(异或) AND(与)	#i=#j OR #k #i=#j XOR #k #i=#j AND #k	用二进制数按位进行逻辑操作

（续）

功　能	格　式	注　释
将 BCD 码转换成 BIN 码 将 BIN 码转换成 BCD 码	#i=BIN[#j] #i=BCD[#j]	用于与 PMC 间信号的交换

6. 分支和循环语句

在一个程序中，控制流程可以用 GOTO、IF 等语句改变。有以下三种分支和循环语句。

（1）GOTO 语句（无条件分支）；

功能：转向程序的第 n 句。当指定的顺序号在 1~9999 以外时，出现 128 号报警，顺序号可以用表达式。

格式：GOTO n；

n 是顺序号（1~9999）。

（2）IF 语句（条件分支）

功能：在 IF 后面指定一个条件表达式，如果条件满足，转向第 n 句，否则执行下一段。

格式：IF［条件表达式］GOTO n；

操作符见表 3-5。

表 3-5 操作符

操 作 符	意　义
EQ	=
NE	≠
GT	>
GE	⩾
LT	<
LE	⩽

（3）WHILE 语句（循环语句）。

功能：在 WHILE 后指定一个条件表达式，条件满足时，执行 DO 到 END 之间的语句，否则执行 END 后的语句。

格式：WHILE［条件表达式］DO m；（m=1、2、3）

…

END m；

m 只能在 1、2、3 中取值，否则出现 126 号报警。

1）嵌套。在 DO—END 循环中的标号 1~3 可以多次使用，见表 3-6。但是，当程序有交叉重复循环（DO 范围重叠）时，出现 124 号报警。

2）无限循环。当指定 DO 而没有指定 WHILE 语句时，产生从 DO 到 END 的无限循环。

3）处理时间。在处理有标号转移的 GOTO 语句时，进行顺序号检索。反向检索的时间要比正向检索的长。用 WHILE 语句实现循环可减少处理时间。

4）未定义的变量。在使用 EQ 或 NE 的条件表达式中，空和零有不同的效果。在其他形式的条件表达式中，空被当作零。

表 3-6　循环嵌套表

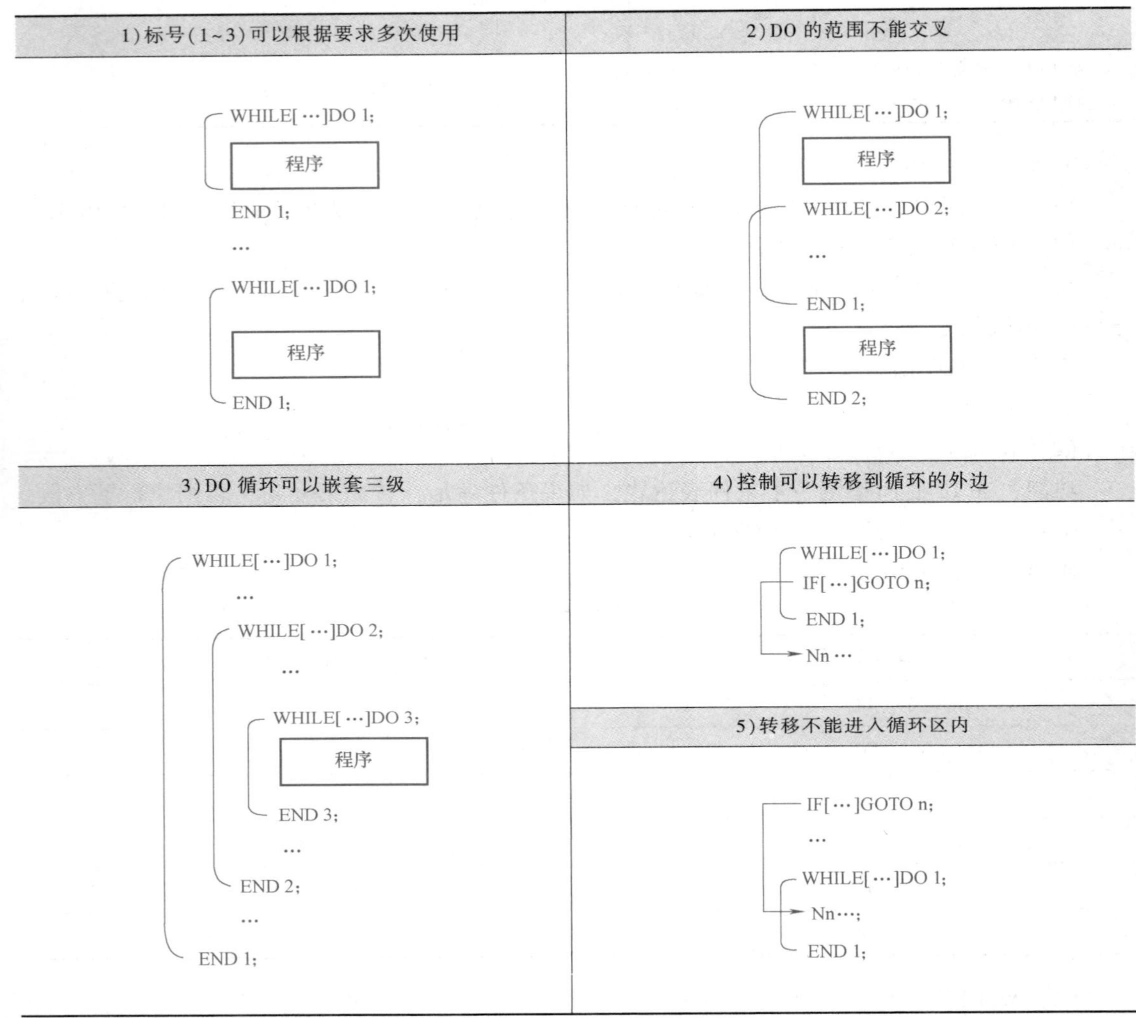

1）标号（1~3）可以根据要求多次使用	2）DO 的范围不能交叉
WHILE[…]DO 1; 程序 END 1; … WHILE[…]DO 1; 程序 END 1;	WHILE[…]DO 1; 程序 WHILE[…]DO 2; … END 1; 程序 END 2;
3）DO 循环可以嵌套三级	4）控制可以转移到循环的外边
WHILE[…]DO 1; … WHILE[…]DO 2; … WHILE[…]DO 3; 程序 END 3; … END 2; … END 1;	WHILE[…]DO 1; IF[…]GOTO n; END 1; Nn … 5）转移不能进入循环区内 IF[…]GOTO n; … WHILE[…]DO 1; Nn…; END 1;

例 3-14　对图 3-41 所示的零件编程。

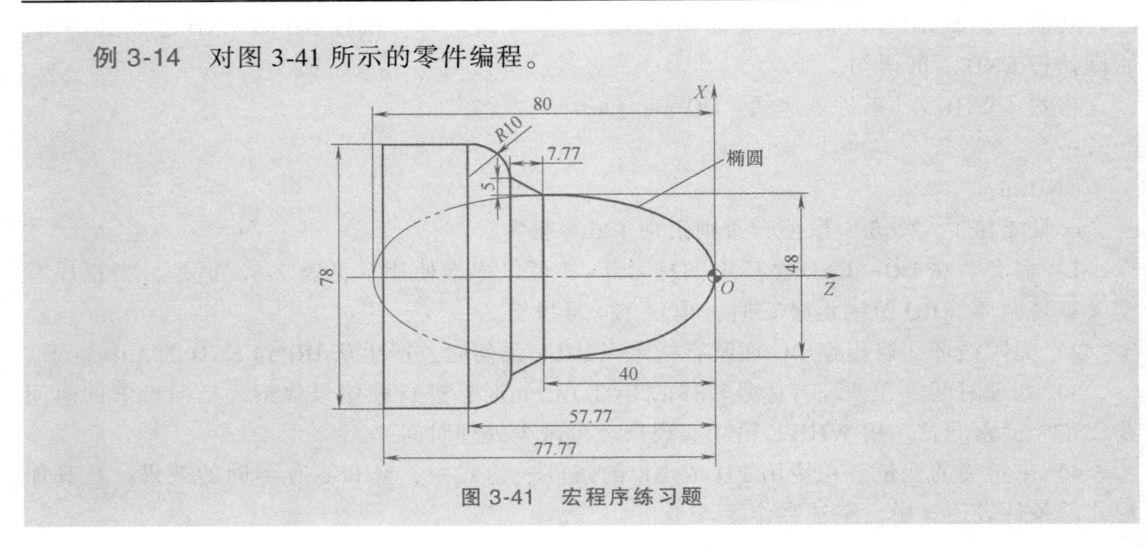

图 3-41　宏程序练习题

程序编制如下。

O0001		主程序号
N10	G00 X150 Z100,	到达换刀点
N15	T0101;	选 1 号刀,并调用刀补值
N20	M3 S600;	主轴正转,转速为 600r/min
N25	G00 X81 Z3;	加工前的定位
N30	G71 U2 R1;	设置 G71 的进刀量与退刀量
N35	G71 P40 Q100 U0.5 W0.1 F150;	进行粗车循环
N40	G01 X0 F80;	精车开始,到达 X0
N45	Z0;	到达起点
N50	#1=40;	赋初值(长半轴)
N55	WHILE[#1GE 0];	判断#1 是否大于等于 0
N60	#2=24 * SQR[1-#1 * #1/1600];	椭圆的公式
N65	G01 X[2 * #2] Z[#1-40] F60;	沿着椭圆轨迹加工至椭圆上的每一个点
N70	#1=#1-0.1;	设定每次的步长为 0.1,逐渐递减,一直到 0
N75	END;	判断结束
N80	G01 X48 Z-40 F60;	直线走到椭圆终点
N85	X58 Z-47.77;	加工圆锥面
N90	G03 X78 Z-57.77 R10;	加工 *R*10mm 圆弧
N95	G01 Z-77.77;	加工 *ϕ*78mm 的圆柱面
N100	X79;	退刀
N104	G70 P40 Q100;	精车
N105	G00 X150 Z100;	到达停机安全点
N110	M05;	主轴停
N115	M30;	程序结束并复位

3.2.7　刀具补偿与恒线速度切削

刀具补偿功能是数控车床的主要功能之一。它包括刀具几何位置补偿、刀具磨损补偿和刀尖圆弧半径补偿。

1. 刀具几何位置补偿

（1）刀具几何位置补偿的意义　当使用多把车刀加工时，换刀后刀尖点的几何位置将出现差异，而加工零件的程序是对同一刀尖点而言的，这样就需要将多把刀的刀尖点统一到一点上来。

（2）刀具几何位置补偿的设置　刀具几何位置补偿值是由“OFFSET/GEOMETRY（几何位置）”界面设置的，具体方法在不同的系统中是不一样的，请参见机床说明书。

（3）刀具几何位置补偿的实现　FANUC 系统采用 T 代码指定刀具几何位置补偿，格式如下：

T××（刀具号 0~99）××（刀具补偿号 0~32）

说明：

1）刀具号应与刀盘上的刀位号相对应。

2）刀具几何位置补偿界面可以完成刀具几何位置补偿和刀尖圆弧半径补偿两个内容。

刀具号和刀具补偿号可以不相同，如 T0103，但此时 T01 号刀的几何位置补偿值和刀尖圆弧半径补偿值必须写在 03 号（刀具补偿号）位置上。T××00 为取消刀具补偿。

2. 刀具磨损补偿

（1）刀具磨损补偿的意义　刀具磨损补偿是用来补偿由刀具磨损造成的工件超差，也可用来补偿对刀不准引起的误差。

（2）刀具磨损补偿的设置　刀具磨损补偿值是在“OFFSET/WEAR（磨损）”界面下，用 U 和 W 输入的，具体方法在不同的系统中是不一样的，请参见机床说明书。

（3）刀具磨损补偿的实现　刀具磨损补偿是与刀具几何位置补偿同时通过 T 指令实现的，T 指令中的刀具补偿号既是刀具几何位置补偿号，也是刀具磨损补偿号。

3. 刀尖圆弧半径补偿

在编程时均是假设车刀有一刀尖，均以此假想刀尖切削工件。假想刀尖为实际上不存在的点，如图 3-42 所示。实际上数控车床多使用粉末冶金制作的刀片，其刀尖是一圆弧形。常用的数控车床刀片，其刀尖半径 R 有 0.2mm、0.4mm、0.6mm、0.8mm、1.0mm 等多种。在对刀时，刀尖的圆弧中心不易直接对准起刀位置或基准位置。

按假想刀尖编出的程序在车削外圆、内孔等与 Z 轴平行的表面时，是没有误差的，但车削右端面、锥度及圆弧时会发生少切或过切的现象，如图 3-43 所示。

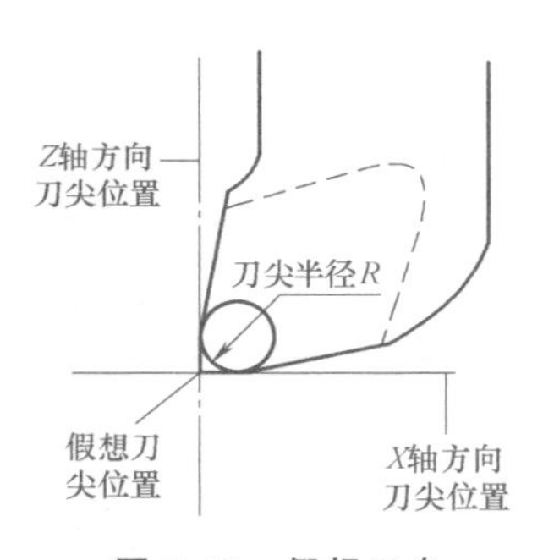

图 3-42　假想刀尖

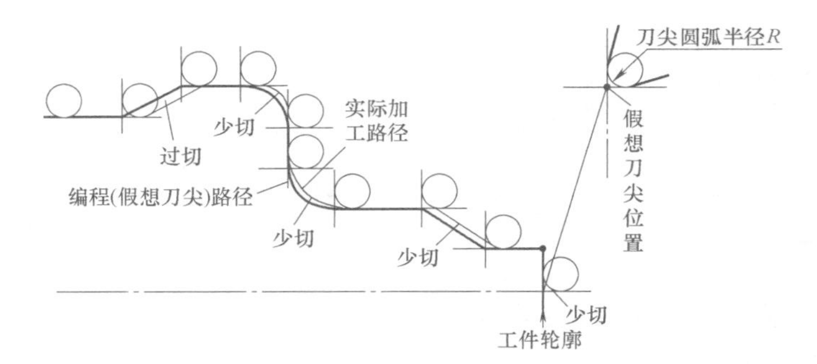

图 3-43　刀尖半径 R 造成少切和过切的现象

为了在不改变程序的情况下使刀具切削路径与工件轮廓吻合一致，加工出尺寸正确的工件，就必须使用刀尖圆弧半径补偿指令。

刀尖圆弧半径补偿指令如下。

格式：G41/G42/G40 G01/G00 X(U)__ Z(W)__；

说明：如图 3-44 所示，迎着垂直于圆弧所在平面的坐标轴（即 Y 轴）的正向，顺着刀具运动方向看，刀具在加工轮廓的左边称为刀尖圆弧半径左补偿，用 G41 指令编程；顺着刀具运动方向看，刀具在加工轮廓的右边，称为刀尖圆弧半径右补偿，用 G42 指令编程；如需要取消刀尖圆弧半径左、右补偿，可用 G40 指令，这时，车刀轨迹按理论刀尖轨迹运动，也就是假想刀尖轨迹与编程轨迹重合。

a) 刀尖圆弧半径右补偿
b) 刀尖圆弧半径左补偿

图 3-44 刀尖半径补偿

其中 X（U）、Z（W）为建立或取消刀具补偿程序段中刀具移动的终点坐标。

使用刀尖圆弧半径补偿指令时应注意以下几点。

1）G41 或 G42 指令必须和 G00 或 G01 指令一起使用，且当切削完成后即用 G40 指令取消补偿。G41、G42、G40 指令不允许与 G02、G03 等其他指令结合编程，否则报警。

2）工件有锥度、圆弧时，必须在精车锥度或圆弧前一程序段建立刀尖圆弧半径补偿，一般在切入工件时的程序段建立刀尖圆弧半径补偿。

3）必须在刀具补偿参数设定界面的刀尖圆弧半径处填入该把刀具的刀尖圆弧半径值，则数控系统会自动计算应该移动的补偿量，作为刀尖圆弧半径补偿的依据。

4）必须在刀具补偿参数设定界面的假想刀尖方向处填入该把刀具的假想刀尖号，以作为刀尖圆弧半径补正的依据。

5）假想刀尖方向是指假想刀尖与刀尖圆弧中心点的相对位置关系，用 0~9 共 10 个号码来表示，如图 3-45 所示，0 与 9 的假想刀尖与刀尖圆弧中心重叠。常用车刀（前置刀架）的假想刀尖号如图 3-46 所示。

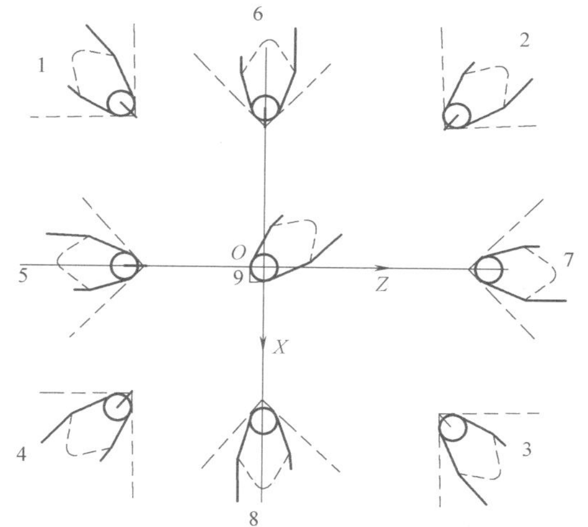

图 3-45 假想刀尖号

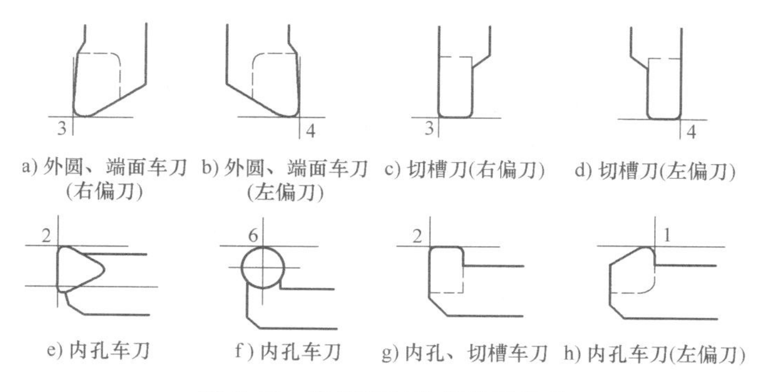

图 3-46 常用车刀的假想刀尖号

6）运行刀尖圆弧半径补偿 G41 或 G42 指令后，刀具路径必须是单向递增或单向递减，即运行 G41/G42 指令后刀具路径如向 Z 轴负方向切削，就不允许往 Z 轴正方向移动，故必

须在往 Z 轴正方向移动前，用 G40 取消刀尖圆弧半径补偿。

7）建立刀尖圆弧半径补偿后，在 Z 轴的切削移动量必须大于其刀尖圆弧半径（如刀尖圆弧半径为 0.4mm，则 Z 轴的切削移动量必须大于 0.4mm）；在 X 轴的切削移动量必须大于 2 倍刀尖圆弧半径（如刀尖半径为 0.4mm，则 X 轴的切削移动量必须大于 0.8mm），这是因为 X 轴坐标是用直径值表示的缘故。

8）刀尖半径补偿的应用。当刀具磨损或刀具重磨后，刀尖圆弧半径变小，这时，需将改变后的刀尖圆弧半径设置为补偿量，而不需修改已编好的程序。

用同一加工程序，对零件轮廓进行粗、精加工。若粗加工余量为 Δ，则粗加工时设置补偿量为 $R+\Delta$，精加工时设置补偿量为 R 即可。

4. 恒线速度切削

在车削加工中，为了提高车削表面质量，需要在切削过程中保持恒定的切削用量，保证切削力基本恒定，减小振动所造成的表面粗糙。实现这一要求的基本方式是采用恒线速度控制功能，即使用恒线速度控制指令 G96。

格式：G96 S __；

说明：

1）G96 建立恒线速度控制功能，S 指定切削点的线速度，单位为 m/min。在车削过程中，由于切削半径的变化，要保持恒线速度，数控系统需要自动调整主轴转速，才能实现这一目标，所以恒线速度切削时主轴的转速是变动的。切削半径越小，主轴的转速越高。当切削半径接近于零时，主轴转速接近无穷大，这是很危险的事情。为此，在设定恒线速度控制功能时，一般需要对主轴转速最高值进行限制，以避免主轴转速过高。同样，当工件直径变化大时，在切削大直径部分时，为保证机床有足够的动力，主轴转速不能太小，因而也要限制其最低转速。FAUNC 系统用 G50 来实现这一功能。指令格式：G50 S __ P __；S 设定最高转速，P 设定最低转速，单位为 r/min。

2）恒线速度控制设定可用恒转速控制指令 G97 来取消。G97 的指令格式：G97 S __；S 表示主轴的转速，单位为 r/min。

3）恒线速度的大小要根据刀具材料，工件材料等实际工艺情况而定，可查工艺手册。表 3-7 列出了碳钢及合金钢的切削速度推荐值。

表 3-7　碳钢及合金钢的切削速度推荐值

加工材料	硬度 HBW	切削速度/(m/min)	
		高速钢车刀	硬质合金车刀
碳钢	125~175	36	120
	175~225	30	107
	225~275	21	90
	275~325	18	75
	325~375	15	60
	375~425	12	53

（续）

加工材料	硬度 HBW	切削速度/(m/min)	
		高速钢车刀	硬质合金车刀
合金钢	175～225	27	100
	225～275	21	83
	275～325	18	70
	325～375	15	60
	375～425	12	45

例 3-15　刀具按图 3-47 所示的进给路线进行精加工，已知进给量为 0.1mm/r，切削速度为 180m/min，试建立刀尖圆弧半径补偿编程。

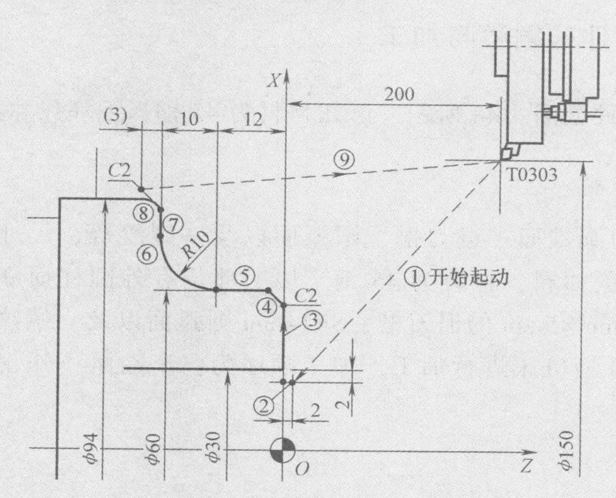

图 3-47　刀尖圆弧半径补偿编程

程序编制如下：

```
O2010;
G50 X150 Z200 M08;
G96 S180 T0300;
G00 G42 X26 Z2 T0303 M03;
G01 Z0 F0.3;
X56 F0.1;
X60 Z-2;
Z-12;
G02 X80 Z-22 R10;
G01 X90;
U6 W-3;
G00 G40 X150 Z200 T0000;
M30;
```

【课后互动】

1. 宏程序一般应用在什么场合?
2. 一般在什么时候采用刀尖圆弧半径补偿?
3. 采用刀尖圆弧半径补偿要注意哪些?
4. 采用刀具磨损补偿能给我们带来什么好处?
5. 在什么时候需采用恒线速度控制指令?

3.3 典型零件的编程与加工

3.3.1 一般轴类零件的编程与加工

例 3-16 加工零件如图 3-48 所示，已知材料为 45 钢，毛坯尺寸为 ϕ45mm×80mm。

1. 工艺分析

零件加工面主要为圆锥面、退刀槽、圆弧面以及一螺纹等，尺寸要求如图 3-48 所示。毛坯为 ϕ45mm×80mm 的棒料，材料为 45 钢。加工部位有外圆柱面 ϕ38.93mm、ϕ42mm 外圆柱面、圆锥面、ϕ26mm×5mm 的退刀槽、*SR*14mm 圆弧面以及一螺纹等。根据零件图样要求，可以选用 CJK6140 型机床进行加工，加工顺序为：车端面→外轮廓粗车→外轮廓精车→车退刀槽→车螺纹。

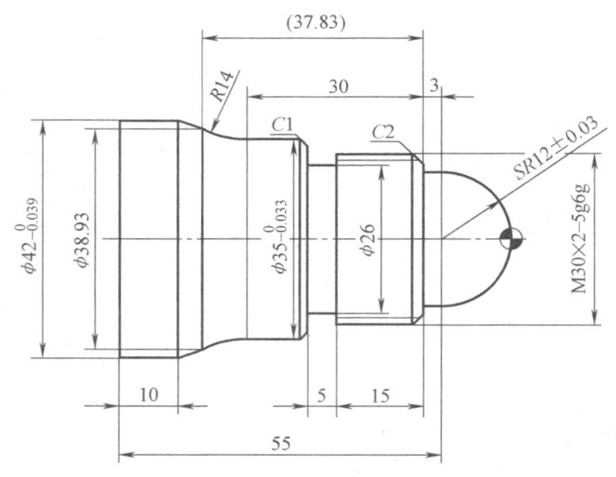

图 3-48 一般轴类零件的编程与加工 1

2. 相关计算

1）加工外螺纹时，外圆应该车到的尺寸为

$$d=30\text{mm}-0.13\times2\text{mm}=29.74\text{mm}$$

2）车螺纹时，螺纹小径按经验应该车到的尺寸为

$$d_1=30\text{mm}-1.3\times2\text{mm}=27.4\text{mm}$$

3. 刀具及切削用量的选择（表 3-8）

表 3-8　刀具及切削用量的选择（轴类零件加工 1）

序号	工步内容	刀具号	刀具规格		主轴转速/(r/min)	进给速度/(mm/min)
			类型	材料		
1	车端面	T01	90°外圆车刀	硬质合金	500	50
2	外轮廓粗车	T01	90°外圆车刀		500	100
3	外轮廓精车	T01	90°外圆车刀		1600	80
4	车退刀槽	T02	刀宽为 5mm 切槽刀		700	70
5	车螺纹	T03	60°米制螺纹车刀		700	1400

4. 参考程序

1）选定工件坐标系　在 OXZ 平面内确定工件右端面与工件中心线交点为工件原点，建立工件坐标系。

2）编程

```
O0703;                               程序简要说明
N10 M03 S500 T0101;                  调用 1 号刀
N20 G00 X48 Z0;
N21 G01 X0 F50;                      车端面
N22 Z2;
N23 G00 X48 Z2;
N30 G71 U2 R1;
N40 G71 P50 Q160 U1 W0.5F100         粗车工件外轮廓
N50 G00 X0;
N60 G01 Z0 F80;
N70 G03 X24 Z-12 R12;
N80 G01 Z-15;
N90 X26;
N100 X29.74 Z-16.9;
N110 Z-35;
N120 X35;
N130 Z-45;
N140 G02 X38.93 Z-52.83 R14;
N150 G01 X42 Z-57;
N160 Z-67;
N170 G70 P50 Q160 S1600;             精车工件外轮廓
N180 G00 X100 Z60;
N190 S700 T0202;
N200 G00 X38
```

```
N210 Z-35;
N220 G01 X26 F70;                 车退刀槽
N230 X38;
N240 G00 X100 Z60;
N250 T0303;
N260 S700;
N270 G00 X35 Z-12;
N280 G92 X29 Z-32 F2.0;           车螺纹
N290 X28.4;
N300 X27.8;
N301 X27.5;
N302 X27.4;
N320 G00 X100 Z60;
N330 M30;
```

例 3-17 加工零件如图 3-49 所示，毛坯尺寸为 ϕ50mm×80mm，材料为 45 钢，未注倒角为 $C2$。

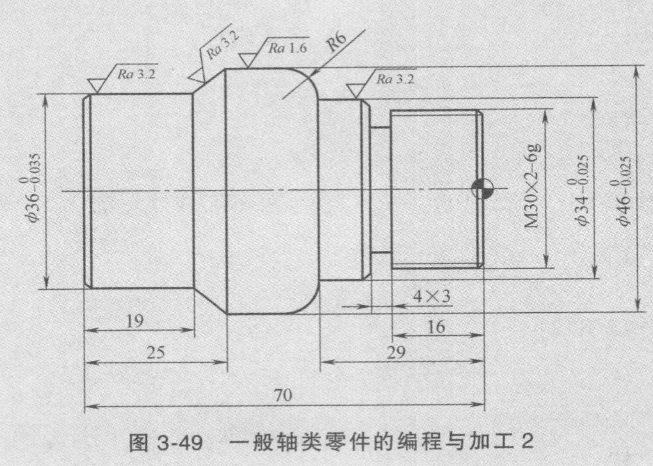

图 3-49 一般轴类零件的编程与加工 2

1. 工艺分析

该零件由外圆柱面、圆锥面、槽、螺纹和外圆弧面组成，其几何形状为圆柱形的轴类零件。零件需要调头车削，最小的尺寸公差为 0.025mm，表面粗糙度最小为 Ra1.6μm，需要采用粗、精加工。根据零件图样要求，其加工顺序为：车左端面→建立工件坐标系，并输入刀补值→粗、精车左端，采用 G71 指令，直径方向留 0.5mm 精车余量，切削长度 43mm→车右端面保证总长，调头，打表保证同轴度→粗、精车右端圆柱面，退刀槽与螺纹。

2. 相关就算

1）加工外螺纹时，外圆应该车到的尺寸为

$$d=30\text{mm}-0.13\times2\text{mm}=29.74\text{mm}$$

2）车螺纹时，外螺纹小径按经验应该车到的尺寸为

$$d_1 = 30\text{mm} - 1.3 \times 2\text{mm} = 27.4\ \text{mm}$$

3. 刀具及切削用量选择（表 3-9）

表 3-9　刀具及切削用量选择（轴类零件加工 2）

序号	工步内容	刀具号	刀具规格		主轴转速/(r/min)	进给速度/(mm/min)
			类型	材料		
1	车端面	T01	90°外圆车刀	硬质合金	500	60
2	外圆柱面与弧面粗车	T02	45°外圆车刀		500	120
3	外圆柱面与弧面精车	T02	45°外圆车刀		1500	90
4	外径槽	T03	切断刀(刀宽 4mm)		700	60
5	螺纹	T04	60°螺纹刀		700	1400

4. 参考程序

（1）确定工件坐标系　在 XZ 平面内确定工件左端面与工件中心线交点为工件原点，建立工件坐标系。

采用手动试切对刀方法对刀，T01 刀具为对刀基准刀具。

（2）编程

左端：

```
O0007;
N20 T0101;
N30 M03 S500;
N40 G00 X54 Z2;
N50 G94 X-2 Z0 F60;
N55 G00 X100 Z150;
N56 T0202;
N60 G00 X54 Z2;
N65 G71 U2 R1;
N70 G71 P90 Q140 U0.5 W0.05 F120;
N90 G01 X28 F90 S1500;
N100 X36 Z-2;
N110 G01 Z-19;
N120 G01 X46 Z-25;
N130 G01 Z-41;
N140 X54;
N150 G70 P90 Q140;
N160 G00 X100 Z150;
N170 M05;
```

N175 M30;

右端:

```
T0202;
M03 S500;
G00 X54 Z2;
G71 U2 R1;
G71 P10 Q20 U0.5 W0.05 F120;
S1500;
G00 X22;
N10 G01 X29.24 Z-2 F90;
Z-20;
X30;
X34 Z-22;
Z-29;
G03 X46 Z-35 R6;
N20 G01 X54;
G70 P10 Q20;
G00 X100 Z150;
T0303;
G00 X40 Z-20;
S700;
G01 X24 F60;
G04 P2;
G01 X40 F500;
G00 X100;
Z150;
T0404;
G00 X34 Z5;
G92 X29.1 Z-27 F2;
X28.5;
X27.9;
X27.5;
X27.4;
X27.4;                          光整加工
G00 X100 Z150;
M05;
M30;
```

例 3-18　加工零件如图 3-50 所示，已知材料为 45 钢，毛坯尺寸为 ϕ30mm×105mm，未注倒角 $C2$。

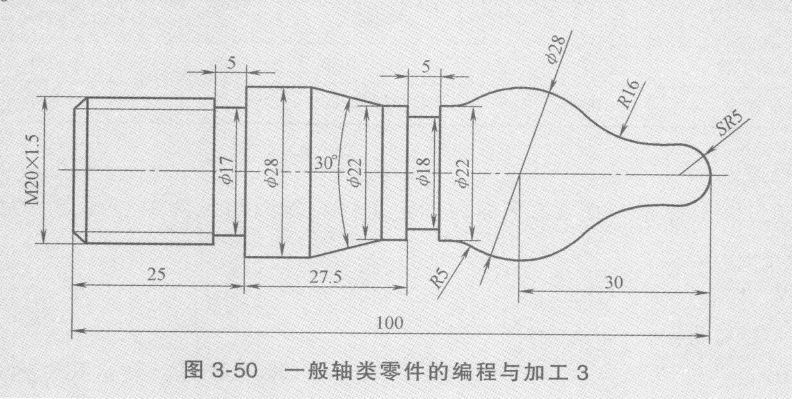

图 3-50　一般轴类零件的编程与加工 3

1. 工艺分析

零件加工面主要为圆锥面、圆柱面、退刀槽、圆弧面以及一螺纹等，尺寸要求如图 3-50 所示。毛坯为 ϕ30mm×105mm 的棒料，材料为 45 钢，加工部位有 SR5mm 球面、R16mm 圆弧面、ϕ28mm 圆弧面、ϕ22mm 圆柱面、ϕ18mm×5mm 的退刀槽、30°圆锥面以及一螺纹等。根据零件图样要求，可以选用 CJK6140 型机床进行加工。加工顺序为：（先夹左端，加工右端）车右端面→外轮廓粗车→外轮廓精车→车退刀槽→工件调头，夹右端，车左端面→外轮廓粗车→外轮廓精车→车退刀槽→车螺纹。

2. 相关就算

通过用电子图板查找相关点，结果如下：

1）SR5mm 与 R16mm 的切点（9. 874，-5. 79）。

2）ϕ28mm 与 R16mm 的切点（19. 354，-19. 833）。

3）ϕ28mm 与 R5mm 的切点（23. 578，-37. 55）。

4）R5mm 与 ϕ22mm 的切点（22，-40. 274）。

5）30°圆锥面的起点（22，-52. 5）。

6）30°圆锥面的终点（28，-63. 696）。

7）加工外螺纹时，外圆应该车到的尺寸为

$$d=20\text{mm}-0.13\times1.5\text{mm}=19.805\text{mm}$$

8）车螺纹时，外螺纹小径按经验应该车到的尺寸为

$$d_1=20\text{mm}-1.3\times1.5\text{mm}=18.05\text{mm}$$

3. 刀具及切削用量选择（表 3-10）

表 3-10　刀具及切削用量选择（轴类零件加工 3）

序号	工步内容	刀具号	刀具规格		主轴转速/(r/min)	进给速度/(mm/min)
			类型	材料		
1	车端面	T01	90°外圆车刀	硬质合金	500	60
2	外轮廓粗车	T01	90°外圆车刀		500	120
3	外轮廓精车	T01	90°外圆车刀		1600	80

（续）

序号	工步内容	刀具号	刀具规格		主轴转速/(r/min)	进给速度/(mm/min)
			类型	材料		
4	车退刀槽	T02	刀宽为 3mm 切槽刀	硬质合金	700	70
5	车螺纹	T03	60°米制螺纹车刀		700	1050

4. 参考程序

(1) 选定工件坐标系　在 XZ 平面内确定工件右端面与工件中心线交点为工件原点，建立工件坐标系。

(2) 编程


```
O0704；(右端面)
N10 T0101；                              换 1 号刀，确定其坐标系
N20 M03 S500；                           主轴以 500r/min 正转
N30 M08；                                切削液开
N40 G00 X31 Z2；                         到循环起点位置
N045 G71 U1 R0.5
N50 G71 P70 Q150 U1.0 W0.5 F120；       外径粗加工复合循环
N60 M03 S1600；                          主轴以 1600r/min 正转
N70 G00 G42 X0 Z2；                      一号刀加入刀尖圆弧半径补偿
                                         并走到 X 轴中心
N80 G01 Z0 F80；                         刀具靠近工件端面
N90 G03 X9.874 Z-5.79 R5；               精加工 SR5mm 球面
N100 G02 X19.354 Z-19.833 R16；          精加工 R16mm 圆弧
N110 G03 X23.578 Z-37.55 R14；           精加工 φ28mm 圆弧
N120 G02 X22  Z-40.274 R5；              精加工 R5mm 圆弧
N130 G01 Z-52.5；                        精加工 φ22mm 外圆
N140 X28 Z-63.696；                      精加工圆锥面
N150 Z-76；                              精加工 φ28mm 外圆
N155 G70 P70 Q150
N160 G00 X100；                          X 轴方向快速退回程序起始位置
N170 Z60；                               Z 轴方向快速退回程序起始位置
N180 T0202；                             换 2 号刀，切槽刀，刀宽为 3mm
N190 M03 S700；                          主轴以 700r/min 正转
N200 G00 Z-47.5；                        快速定位到车槽下刀处
N210 X24；                               刀具快速靠近工件
N220 G01 X18 F70；                       车槽
N230 G00 X24；                           刀具快速退出
N240 Z-45.5；                            刀具快速移到下一个车槽下刀处
N250 G01 X18；                           加宽槽
```

```
N260 G00 X100;                        X 轴方向快速退回程序起始位置
N270 Z60.0;                           Z 轴方向快速退回程序起始位置
N280 M09 M05;                         切削液关，主轴停止
N285 M30;                             程序结束
```

以下为工件调头后加工螺纹部分，工件夹紧 ϕ28mm 外圆处，并要进行重新对刀操作。

```
O0705（左端面）
N290 T0101;                           换 1 号刀
N300 M08 M03 S500;                    切削液开，主轴以 500r/min 正转
N310 G00 X31 Z2;                      到循环起点位置
N315 G71 U1 R0.5
N320 G71 P340 Q380 U0.4 W0 F120;      外径粗加工复合循环
N330 M03 S1600;                       主轴以 1600r/min 正转
N340 G00 X0;                          刀具到 X 轴中心
N350 G01 Z0 F80;                      刀具靠近工件端面
N360 X16;                             精加工端面
N365 X20 Z-2 F120;                    倒角
N370 Z-25;                            精加工 φ20mm 外圆
N380 X28;                             精加工到 φ28mm 外圆的端面
N385 G70 P340 Q380
N390 G00 X100;                        X 轴方向快速退回程序起始位置
N400 Z60;                             Z 轴方向快速退回程序起始位置
N410 T0202;                           换 2 号刀，切槽刀，刀宽为 3mm
N420 G00 Z-25;                        快速定位到车槽下刀处
N430 S700 X30;                        刀具快速靠近工件
N440 G01 X17 F70;                     车槽
N450 G00 X22;                         刀具快速退出槽内
N460 Z-23;                            刀具快速移到下一个车槽下刀处
N470 G01 X17;                         加宽槽
N480 G00 X30;                         刀具快速退出槽内
N520 G00 X100;                        X 轴方向快速退回程序起始位置
N530 Z60;                             Z 轴方向快速退回程序起始位置
N540 S700 T0303;                      换 3 号刀，60°螺纹车刀
N550 G00 X24 Z3;                      快速定位到螺纹加工循环起点
N560 G92 X19 Z-22 F1.5;               螺纹加工
N562      X18.4;
N566      X18.1;
N567      X18.05;
N570 G00 X100;                        X 轴方向快速退回程序起始位置
N580 Z60;                             Z 轴方向快速退回程序起始位置
```

N590 M09 M05　　切削液关，主轴停

N600 M30；　　主程序结束并复位

3.3.2 一般套类零件的编程与加工

例 3-19 如图 3-51 所示，毛坯尺寸为 ϕ42mm×62mm，材料为 45 钢，内孔表面粗糙度值 Ra 全部为 3.2μm，试根据图样完成内孔加工。

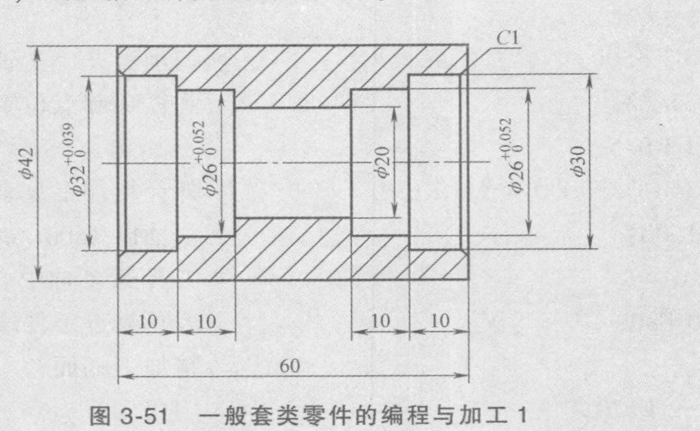

图 3-51 一般套类零件的编程与加工 1

1. 工艺分析

零件由 ϕ42mm 外圆柱面以及 $\phi26^{+0.052}_{0}$mm、$\phi32^{+0.039}_{0}$mm 等内孔组成，其中 $\phi26^{+0.052}_{0}$mm、$\phi32^{+0.039}_{0}$mm 内孔是重要表面，ϕ42mm 外圆柱面不加工。材料为 45 钢，毛坯尺寸为 ϕ42mm×62mm；材料易于加工，不需要铰孔，只要选择合理的切削参数及刀具可以获得表面粗糙度值为 Ra3.2μm。根据零件图样要求其加工顺序为：装夹工件，外露 30mm→钻孔 ϕ20mm，深 62mm→车端面，建立工件坐标系，并输入刀补值→车 ϕ30mm、$\phi26^{+0.052}_{0}$mm 内孔至尺寸，倒角 $C1$ 一处→掉头装夹外圆柱面，外露 30mm→车端面，保证总长 60mm→车 $\phi32^{+0.039}_{0}$mm、$\phi26^{+0.052}_{0}$mm 内孔至尺寸，倒角 $C1$ 一处，完成加工。

2. 刀具及切削参数选择（表 3-11）

表 3-11 刀具及切削参数选择（套类零件加工 1）

序号	工步内容	刀具	刀具规格		主轴转速/(r/min)	进给速度/(mm/min)
			类型	材料		
1	钻孔		ϕ20mm 锥柄麻花钻	高速钢	250	
2	车端面	T01	93°外圆车刀	硬质合金	500	100
3	粗车内孔	T02	90°内孔车刀		500	120
4	精车内孔	T02	90°内孔车刀		1000	100

3. 参考程序

右端：

O1234；

T0202；

M03 S500；

```
G00 X18 Z2;
G71 U1 R1;
G71 P10 Q20 U-0.4 W0 F120;
N10 G00 X32 S1000 F100;
G01 Z0;
X30 Z-1;
Z-10;
X26;
Z-20;
N20 X18;
G70 P10 Q20;
G00 Z150;
X100;
M05;
M30;
```

左端：

```
O1235;
T0202;
M03 S500;
G00 X18 Z2;
G71 U1 R1;
G71 P10 Q20 U-0.4 W0 F120;
N10 G00 X34 S1000 F100;
G01 Z0;
X32 Z-1;
Z-10;
X26;
Z-20;
X20;
Z-42;
N20 X18;
G10 P10 Q20;
G00 Z150;
X100;
M05;
M30;
```

特别提示：

1. 钻孔、铰孔加工注意事项

1）钻孔前要先把工件平面车平，中心处不能留出凸头，以利于钻头正确定心。

2）用麻花钻钻孔时，一般要先用中心钻加工出中心孔来定心，再用麻花钻钻孔，这样加工的工件同轴度较好。

3）钻削时必须要使用切削液，并浇注在切削区域内。

4）对于精度较高的孔，钻削后一定要留有合理的余量用以铰削。

5）要注意铰刀的保养，避免碰伤。

6）铰削时，因为铰刀的切削部分较长，故可以适当增加进给量。

7）铰削钢件时要防止出现切削瘤，否则容易将内孔拉毛。

8）铰孔时，要注意铰刀的中心线必须与工件中心线同轴，否则易产生锥形或将孔铰大。

2. 台阶孔、直通孔加工注意事项

1）车台阶孔、直通孔时，台阶孔、直通孔车刀的尺寸必须根据加工工件的尺寸和材料认真选择。

2）精车台阶孔、直通孔时，应保持车刀锋利防止产生锥形。

3）车台阶孔、直通孔时，应注意排屑问题，否则会由于切屑阻塞造成刀具扎刀而将台阶孔、直通孔车废。

4）精车台阶孔、直通孔时，如果采用G01指令车削，孔口倒角可在精车时一次车出。

例 3-20 如图 3-52 所示，毛坯尺寸为 ϕ52mm×80mm，材料为 45 钢，内孔表面粗糙度值全部为 Ra3.2μm，未注倒角 C2，试根据图样完成其加工。

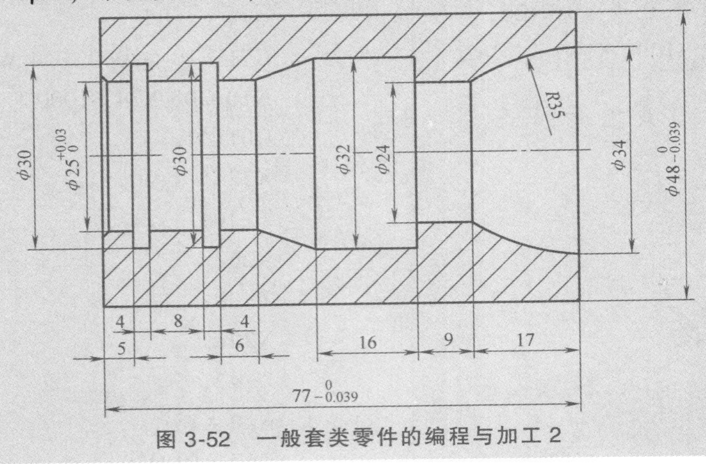

图 3-52 一般套类零件的编程与加工 2

1. 工艺分析

零件由 $\phi48^{0}_{-0.039}$mm 外圆柱面，$\phi25^{+0.03}_{0}$mm、ϕ32mm、ϕ24mm 内孔，圆锥孔 R35mm 内圆弧，ϕ30mm 深度为 2.5mm、宽为 4mm 的两个槽以及一个内圆锥面组成，其中 $\phi25^{+0.03}_{0}$mm 内孔是重要表面，$\phi48^{0}_{-0.039}$mm 外圆柱面及长度尺寸属于重要尺寸。材料为 45 钢，毛坯尺寸为 ϕ52×80mm；长度方向加工余量两头加起来只有 3mm，不需要铰孔，只要选择合理的切削参数及刀具可以获得表面粗糙度值为 Ra3.2μm。根据零件图样要求，选用 CAK6136V 型机床即可达到要求。以外圆为定位基准，用卡盘夹紧。加工顺序为：装夹工件，外露 42mm→钻孔 ϕ20mm、深为 82mm→车端面，建立工件坐标系，并输入刀补值→车 $\phi48^{0}_{-0.039}$mm 左端外圆柱面至尺寸，长度为 39mm→车内孔 $\phi25^{+0.03}_{0}$mm、ϕ32mm 至尺寸，倒角 C2 一处→车内槽 ϕ30mm，深度为 2.5mm，宽为 4mm→掉头装夹外圆柱面，外露 42mm→车端面，保证总长 $\phi77^{0}_{-0.039}$mm→车 $\phi48^{0}_{-0.039}$mm 右端外圆柱面至尺寸，长度为 39mm→ 车 ϕ24mm、R35mm 内孔圆弧面至尺寸，加工完成。

2. 刀具及切削用量选择（表 3-12）

表 3-12 刀具及切削参数选择（套类零件加工 2）

序号	工步内容	刀具	刀具规格		主轴转速/(r/min)	进给速度/(mm/min)
			类型	材料		
1	钻孔		ϕ20mm 锥柄麻花钻	高速钢	250	
2	车端面	T01	93°外圆车刀	硬质合金	500	100
3	粗车外圆	T01	93°外圆车刀		500	120
4	精车外圆	T01	93°外圆车刀		1500	100
5	粗车内孔	T02	90°内孔车刀		500	120
6	精车内孔	T02	90°内孔车刀		1000	100
7	车内槽	T03	内孔车刀		700	50

3. 参考程序

左端：

```
O3004;
T0101;
M03 S500;
G00 X54 Z2;
G82 X51 Z-39 F120;
X48.6 Z-39;
S1500;
G82 X48 Z-39 F100;
G00 X100 X150;
T0202;
S500;
G00 X18 Z2;
G71 U1 R1;
G71 P10 Q20 U-0.4 W0 F120;
N10 G00 X29;
S1000;
G01 Z0 F100;
X25 Z-2;
Z-27;
X32 Z-35;
N20 X18;
G70 P10 Q20;
G00 Z150;
X100;
T0303;
G00 X20;
S700;
G00 Z-9;
G01 X30 F50;
G04 P2;
G01 X20 F300;
Z-21;
G01 X30 F50;
X20 F300;
G00 Z150;
X100;
M05;
M30;
```

右端：

```
O3005;
T0101;
M03 S500;
G00 X54 Z2;
G82 X51 Z-39 F120;
X48.6 Z-39;
S1500;
G82 X48 Z-39 F100;
G00 X100 X150;
T0202;
S500;
G00 X18 Z2;
G71 U1 R1;
G71 P10 Q20 U-0.4 W0 F120;
N10 G00 X34 S1000;
G01 Z0 F100;
G03 X24 Z-17 R35;
G01 Z-26;
N20 X18;
G70 P10 Q20;
G00 Z150;
X100;
M05;
M30;
```

特别提示：

1）车削内沟槽时，要严格计算“*Z*”向尺寸，避免刀具进给深度超过孔深而使刀具损坏。

2）内沟槽刀具切削刃宽度不能过宽，否则会产生振动。

3.3.3 一般盘类零件的编程与加工

例 3-21 在 FANUC 0i 系统数控车床（前置刀架）上加工图 3-53 所示的蜗轮透盖，毛坯为铝合金铸件（ZL201），径向与轴向均有 2mm 的切削余量。零件的 6×ϕ9mm 和 2×M8-7H 螺纹孔安排在立式加工中心上加工。

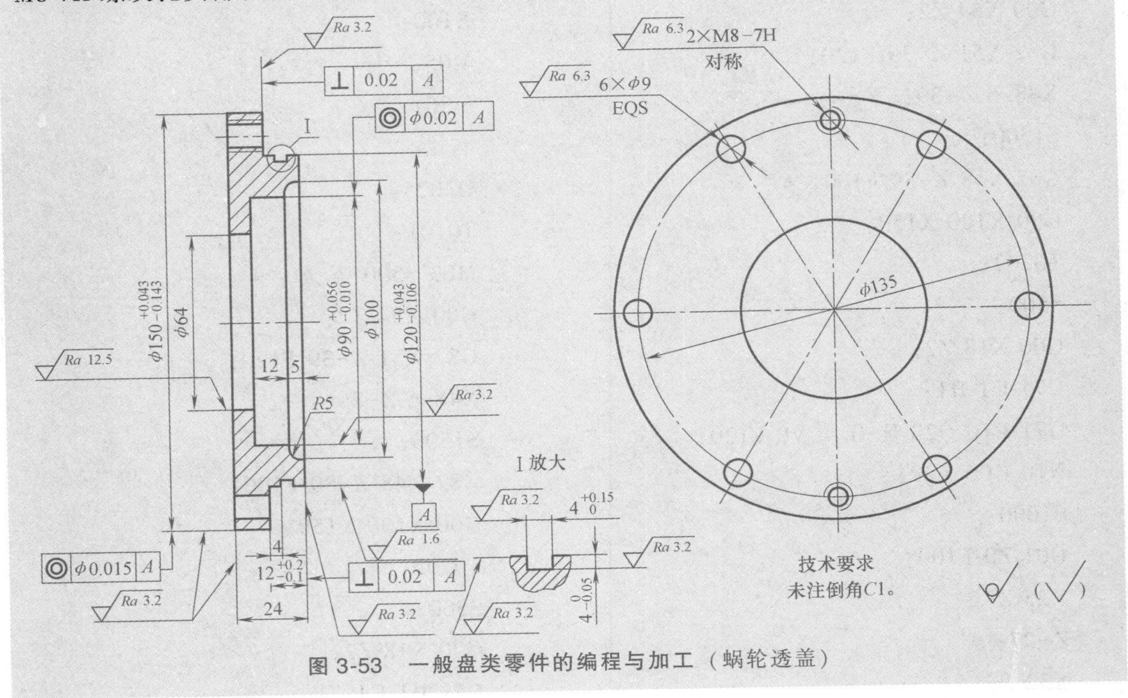

图 3-53 一般盘类零件的编程与加工（蜗轮透盖）

1. 工艺分析

此蜗轮透盖属盘类零件，其加工包括内、外轮廓的加工，为保证其加工精度，要安排三道工序进行加工。

工序 1：以毛坯的 ϕ150mm 外圆作为定位基准，用自定心卡盘夹紧，粗车小端外轮廓和内轮廓。

工序 2：以 ϕ90mm 内孔作为定位基准，用自定心卡盘反夹，粗车大端外轮廓及端面至尺寸要求。

工序 3：以 ϕ150mm 外圆作为定位基准，用自定心卡盘夹紧，精车外轮廓、车槽及精车内轮廓。

2. 刀具及切削参数选择（表 3-13）

表 3-13 刀具及切削参数选择（盘类零件加工）

序号	工步内容	刀具	刀具规格		主轴转速/(r/min)	进给量/(mm/r)
			类型	材料		
1	粗车外圆	T02	右偏粗车刀	硬质合金	400	0.1
2	粗车内孔	T04	内圆粗车刀		400	0.1

（续）

序号	工步内容	刀具	刀具规格		主轴转速/(r/min)	进给量/(mm/r)
			类型	材料		
3	精车内孔	T01	内圆精车刀	硬质合金	600	精车 0.05
4	精车外圆	T05	右偏精车刀		800	精车 0.08
5	车槽	T03	切槽刀		350	0.03

3. 参考程序

车小端：

```
O0028;
T0202;
M03  S400;
G95  G00  X128  Z2;
G90  X126  Z-11.85  F0.1;
X124;
X122;
X120.5;
G00  X200  Z200;
T0505;
G00  X120  Z2  S800;
G01  Z-12  F0.08;
X158;
G00  Z200;
T0404  S400;
G00  X58  Z2;
G71  U1.5  R1;
G71  P1  Q2  U0.5  W-0.05  F0.1;
N1  G00  G42  X100  F0.05  S600;
G01  Z0;
G03  X90  Z-5  R5  F0.1;
G01  Z-17;
X64;
Z-26;
N2  G01  G40  X58;
G70  P1  Q2;
G00  Z200;
X150;
T0303;
G00  Z-8  S350;
X124;
G01  X116  F0.03;
G04  X2;
G01  X124;
G00  X200;
Z200;
M30;
```

车大端：

```
O0029;
T0202;
M03  S400;
G00  X158  Z2;
G90  X156  Z-14  F0.1;
X154;
X152;
X150.5;
S800;
G90  X150  Z-14  F0.08;
G00  X200  Z150;
M30;
```

3.3.4 综合零件的编程与加工

例 3-22 如图 3-54 所示，毛坯尺寸为 ϕ55mm×92mm，材料为 45 钢，试根据图样完成其加工。

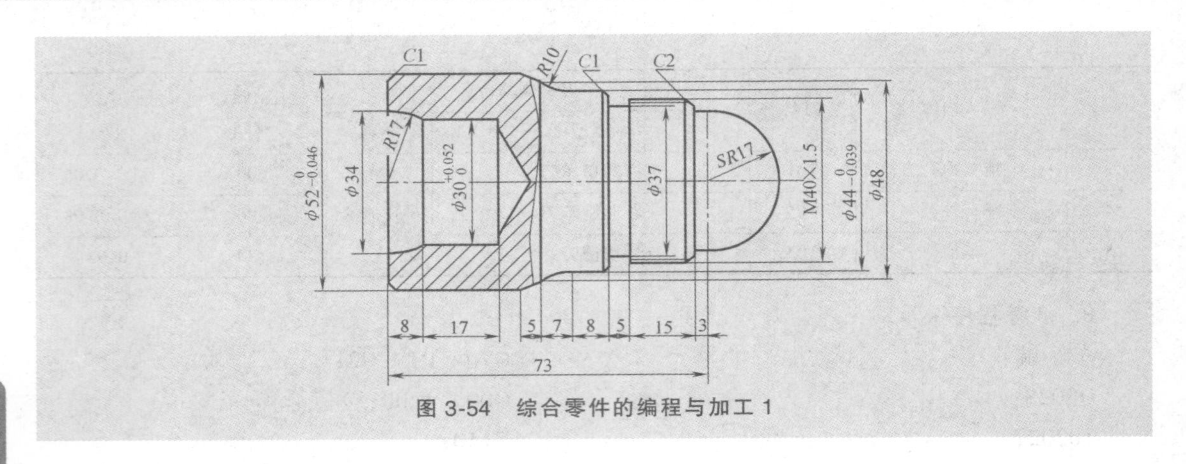

图 3-54　综合零件的编程与加工 1

1. 工艺分析

零件由内外圆柱面、外圆锥面、倒角、直槽、外螺纹、内外圆弧面以及球面组成。尺寸与要求如图 3-54 所示，这其中内孔与外螺纹为难加工表面，零件需要两头加工。根据零件图样要求可以采用如下的加工顺序：

1）装夹右端，外露 40mm，车左端面。

2）钻孔 ϕ27mm，深 25mm。

3）粗、精加工 ϕ52mm 外圆柱面至尺寸，倒角 $C1$。

4）粗、精加工 ϕ30mm 内孔，R17mm 内圆弧面至尺寸。

5）调头，装夹 ϕ52mm 外圆柱面，外露 65mm。

6）车端面，保证总长 90mm。

7）粗、精加工 SR17mm 球面、ϕ34mm 外圆柱面、M40×1.5 外螺纹大径、ϕ44mm 外圆柱面、R10mm 外圆弧面至尺寸，倒角。

8）车螺纹退刀槽。

9）车 M40×1.5 外螺纹至尺寸，加工完成。

2. 刀具及切削参数选择（表 3-14）

表 3-14　刀具及切削参数选择（综合零件加工 1）

序号	工步内容	刀具	刀具规格		主轴转速/(r/min)	进给速度/(mm/min)
			类型	材料		
1	车端面	T01	93°外圆车刀	硬质合金	500	50
2	外圆粗加工	T01	93°外圆车刀		500	120
3	外圆精加工	T01	93°外圆车刀		1500	100
4	钻孔		ϕ27mm 麻花钻	高速钢	250	
5	车槽	T02	切槽刀	硬质合金	700	70
6	车螺纹	T03	60°机夹式螺纹刀		1000	
7	粗车内孔	T04	内孔车刀		500	100
8	精车内孔	T04	内孔车刀		1000	80

3. 编制数控车削加工程序

左端：

```
O0056;
T0101;
M03 S500;
M08;
G00 X58 Z2;
G71 U2 R1;
G71  P10 Q20 U0.4 W0.05 F120;
N10 G00 X46 S1500 F100;
G01 X52 Z-1 F100;
G01 Z-35;
N20 X58;
G70 P10 Q20;
G00 X100 Z150;
T0404;
S500;
G00 X28 Z4;
G71 U1 R1;
G71 P30 Q40 U-0.4 W0.05 F100;
S1000;
N30 G00 X34;
G01 Z0 F80;
G03 X30 Z-8 R17;
G01 Z-25;
N40 X28;
G70 P30 Q40;
G00 Z150;
X100;
M05;
M09;
M30;
```

右端：

```
O0078;
T0101;
M03 S500;
M08;
G00 X58 Z2;
G71 U2 R1;
G71 P60 Q70 U0.5 W0.05 F120;
N60 G00 X0 S1500;
G01 Z0 F100;
G03 X34 Z-17 R17;
G01 Z-20;
G01 X36;
G01 X39.8 Z-22;
G01 Z-40;
G01 X42;
G01 X44 Z-41;
G01 Z-48;
G02 X48 Z-55 R10;
G01 X52 Z-60;
N70 X58;
G70 P60 Q70;
G00 X100 Z150;
T0202;
M03 S700;
G00 X56 Z-40;
X48;
G01 X37 F70;
G04 P2;
G01 X47 F500;
G00 Z-40;
G01 X37 F70;
G04 P2;
G01 X47 F500;
G00 X100;
Z150;
T0303;
M03 S1000;
G00 X48 Z-15;
G92 X39.1 Z-36 F1.5;
X38.6;
X38.2;
X38.1;
X38.05;
G00 X100 Z150;
```

M05；

M09；

M30；

例 3-23 加工如图 3-55 所示的零件，毛坯尺寸为 ϕ40mm×107mm，材料为 45 调质钢，15~32HRC，未注倒角为 C1.5。

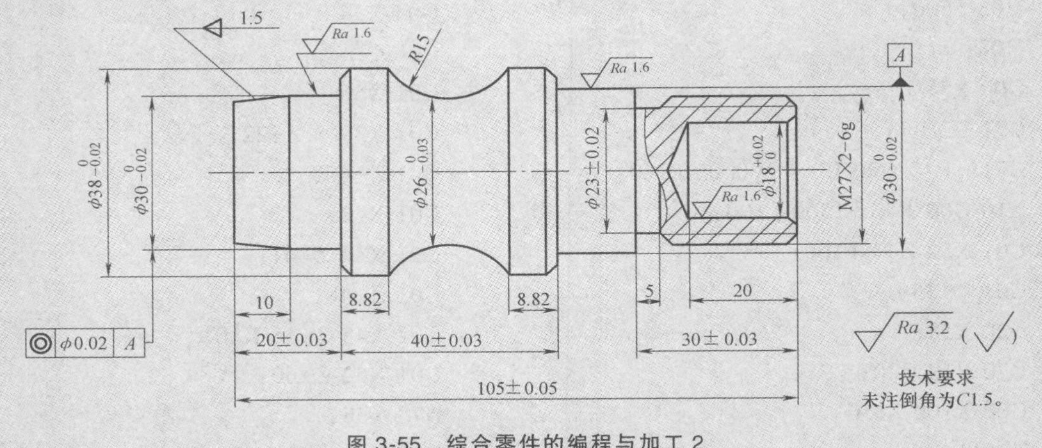

图 3-55 综合零件的编程与加工 2

1. 工艺分析

该零件属于轴类零件，在结构上主要由圆锥面、凹圆弧面、螺纹等表面组成，其加工工艺较简单。零件的尺寸公差要求也比较高，公差基本在 0.03mm 以内。根据零件特点可确定加工顺序为：钻中心孔→钻孔→车外轮廓→车退刀槽→车外螺纹→镗 ϕ18mm 孔；调头→车端面控制总长（手动)→车外轮廓。

2. 刀具及切削参数选择（表 3-15）

表 3-15 刀具及切削参数选择（综合零件加工 2）

序号	工步内容	刀具	刀具规格		主轴转速 /(r/min)	进给速度 /(mm/min)
			类型	材料		
1	钻中心孔		中心钻	高速钢	600	
2	钻 ϕ14mm 孔		麻花钻		500	
3	粗车外径	T01	外圆车刀	硬质合金	800	120
4	精车外径	T01	外圆车刀		1800	90
5	车退刀槽	T02	切槽刀(刀宽为 3mm)		800	50
6	车外螺纹	T03	螺纹刀		500	
7	粗镗 ϕ18mm 孔	T04	内径镗刀		500	100
8	精镗 ϕ18mm 孔	T04	内径镗刀		1800	90

3. 参考程序

右端：

O0031；

G0 X150 Z150；

T0101；

```
M03 S800;
G00 X42 Z3;
G71 U2 R1;
G71 P10 Q20 U0.5 W0.05 F120;
M03 S1800;
N10 G42 G01 X24 F90;
Z0;
X27 Z-1.5;
Z-30;
X30;
W-15;
X38 C1.5;
W-8.82
G02 X38 W-22.36 R15;
G01 Z-85;
N20 X40;
G70 P10 Q20;
G00 X150 Z150;
T0202;
M03 S800;
G00 X31 Z-30;
G01 X23 F50;
G04 X4;
X31;
G00 Z-26.5
G01 X23
G04 X4
G01 X31
G00 X150 Z150;
T0303;
G00 X30 Z3 S500;
G76 P010160 Q100 R0.1;
G76 X24.4 Z-27 R0 P1300 Q300 F2;
G00 X150 Z150;
T0404;
G00 X13 Z3;
G71 U2 R1;
G71 P30 Q40 U-0.5 W0.05 F100;
M03 S1800;
N30 G01 X21 F90;
Z0;
X18 Z-1.5;
Z-20;
N40 X14;
G70 P30 Q40;
G00 Z150;
X150
M05;
M30;
```

左端：

```
O0032;
G00 X150 Z150;
T0101;
M03 S800;
G00 X42 Z3;
G71 U2 R1;
G71 P10 Q20 U0.5 W0.05 F120;
M03 S1800;
N10 G42 G01 X28 Z0 F90;
X30 Z-10;
X38 C1.5;
N20 X40;
G70 P10 Q20;
G0 X150 Z150;
M05;
M30;
```

例 3-24　如图 3-56～图 3-59 所示，毛坯尺寸分别为 ϕ44mm×72mm、ϕ60mm×34mm、ϕ54mm×50mm，材料为 45 钢，试进行零件加工分析，选择刀具及切削参数，编制加工程序，并完成零件加工。

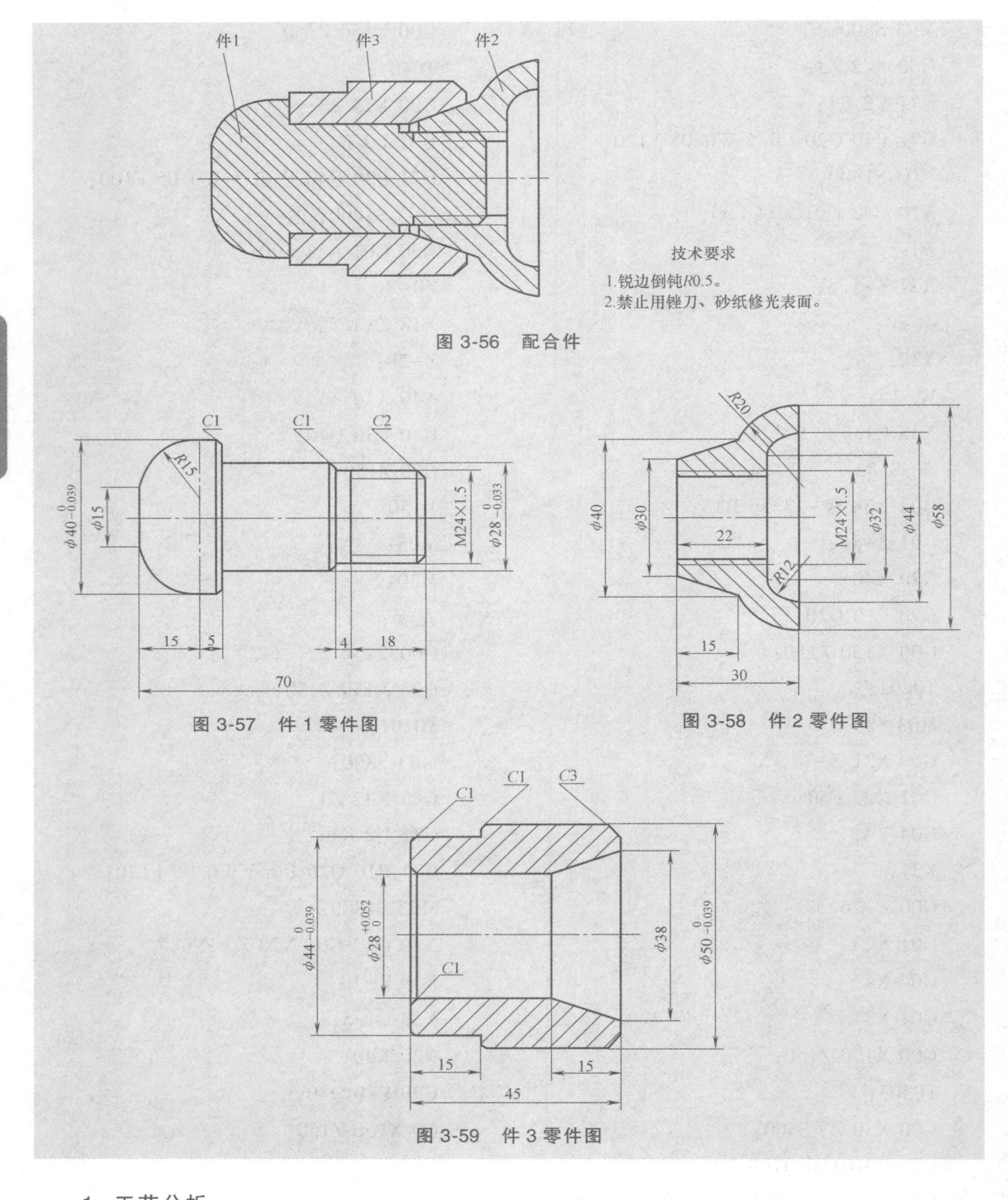

图 3-56 配合件

图 3-57 件 1 零件图

图 3-58 件 2 零件图

图 3-59 件 3 零件图

1. 工艺分析

该配合件由三个零件组成，其中件 1 由 ϕ40mm 和 ϕ28mm 外圆柱面、R15mm 外圆弧面及 M24 ×1.5 外螺纹组成；件 2 由 ϕ30mm ~ ϕ40mm 外圆锥面、R20mm 外圆弧面、R12mm 内圆弧面、M24 ×1.5 内螺纹组成；件 3 由 ϕ44mm 和 ϕ50mm 外圆柱面、ϕ28mm 内圆柱面及 ϕ28mm ~ ϕ38mm 内圆锥面组成。其中件 1 的 ϕ40mm 和 ϕ28mm、件 3 的 ϕ44mm 和 ϕ50mm 外

圆柱面及 M24×1.5 内、外螺纹为重要表面。根据零件图样要求可以采用如下的加工顺序。

（1）加工件 3 右端（图 3-60）

1）装夹件 3，外露 35mm，车端面，见平即可。

2）钻 ϕ20mm 通孔。

3）粗、精加工右端 ϕ50mm 外圆柱面、倒角 C3、内圆锥面及 ϕ28mm 内孔。

（2）加工件 3 左端（图 3-61）

1）装夹 ϕ50mm 外圆柱面，外露 25mm，车端面，保证总长度 45mm。

2）粗、精加工左端 ϕ44mm 外圆柱面、倒角 C1。

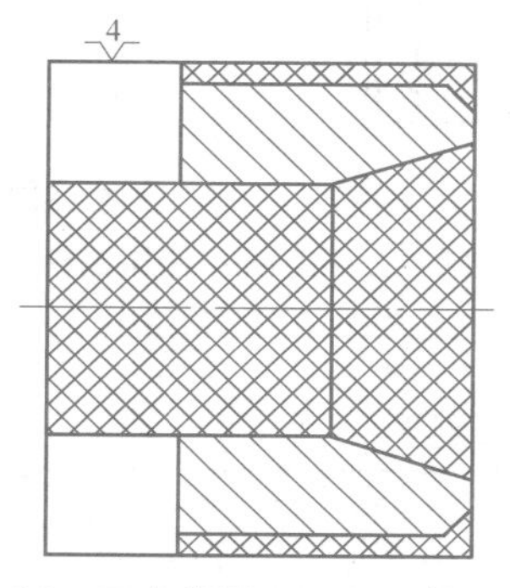

图 3-60　工序简图——加工件 3 右端

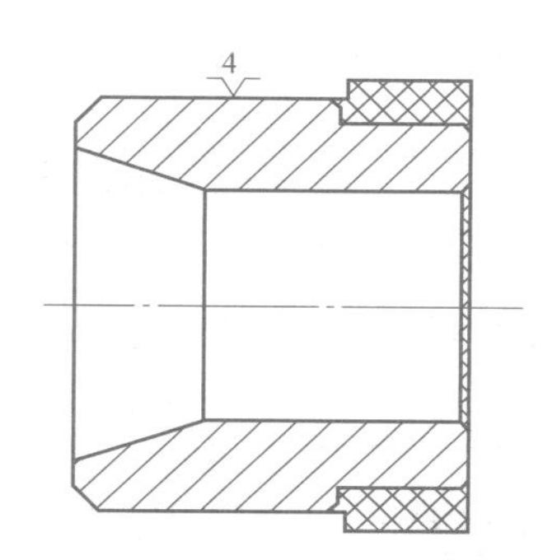

图 3-61　工序简图——加工件 3 左端

（3）加工件 2 右端（图 3-62）

1）装夹件 2，外露 10mm，车端面，见平即可。

2）钻 ϕ20mm 通孔。

3）粗、精加工 R12mm 内圆弧面、M24×1.5 内螺纹。

（4）加工件 1 右端（图 3-63）

1）装夹件 1，外露 60mm，车端面，见平即可。

2）粗、精加工右端 ϕ28mm 外圆柱面、M24×1.5 外螺纹、倒角三处，注意工件不卸下。

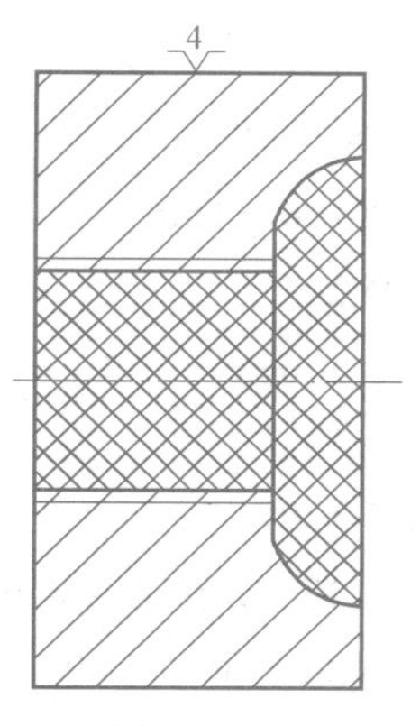

图 3-62　工序简图——加工件 2 右端

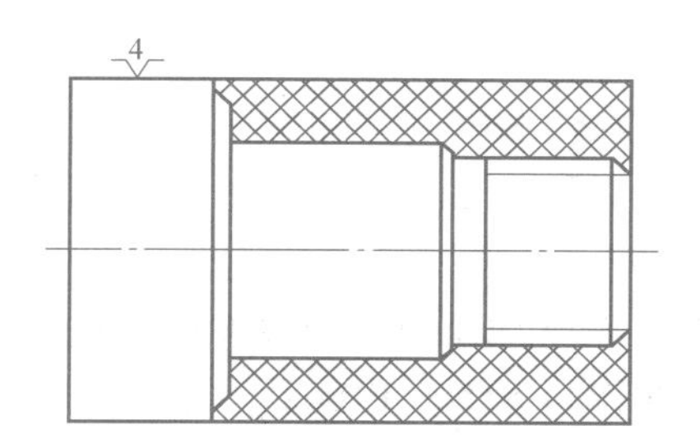

图 3-63　工序简图——加工件 1 右端

（5）加工件 2 左端（图 3-64）

1）装夹件 2，与件 1 螺纹连接，车端面，保证总长度 30mm。

2）粗、精加工外圆锥面、R20mm 外圆弧面。

（6）加工件 1 左端（图 3-65）

1）装夹 ϕ28mm 外圆柱面，车端面，保证总长度 70mm。

2）粗、精加工左端 R15mm 外圆弧面、ϕ40mm 外圆柱面，工件加工完成。

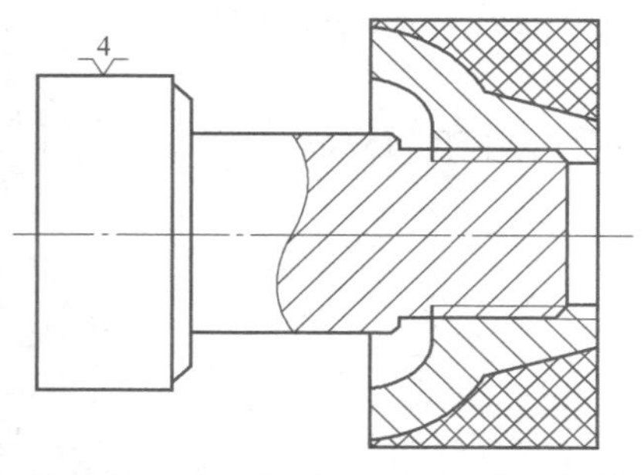

图 3-64 工序简图——加工件 2 左端

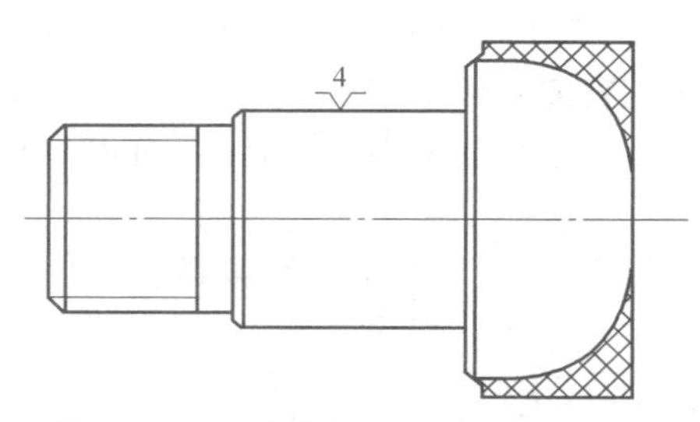

图 3-65 工序简图——加工件 1 左端

2. 刀具及切削参数选择（表 3-16）

表 3-16 刀具及切削参数选择（综合零件加工 3）

序号	工步内容	刀具号	刀具规格		主轴转速/(r/min)	进给速度/(mm/min)
			类型	材料		
1	车端面	T01	93°外圆车刀	硬质合金	500	50
2	粗车外圆	T01	93°外圆车刀		500	120
3	精车外圆	T01	93°外圆车刀		1500	100
4	钻孔		ϕ20mm 麻花钻	高速钢	250	
5	车螺纹	T03	60°机夹式螺纹刀	硬质合金	800	
6	粗车内孔	T04	内孔车刀		500	100
7	精车内孔	T04	内孔车刀		1000	80

3. 参考程序

件 3（右端）：

```
O0001;
N10 G94;
N20 M03 S500;
N30 T0101;
N40 G00 X56 Z2;
N50 G71 U2 R1;
N55 G71 P60 Q90 U0.4 W0.05 F120;
N60 G00 X44 S1500 F100;
N70 G01 Z0;
N80 G01 X50 Z-3;
N85 G01 Z-31;
N90 X56;
N95 G70 P60 Q90;
N100 G00 X100 Z150;
N110 T0404;
N120 M03 S500;
N130 G00 X18 Z2;
N140 G71 U1 R0.5;
N145 G71 P150 Q185 U-0.4 W0.05 F100;
N150 G00 X38 S1000 F80;
N160 G01 Z0;
N170 X28 Z-15;
N180 G01 Z-44;
```

```
N181 X32 Z-46;
N185 X18;
N186 G70 P150 Q185;
N188 G00 Z100;
N190 X100;
N200 M05;
N210 M30;
```

件 3（左端）:

```
O0002;
N10 G94;
N20 M03 S500;
N30 T0101;
N40 G00 X56 Z2;
N50 G71 U2 R1;
N55 G71 P60 Q110 U0.4 W0.05 F120;
N60 G00 X40 S1500 F100;
N70 G01 Z1;
N80 G01 X44 Z-1;
N90 G01 Z-15;
N100 G01 X48;
N105 G01 X52 Z-17;
N110 X56;
N115 G70 P60 Q110;
N120 G00 X100 Z100;
N130 M05;
N140 M30;
```

件 2（右端）

```
O0003;
N10 G94;
N20 M03 S500;
N30 T0404;
N40 G00 X18 Z3;
N50 G71 U1 R0.5;
N55 G71 P60 Q100 U-0.4 W0.05 F100;
N60 G00 X44 S1000 F80;
N70 G01 Z0;
N80 G03 X32 Z-8 R12;
N90 G01 X24.05;
N91 X22.05 Z-9;
N92 Z-29;
N93 X24.05 Z-30;
N94 Z-32;
N100 X18;
N105 G70 P60 Q100;
N110 G00 Z100;
N120 X100;
N121 M03 S800;
N130 T0303;
N140 G00 X20 Z5;
N150 G92 X22.4 Z-32 F1.5;
N160 X22.8 Z-32;
N170 X23.2 Z-32;
N180 X23.6 Z-32;
N190 X23.9 Z-32;
N200 X24 Z-32;
N210 G00 X100 Z150;
N220 M05;
N230 M30;
```

件 2（左端）:

```
O0004;
N10 G94;
N20 M03 S500;
N30 T0101;
N40 G00 X62 Z1;
N50 G71 U2 R1;
N55 G71 P60 Q100 U0.4 W0.05 F120;
N60 G00 X30 S1500 F100;
N70 G01 Z0;
N80 G01 X40 Z-15;
N90 G03 X58 Z-30 R20;
N100 G01 Z-32;
N105 G70 P60 Q100;
N110 G00 X100 Z100;
N120 M05;
```

```
N130 M30;
```

件1（左端）：

```
O0005;
N10 G94;
N20 M03 S500;
N30 T0101;
N40 G00 X46 Z1;
N50 G71 U2 R1;
N55 G71 P60 Q90 U0.4 W0.05 F120;
N60 G00 X15 S1500 F100;
N70 G01 Z0;
N80 G03 X40 Z-15 R15;
N90 G01 Z-22;
N95 G70 P60 Q90;
N100 G00 X100 Z100;
N110 M05;
N120 M30;
```

件1（右端）：

```
O0006;
N10 M03 S500;
N20 T0101;
N30 G00 X46 Z1;
N40 G71 U2 R1;
N45 G71 P50 Q130 U0.4 W0.05 F120;
N50 G00 X20 S1500 F100;
N60 G01 Z0;
N70 G01 X23.8 Z-2;
N80 G01 Z-22;
N90 G01 X26;
N100 G01 X28 Z-23;
N110 G01 Z-50;
N120 G01 X38;
N130 G01 X40 Z-51;
N135 G70 P50 Q130;
N140 G00 X100 Z100;
N150 T0303;
N160 M03 S800;
N170 G00 X30 Z5;
N180 G92 X23.2 Z-18 F1.5;
N190 X22.6 Z-18;
N200 X22.3 Z-18;
N210 X22.2 Z-18;
N220 X22.1 Z-18;
N230 X22.05 Z-18;
N240 X22.0 Z-18;
N250 G00 X100 Z100;
N260 M05;
N270 M30;
```

特别提示：

1）对于综合零件的加工，一定要对零件进行工艺分析，确定好其良好的装夹方案和加工工序，并填好相应的工艺卡片。

2）注意车内孔时的定位点和加工余量符号的不同。

3）车内孔时一定要注意先退 Z 轴方向，再退 X 轴方向，否则会打刀、撞坏工件。

【学有所获】

1. 数控车床的基本操作。
2. 数控车削的基本编程、循环编程、螺纹编程、子程序编程、宏程序编程。
3. 轴类、盘类、套类零件的编程与加工。
4. 综合零件的编程与加工。

【总结回顾】

在掌握了数控车床基本操作的基础上，通过理论与实践相结合的方式，学生能较好地掌握数控车削的基本编程以及子程序和宏程序编程，从而完成轴类、盘类、套类以及综合零件的数控车削编程与加工。

【课后实践】

毛坯尺寸为 ϕ50mm×77mm，材料为 45 钢，调质处理，硬度为 22HRC，按图 3-66 所示要求在数控车床上完成编程与加工，未注倒角为 C1。

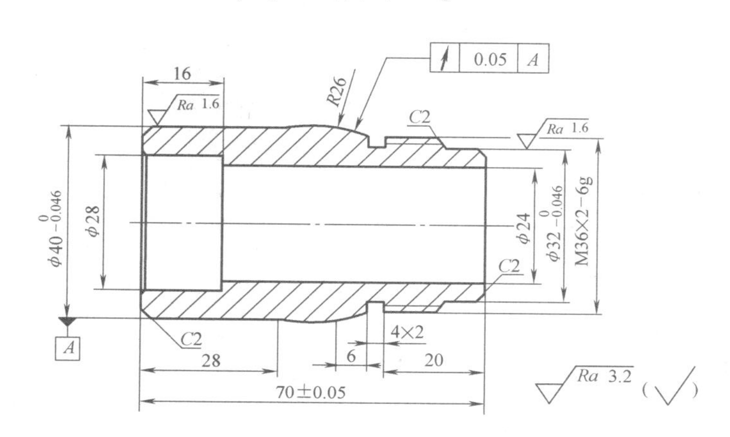

图 3-66　课后实践题图

思考与练习题

一、判断题

1. G 指令可以分为模态 G 指令和非模态 G 指令。　　（　　）

2. G00、G01 指令都能使机床坐标轴准确到位，因此它们都是插补指令。　　（　　）

3. 圆弧插补用半径编程时，当圆弧所对应的圆心角大于 180°时半径取负值。　　（　　）

4. 不同的数控机床可能选用不同的数控系统，但数控加工程序指令都是相同的。　　（　　）

5. 数控机床用恒线速度控制加工端面、锥度和圆弧时，必须限制主轴的最高转速。　　（　　）

6. 螺纹指令“G32 X41 W-43 F1.5”；是以每分钟 1.5mm 的速度加工螺纹。　　（　　）

7. 沿刀具前进方向观察，刀具偏在工件轮廓的左边则用 G43 指令。　　（　　）

8. G00 指令移动速度值是 F 指令指定。　　（　　）

9. “G00　X50　Z-20;”表示刀具快速向+X 轴方向移动 50mm，再向-Z（+Z′）轴方向移动 20mm。　　（　　）

10. “G04 P1000;”代表停留 1000s。　　（　　）

二、选择题

1. （　　）表示主轴停止命令。

A. G50　　B. M05　　C. G05　　D. M02

2. (　　) 表示主程序结束指令。

A. M90　　B. G01　　C. M02　　D. G91

3. 在刀具旋转的机床上，如果 Z 轴是垂直的，则从主轴向立柱看，对于单立柱机床(　　)。

A. X 轴的正方向指向右边　　B. X 轴的正方向指向左边

C. Y 轴的正方向指向右边　　D. Y 轴的正方向指向左边

4. 下列指令中与 M01 功能相同的是(　　)。

A. M00　　B. M02　　C. M30　　D. M03

5. 在数控车削加工时，如果(　　)，可以使用子程序。

A. 程序比较复杂　　B. 加工余量较大

C. 若干加工要素完全相同　　D. 加工余量较大，不能一刀完成

6. 在数控车削加工时，如果(　　)，可以使用固定循环。

A. 加工余量较大，不能一刀加工完成

B. 加工余量不大

C. 加工比较麻烦

D. 加工程序比较复杂

7. G41 指令是指(　　)。

A. 刀具半径左补偿　　B. 刀具半径右补偿

C. 取消刀具半径补偿　　D. 不取消刀具半径补偿

8. 切削用量的选择原则是：粗车时，一般(　　)，最后确定一个合适的切削速度。

A. 应首先选择尽可能小的背吃刀量，其次选择较小的进给量

B. 应首先选择尽可能小的背吃刀量，其次选择较大的进给量

C. 应首先选择尽可能大的背吃刀量，其次选择较小的进给量

D. 应首先选择尽可能大的背吃刀量，其次选择较大的进给量

9. “G91 G03 I-20 F100;”中圆心角为(　　)。

A. 等于 180°　　B. 大于 360°　　C. 等于 360°　　D. 等于 270°

10. 在通常情况下，平行于机床主轴的坐标轴是(　　)。

A. X 轴　　B. Z 轴　　C. Y 轴　　D. 不确定

三、简答题

1. G00 和 G01 指令有什么不同？各适用于什么场合？

2. 什么称为 MDI 操作？用 MDI 操作方式能否进行切削加工？

3. 数控车床圆弧的顺逆应如何判断？

4. 刀具返回参考点的指令有几个？各在什么情况上使用？

5. 使用 G00 指令编程时，应注意什么问题？

6. 子程序的作用是什么？

四、编程题

1. 加工图 3-67 所示的零件，试编写程序。

2. 如图 3-68 所示，已经钻好通孔 ϕ24mm，并已经把其加工好，试用 FANUC 系统指令编写零件的数控加工程序，未注倒角为 $C1$。

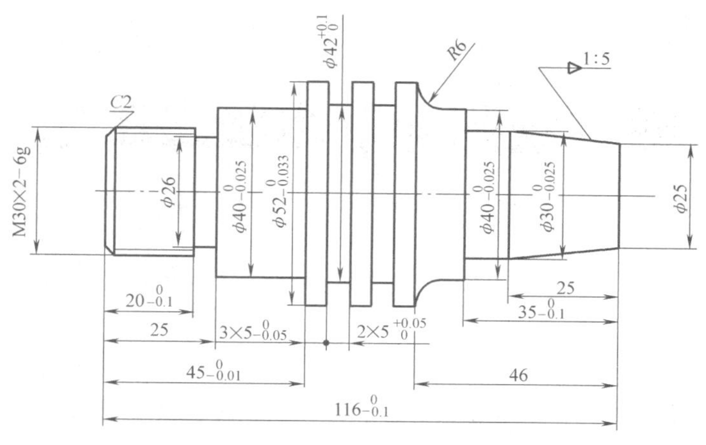

图 3-67　编程题 1 图

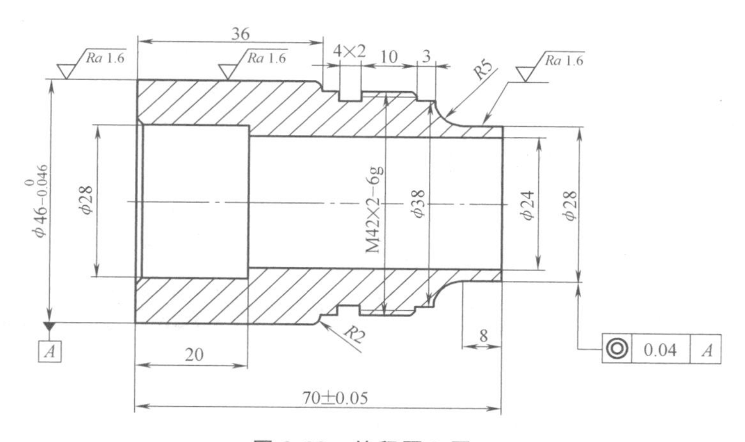

图 3-68　编程题 2 图

第4章

数控铣削的基本加工工艺

【章前导读】

数控铣削和数控车削一样，也是做好数控加工的基础，只有明确了工艺才能确定出好的加工方案和优良的加工参数，好的加工方案和优良的加工参数是使产品的精度和效率得以提高的有力保障。

【课前互动】

1. 数控铣床和数控车床有什么区别？
2. 数控铣床主要适合加工哪些零件？
3. 卧式数控车床的通用夹具是自定心卡盘，立式数控铣床的通用夹具是什么呢？
4. 数控车床的基本控制轴数是两轴，数控铣床的基本控制轴数是多少？

4.1 数控铣床简介

4.1.1 数控铣床的分类

1. 按机床主轴的布置形式及机床的布局特点分类

数控铣床可分为立式数控铣床、卧式数控铣床、龙门数控铣床和立卧两用数控铣床等。

(1) 立式数控铣床　立式数控铣床的主轴轴线垂直于水平面，是数控铣床中最常见的一种布局方式，应用范围也最广，如图 4-1 所示。立式结构的铣床一般适应用于加工盘类、套类、板类零件，一次装夹后，可对上表面进行铣、钻、扩、镗、锪、攻螺纹等工序以及侧面的轮廓加工。

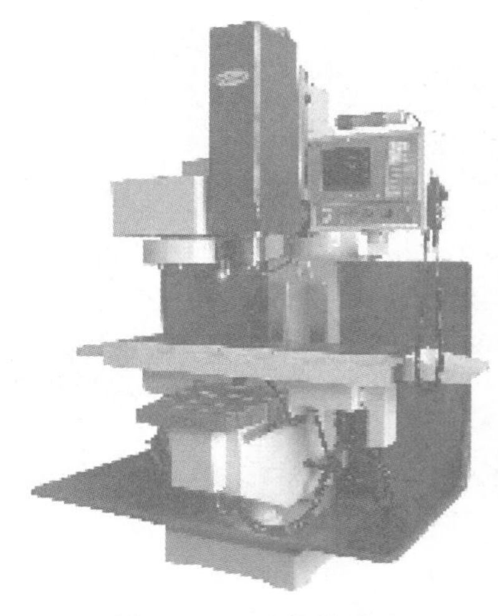

图 4-1　立式数控铣床

(2) 卧式数控铣床　卧式数控铣床的主轴轴线平行于水平面，主要用于加工箱体类零件，如图 4-2 所示。为了扩大加工范围和扩充功能，通常采用增加数控转盘或万能数控转盘来实现 4~5 轴加工。一次装夹后可完成除安装面和顶面以外的其余四个面的各种工序加工，尤其是万能数控转盘可以把工件上各种不同角度的加工面摆成水平面来加工，可以省去许多专用夹具或专用角度成形铣刀。

（3）龙门数控铣床　如图 4-3 所示，对于大尺寸的数控铣床，一般采用对称的双立柱结构，以保证铣床的整体刚性和强度，即数控龙门铣床。数控龙门铣床有工作台移动和龙门架移动两种形式，适用于加工飞机整体结构件零件、大型箱体类零件和大型模具等。

图 4-2　卧式数控铣床

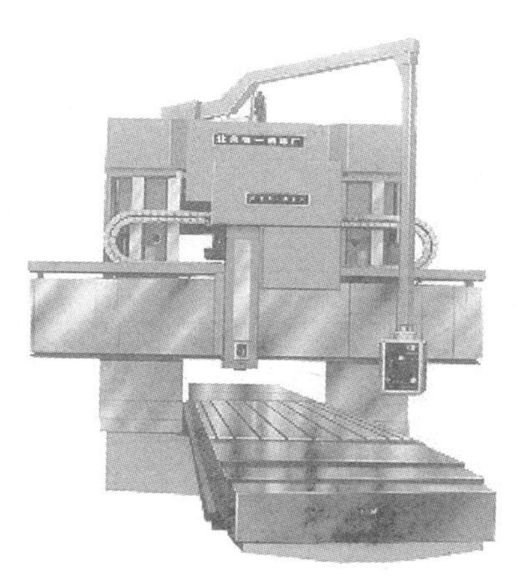

图 4-3　龙门数控铣床

（4）立卧两用数控铣床　如图 4-4 所示，立卧两用数控铣床也称为万能式数控铣床，主轴可以旋转 90°或工作台带着工件旋转 90°，一次装夹后可以完成工件五个表面的加工，即除了工件与转盘紧贴的定位面外，其他表面都可以在一次安装中进行加工。它的使用范围更广、功能更全，选择加工对象的余地更大，给用户带来了很多方便，特别是当生产批量小，品种较多，又需要立、卧两种方式加工时，用户只需要一台这样的铣床就行了。

2. 按数控系统的功能分类

数控铣床可分为经济型数控铣床、全功能数控铣床和高速铣削数控铣床等。

（1）经济型数控铣床　它一般采用经济型数控系统，采用开环控制，可以实现三坐标联动。

（2）全功能数控铣床　它采用半闭环控制或闭环控制，数控系统功能丰富，一般可以实现四坐标以上联动，加工适应性强，应用最广泛。

（3）高速铣削数控铣床　高速铣削是数控加工的一个发展方向，技术已经比较成熟，已逐渐得到广泛的应用。

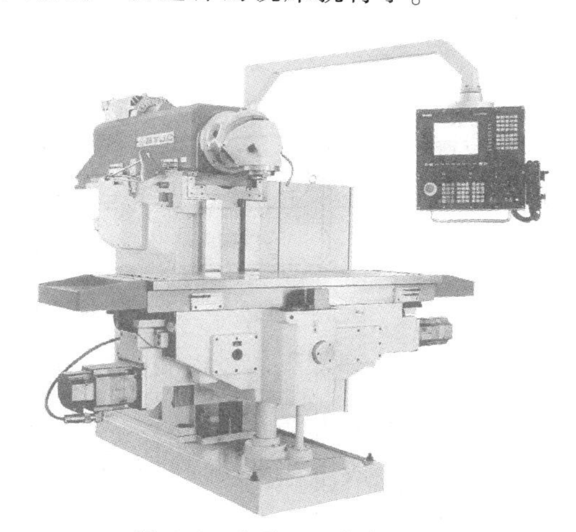

图 4-4　立卧两用数控铣床

4.1.2　数控铣床和加工中心的加工对象

1. 数控铣床的加工对象

与普通铣床相比，数控铣床具有加工精度高、加工零件的形状复杂、加工范围广等特点。除了普通铣床能铣削的各种零件表面外，它还能铣削需二至五坐标联动的各种平面轮廓和立体轮廓。就加工内容而言，数控铣床的加工内容与镗铣类加工中心的加工内容有许多相似之处，但从实际应用的效果来看，数控铣削加工更多地用于复杂曲面的加工，而加工中心更多地用于有多工序零件的加工。适合数控铣削的加工对象如下：

（1）平面类零件　这类零件的加工面平行或垂直于水平面，或加工面与水平面的夹角为定角（图 4-5）。这类零件的特点是各个加工面是平面。或可以展开成平面。目前在数控铣床上加工的大多数零件都是平面类零件的轮廓。例如：图 4-5 中的曲线轮廓面 M 和正圆台面 N 展开后均为平面，P 为斜平面。

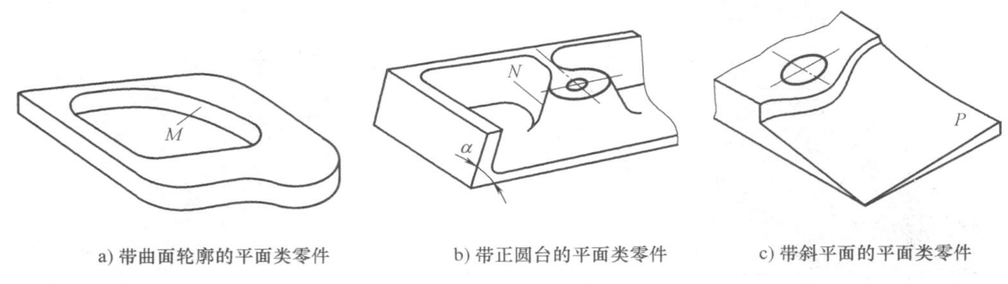

a) 带曲面轮廓的平面类零件　　b) 带正圆台的平面类零件　　c) 带斜平面的平面类零件

图 4-5　平面类零件

平面类零件是数控铣削加工中最简单的一类零件，一般只需用三坐标数控铣床的二坐标联动（即两轴半坐标联动）就可以把它们加工出来。

（2）变斜角类零件　加工面与水平面的夹角呈连续变化的零件称为变斜角类零件（图 4-6）。这类零件的特点是加工面不能展开为平面，而且在加工中，加工面与铣刀接触的瞬间为一条直线。此类零件一般采用四坐标或五坐标数控铣床摆角加工，也可采用三坐标数控铣床，通过两轴半联动用鼓形铣刀分层近似加工，但精度稍差。

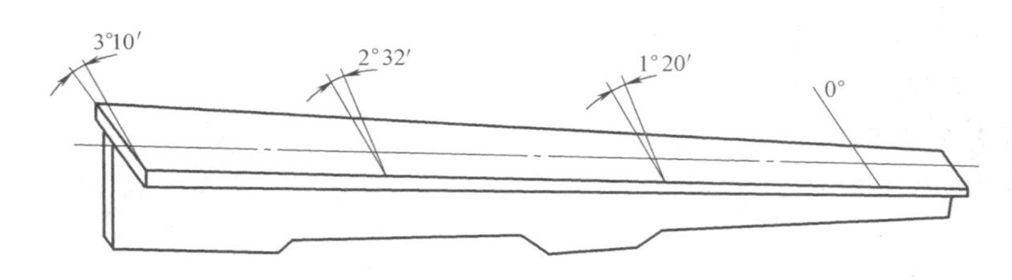

图 4-6　变斜角类零件

（3）曲面类零件　它一般是指具有三维空间曲面的零件，曲面通常由数学模型设计给出，因此往往要借用于计算机来编程，其加工面不能展开成平面，加工时，铣刀与加工面始终为点接触，一般用球头铣刀采用两轴半或三轴联动的三坐标数控铣床加工。当曲面较复杂、通道较狭窄，会伤及毗邻表面及需要刀具摆动时，要采用四坐标或五坐标数控铣床加工，如模具类零件、叶片类零件、螺旋桨类零件等。

2. 加工中心的加工对象

对于加工中心而言，由于它具备刀库，能够自动换刀，适宜加工形状复杂、工序多、精度要求较高、需用多种类型的普通机床和众多的工艺装备且需多次装夹和调整才能完成加工的零件。加工中心的主要加工对象有以下几类：

（1）箱体类零件　箱体类零件一般是指具有孔系和平面，内部有一定型腔，在长、宽、高方向有一定比例的零件，如汽车的发动机缸体、变速器箱体，机床的主轴箱、齿轮泵壳体等。图 4-7 所示为热电机车主轴箱体。

箱体类零件一般都需要进行多工位孔系及平面加工，加工精度要求较高，特别是形状精度和位置精度要求较严格，通常要经过铣、钻、扩、镗、铰、锪、攻螺纹等工序（或工步），需要的刀具较多。此类零件在普通机床上加工难度大，工装套数多，费用高，加工周期长，需多次装夹、找正，手工测量次数多，换刀次数多，难以保证零件的加工精度。而在加工中心上加工，一次装夹可完成普通机床 60%～95%的工序内容，零件各项精度一致性好，质量稳定，同时可节省费用，缩短生产周期。

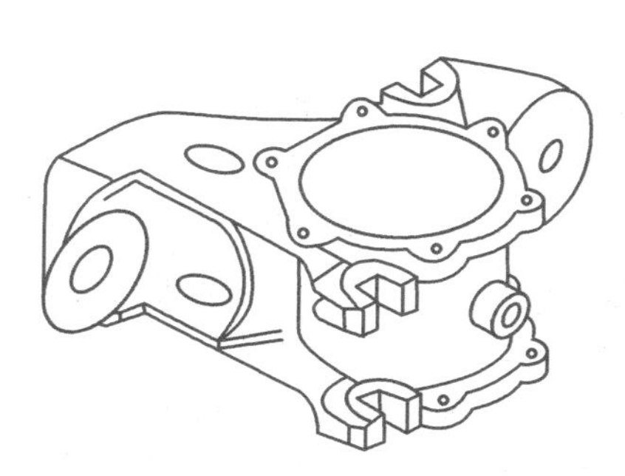

图 4-7　热电机车主轴箱体

（2）结构形状复杂的零件　结构形状复杂的零件其主要表面是由复杂曲线、复杂曲面组成的。采用加工中心加工时，与数控铣床加工基本是一样的，所不同的是加工中心刀具可以自动更换，工艺范围更宽。

常见的典型零件有以下几类：

1）凸轮类。这类零件有各种曲线的盘形凸轮、圆柱凸轮、圆锥凸轮和端面凸轮等，加工时，可根据凸轮表面的复杂程度，选用三轴、四轴或五轴联动的加工中心。

2）整体叶轮类。整体叶轮常见于航空发动机的压气机、空气压缩机、船舶水下推进器等，它除具有一般曲面加工的特点外，还存在许多特殊的加工难点，如通道狭窄，刀具极易与加工表面和邻近曲面产生干涉。图 4-8 所示为轴向压缩机涡轮，其叶面呈螺旋扭曲状，是一个典型的三维空间曲面，对这样的曲面，可采用四轴以上联动的加工中心加工。

3）模具类。常见的模具有锻压模具、铸造模具、注射模具及橡胶模具等。采用加工中心加工模具，由于工序高度集中，动模、定模等关键件的精加工基本上是在一次安装中完成全部加工内容，减少了尺寸累积误差及修配工作量。同时，模具的可复制性强，互换性好。

（3）异形件　异形件是指外形不规则的零件，大都需要点、线、面多工位混合加工，如一些支架类零件、拨叉类零件以及各种样板、靠模零件等。图 4-9 所示为一种异形支架零

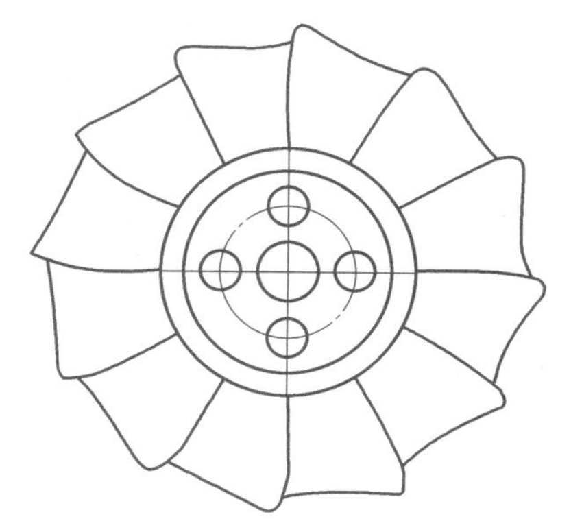

图 4-8　轴向压缩机涡轮

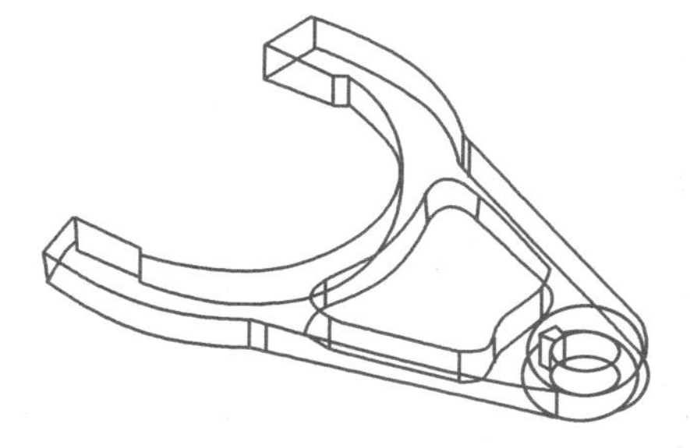

图 4-9　一种异形支架零件

件。异形件由于外形不规则，在普通机床上只能采取工序分散的原则加工，这样一来需要用的工装就较多，周期长；另外，异形件的刚性一般都较差，夹压变形难以控制，加工精度也难以保证，甚至某些零件有的加工部位用普通机床无法加工。用加工中心加工时，利用加工中心多工位点、线、面混合加工的特点，通过采取合理的工艺措施，一次或二次装夹，即能完成多道工序或全部的工序内容。加工异形件时，形状越复杂，精度要求越高，使用加工中心越能显示其优越性。

（4）板、盘、套、轴、壳体类零件　带有键槽、径向孔或端面有分布的孔系及曲面的盘、套或轴类零件，如带法兰的轴套，带键槽或方头的轴类零件，具有较多孔加工的板类零件和各种壳体类零件等。这类零件端面上有平面、曲面和孔系，而径向也常分布一些径向孔、键槽等，适合在加工中心上加工。图 4-10 所示为一种板类零件。

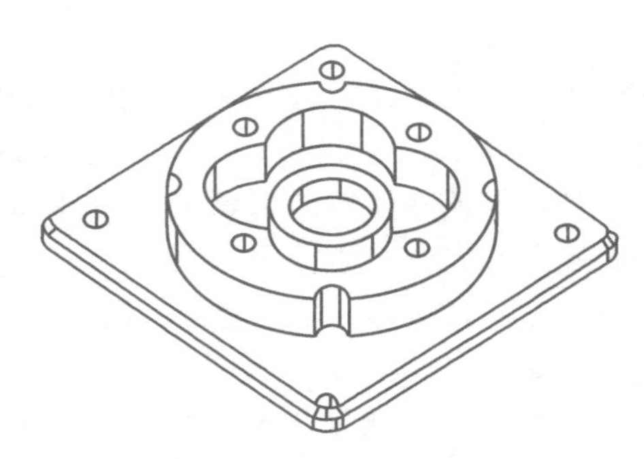

图 4-10　一种板类零件

加工部位集中在单一端面上的板、盘、套、壳体类零件宜选择立式加工中心，加工部位不在同一方向表面上的零件可选卧式加工中心。

4.2　数控铣削加工工艺分析

4.2.1　零件工艺性分析

1. 零件图及其结构工艺性分析

（1）零件图尺寸及公差带分析　数控加工程序是以准确的坐标点来编制的，零件图中各几何元素间的相互关系（如相切、相交、垂直和平行等）应明确，几何元素的条件要充分，应无引起矛盾的多余尺寸或封闭尺寸等。

如果零件轮廓各处尺寸公差带不同，如图 4-11 所示，那么用同一把铣刀、同一个刀具半径补偿值编程加工时，就很难同时保证各处尺寸在尺寸公差范围内。这时要对其尺寸公差带进行调整。一般采取的方法是：编程计算时，在保证零件极限尺寸不变的前提下，改变轮廓尺寸并移动公差带，如图 4-11 所示括号内的尺寸，编程时按调整后的公称尺寸进行。这样，在其他条件不变的情况下，精加工时可以使实际尺寸分布中心与公差带中心重合，保证加工公差等级。

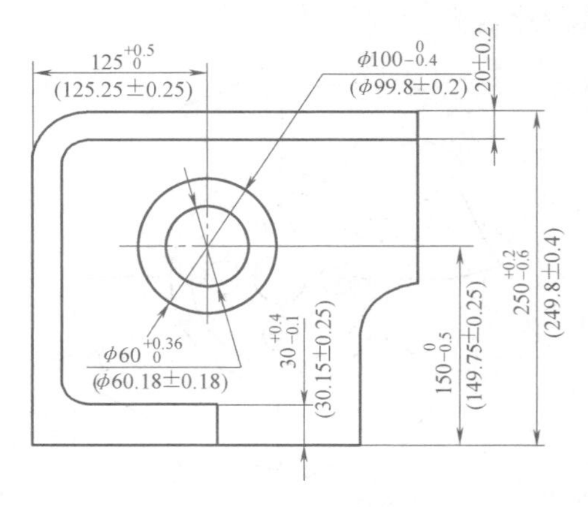

图 4-11　零件公差带调整

（2）零件的形状、结构及尺寸的特点分析　分析零件的形状、结构及尺寸的特点，确定零件上是否有妨碍刀具运动的部位，是否有会产生加工干涉或加工不到的区域，零件的最大形状尺寸是否超过机床最大行程，零件的刚性随着加工的进行是否有太大的变化等。

（3）加工要求分析　分析零件的加工要求，如尺寸公差等级、几何公差及表面粗糙度，在现有的加工条件下是否可以得到保证，是否还有更经济的加工方法或方案。

（4）内壁转接圆弧半径尺寸的大小和一致性

1）内壁转接圆弧半径 R 不能太小。如图 4-12a 所示，当被加工轮廓高度 H 较小，内壁转接圆弧半径 R 较大（$R>0.2H$）时，则可采用刀具切削刃长度 L 较小、直径 D 较大、刚性较高的铣刀加工。这样，底面 A 的进给次数较少，表面质量较好，即铣削工艺性较好；反之，铣削工艺性则较差，如图 4-12b 所示。

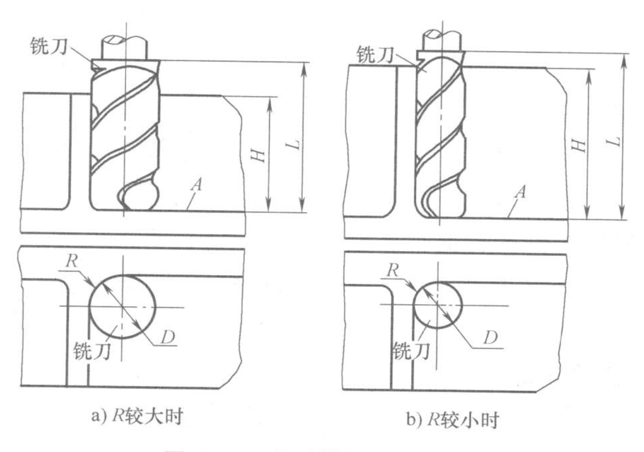

图 4-12　内壁转接圆弧半径

2）内壁与底面转接圆弧半径 r 不要过大。如图 4-13a 所示，当铣刀直径 D 一定时，r 越小，则铣刀与铣削平面接触的最大直径 d 越大，即铣刀端刃铣削平面的面积越大，铣削工艺性越好；反之，工艺性越差，如图 4-13b 所示。

当底面铣削面积大，转接圆弧半径 r 也较大时，为提高加工效率，先用一把 r 较小的铣刀（铣刀端刃铣削平面的面积较大）加工，再用 r 符合要求的铣刀加工。

总之，零件上内壁转接圆弧半径尺寸的大小和一致性，影响加工能力、加工质量和换刀次数等。因此，转接圆弧半径尺寸大小要力求合理，半径尺寸尽可能一致，至少要力求半径尺寸分组靠拢，尽量减少刀具规格，以减少换刀及对刀次数和时间，改善铣削工艺性。

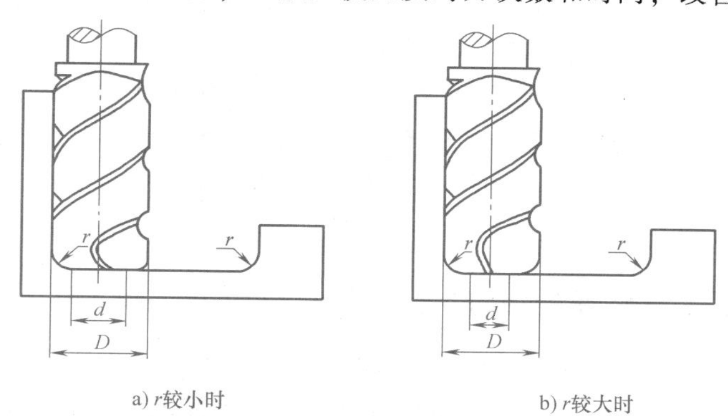

图 4-13　内壁与底面转接圆弧半径

(5) 零件材料和热处理要求分析　只有了解了零件材料的切削加工性能，才能合理地选择刀具材料和切削参数。同时，要考虑热处理对零件的影响（如热处理变形），并在工艺路线中安排相应的工序消除这种影响，而零件的最终热处理状态也将影响工序的前后顺序。

(6) 零件已加工状态分析　当零件上的一部分已经加工完成，这时应充分了解零件的已加工状态，数控铣削加工的部分与已加工的部分之间的关系，尤其是位置尺寸关系，这些部分之间在加工时如何协调，采用什么方式或基准保证加工要求。

2. 定位基准要统一

在数控加工中若没有统一的定位基准，则会因二次装夹而造成加工轮廓的位置及尺寸误差。另外，在零件上要选择合适的结构（如孔、凸台等）作为定位基准，必要时设置工艺结构作为定位基准，或用精加工表面作为统一基准，以减少二次装夹产生的误差。

3. 分析零件的变形情况

铣削加工时的变形，不仅影响加工质量，而且当变形较大时将使加工无法继续进行。这时，可采用常规方法，如粗、精加工分开及对称去余量法等，也可采用热处理的方法，如对钢件进行调质处理，对铸铝件进行退火处理等。加工薄板时，切削力及薄板的弹性退让极易产生切削面的振动，使薄板厚度尺寸公差和表面粗糙度难以保证，这时应考虑合适的装夹方式。

4. 零件毛坯的工艺性分析

由于数控铣削加工过程的自动化，使加工余量的大小、如何装夹等问题在设计毛坯时就要仔细考虑好。

(1) 毛坯应有充分稳定的加工余量　毛坯主要有锻件、铸件。模锻时的欠压量与允许的错模量会造成加工余量的不等；铸造时也会因砂型误差、收缩量及金属的流动性差不能充满型腔等造成加工余量的不等。此外，锻造、铸造后毛坯的挠曲与扭曲变形量的不同也会造成加工余量的不充分、不稳定。因此，除板料外，锻件、铸件或型材采用数控铣床加工时，其加工面均应有较充分的加工余量。数控铣削中最难保证的是加工面与非加工面之间的尺寸。应事先对毛坯的设计进行必要的更改或在设计时就加以充分考虑，即在零件图上注明的非加工面处也增加适当的加工余量。

(2) 分析毛坯的装夹适应性　毛坯的装夹，主要考虑毛坯在加工时定位和夹紧的可靠性与方便性，以便在一次安装中加工出较多面。对不便于装夹的毛坯，可考虑在毛坯上另外增加装夹余量或工艺凸台、工艺凸耳等辅助基准。

(3) 分析毛坯的加工余量大小及均匀性　主要是考虑在加工时要不要分层切削，分几层切削。也要分析加工中与加工后的变形程度，考虑是否采用预防性措施与补救措施。例如：对于热轧中厚铝板，经淬火后很容易在加工中与加工后变形，最好采用经预拉伸处理的淬火板坯。

4.2.2　数控铣削工艺路线的拟订

在机械加工中，常会遇到各种平面及曲面轮廓的零件，如凸轮、模具、叶片、螺旋桨等。由于这类零件的型面复杂，需要多坐标联动加工，因此多采用数控铣床、数控加工中心进行加工。

4.2.2.1　加工方法的选择

对数控铣削，应重点考虑几个方面：保证零件的加工精度和表面粗糙度的要求；使进给路线最短，既可简化程序段，又可减少刀具空行程时间，提高加工效率；应使数值计算简单，程序段数量少，以减少编程工作量。

1. 内孔表面加工方法的选择

在数控铣床上加工内孔表面的加工方法主要有钻孔、扩孔、铰孔、镗孔和攻螺纹等，应根据被加工孔的加工要求、尺寸、具体生产条件、批量的大小及毛坯上有无预制孔等情况合理选用。

1）材料为非淬火钢，公差等级为 IT9 级的孔，当孔径小于 10mm 时，可采用钻-铰方案；当孔径小于 30mm 时，可采用钻-扩方案；当孔径大于 30mm 时，可采用钻-镗方案。

2）公差等级为 IT8 级的孔，当孔径小于 20mm 时，可采用钻-铰方案；当孔径大于 20mm 时，可采用钻-扩-铰方案，此方案也适用于加工淬火钢以外的各种金属，但孔径应在 20~80mm，此外，也可采用最终工序为精镗的方案。

3）公差等级为 IT7 级的孔，当孔径小于 12mm 时，可采用钻-粗铰-精铰方案；当孔径在 12~60mm 范围内时，可采用钻-扩-粗铰-精铰方案。当毛坯上已铸出或锻出孔，可采用粗镗-半精镗-精镗方案。最终工序为铰孔适用于未淬火钢、铸铁和有色金属。

4）公差等级为 IT6 级的孔，最终工序可采用精细镗，材料为非淬火钢。

2. 平面加工方法的选择

在数控铣床上加工平面主要采用面铣刀和立铣刀加工。粗铣的公差等级和表面粗糙度值一般可达 IT11~IT13、*Ra*6.3~25μm；精铣的公差等级和表面粗糙度值一般可达 IT8~IT10、*Ra*1.6~6.3μm。需要注意的是，当零件表面粗糙度值要求较小时，应采用顺铣方式。

3. 平面轮廓加工方法的选择

平面轮廓多由直线和圆弧或各种曲线构成，通常采用三坐标数控铣床进行两轴半坐标加工。如图 4-14 所示，由直线和圆弧构成的零件平面轮廓 *ABCDEA*，采用半径为 *R* 的立铣刀沿周向加工，虚线 *A′B′C′D′E′A′* 为刀具中心的运动轨迹。为保证加工面光滑，刀具沿 *PA′* 切入，沿 *A′K* 切出。

4. 固定斜角平面加工方法的选择

固定斜角平面是与水平面成一固定夹角的斜面，常用的加工方法如下：

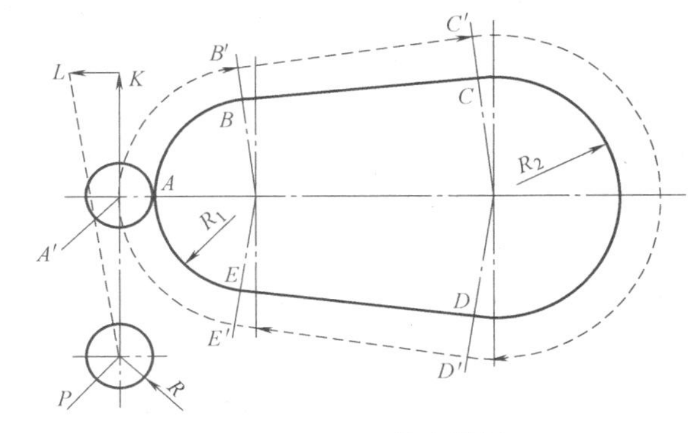

图 4-14　平面轮廓铣削

1）当零件尺寸不大时，可用斜垫板垫平后加工；如果机床主轴可以摆动，则可以摆成适当的定角，用不同的刀具来加工（图 4-15）。当零件尺寸很大，斜角平面斜度又较小时，常用行切法加工，但加工后，会在加工面上留下残留面积，需要用钳修方法加以清除，用三坐标数控立铣加工飞机整体壁板零件时常用此法。当然，加工斜角平面的最佳方法是采用五坐标数控铣床，主轴摆角后加工，可以不留残留面积。

2）对图 4-5 所示的正圆台和斜筋表面，一般可用专用的角度成形铣刀加工，其效果比采用五坐标数控铣床摆角加工好。

5. 变斜角面加工方法的选择

1）对曲率变化较小的变斜角面，选用 *X*、*Y*、*Z* 和 *A* 四坐标联动的数控铣床，采用立铣刀（但当零件斜角过大，超过机床主轴摆角范围时，可用角度成形铣刀加以弥补）以插补方式摆角加工，如图 4-16a 所示。加工时，为保证刀具与零件型面在全长上始终贴合，刀具绕 *A* 轴摆动角度 α。

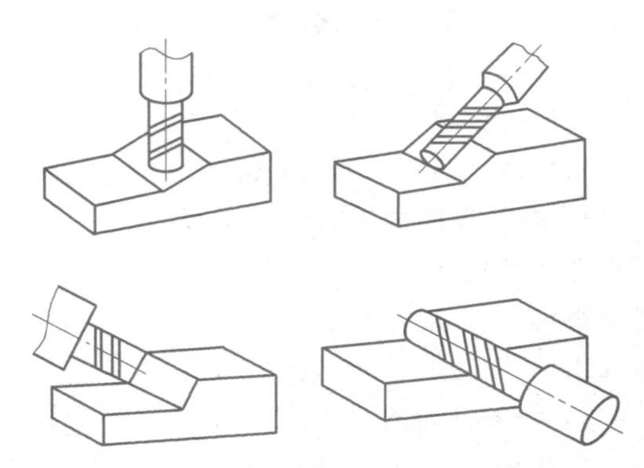

图 4-15　主轴摆角加工固定斜角平面

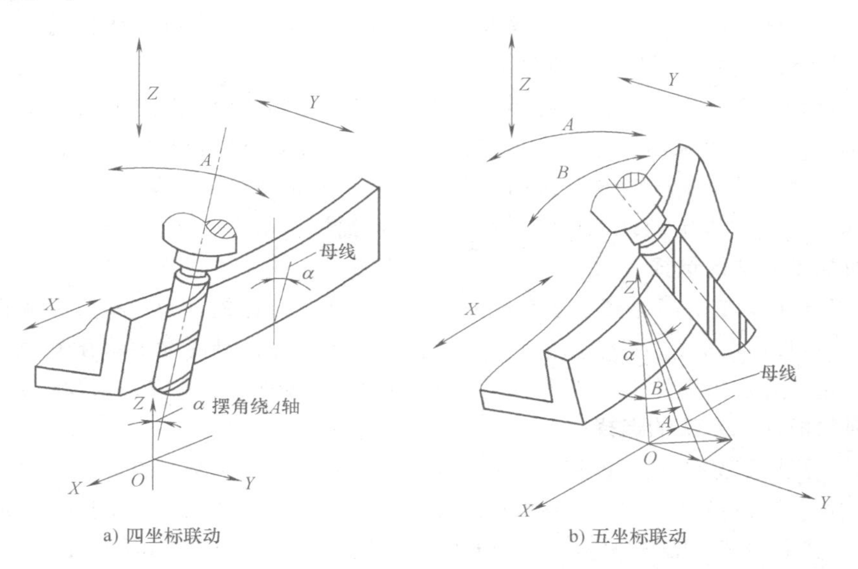

图 4-16　四、五坐标数控铣床加工零件变斜角面

2）对曲率变化较大的变斜角面，用四坐标联动加工难以满足加工要求，最好用 *X*、*Y*、*Z*、*A* 和 *B*（或 *C* 轴）的五坐标联动数控铣床，以插补方式摆角加工，如图 4-16b 所示。夹角 *A* 和 *B* 分别是零件斜面母线与 *Z* 坐标轴夹角 α 在 *YZ* 平面上和 *XZ* 平面上的分夹角。

3）采用三坐标数控铣床两坐标联动，利用球头铣刀和鼓形铣刀，以直线或圆弧插补方式进行分层铣削加工，加工后的残留面积用钳修方法清除，图 4-17 所示为用鼓形铣刀分层铣削变斜角面的情形。由于鼓形铣刀的鼓径可以做得比球头铣刀的球径大，所以加工后的残留面积高度小，加工效果比球头铣刀的好。

6. 曲面轮廓加工方法的选择

立体曲面的加工应根据曲面形状、刀具形

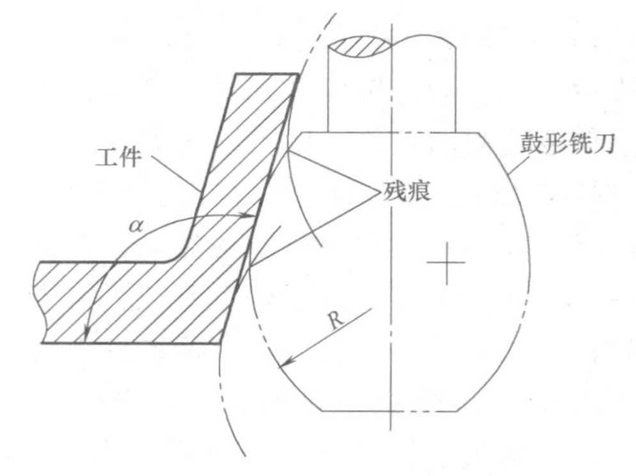

图 4-17　用鼓形铣刀分层铣削变斜角面的情形

状及精度要求采用不同的铣削加工方法，如两轴半、三轴、四轴及五轴等联动加工。

1）对曲率变化不大和精度要求不高的曲面的粗加工，常用两轴半坐标的行切法加工，即 X、Y、Z 三轴中任意两轴做联动插补，第三轴做单独的周期进给。如图 4-18 所示，将 X 向分成若干段，球头铣刀沿 OYZ 面所截的曲线进行铣削，每一段加工完后进给 ΔX，再加工另一相邻曲线，如此依次切削即可加工出整个曲面。在行切法中，要根据轮廓表面粗糙度的要求及刀头不干涉相邻表面的原则选取 ΔX。球头铣刀的刀头半径应选得大一些，以利于散热，但刀头半径应小于内凹曲面的最小曲率半径。

两轴半坐标行切法加工的刀心轨迹 O_1O_2 和切削点轨迹 ab，如图 4-19 所示。$ABCD$ 为被加工曲面，P_{YZ} 为平行于 OYZ 坐标平面的一个行切面，刀心轨迹 O_1O_2 为曲面 $ABCD$ 的等距面 $IJKL$ 与行切面 P_{YZ} 的交线，显然 O_1O_2 是一条平面曲线。由于曲面的曲率变化，改变了球头铣刀与曲面切削点的位置，使切削点的连线成为一条空间曲线，从而在曲面上形成扭曲的残留沟纹。

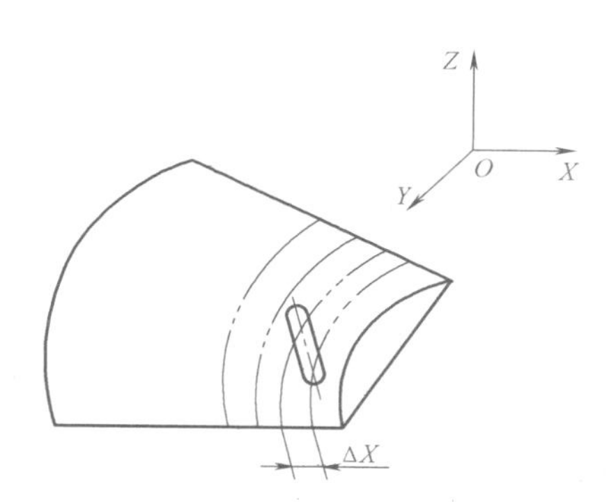

图 4-18　两轴半坐标行切法加工曲面

2）对曲率变化较大和精度要求较高的曲面的精加工，常用 X、Y、Z 三坐标联动插补的行切法加工。如图 4-20 所示，P_{YZ} 平面为平行于坐标平面的一个行切面，它与曲面的交线为 ab。由于是三坐标联动，球头铣刀与曲面的切削点始终处在平面曲线 ab 上，可获得较规则的残留沟纹。但这时的刀心轨迹 O_1O_2 不在 P_{YZ} 平面上，而是一条空间曲线。

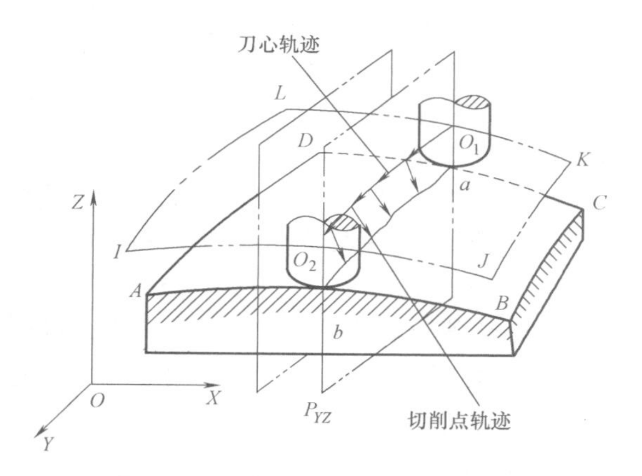

图 4-19　两轴半坐标行切法加工的刀心轨迹和切削点轨迹

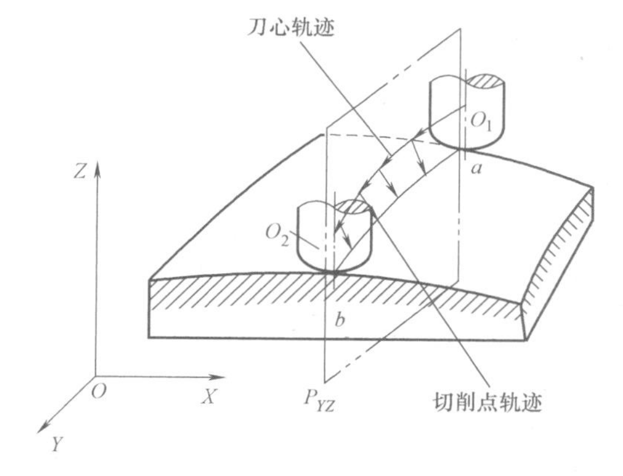

图 4-20　三坐标联动行切法加工的刀心轨迹和切削点轨迹

3）对像叶轮、螺旋桨这样的零件，因其叶片形状复杂，刀具容易与相邻表面干涉，常用五坐标联动加工，其加工原理如图 4-21 所示。半径为 R_i 的圆柱面与叶面的交线 AB 为螺旋线的一部分，螺旋角为 ψ_i，叶片的径向叶形线（轴向割线）EF 的倾角 α 为后倾角，螺旋线 AB 用极坐标加工方法，并且以折线段逼近。逼近段 mn 是由 C 坐标旋转 $\Delta\theta$ 与 Z 坐标位移 ΔZ 的合成。当 AB 加工完后，刀具径向位移 ΔX（改变 R_i），再加工相邻的另一条叶形线，依次加工即可形成整个叶面。由于叶面的曲率半径较大，所以常采用立铣刀加工，以提高生产率并简化程序。为保证铣刀端面始终与曲面贴合，铣刀还应做由坐标 A 和坐标 B 形成的摆角运动。在摆角的同时，还应做直角坐标的附加运动，以保证铣刀端面中心始终位于编程值所规定的位置上，所以需要五坐标加工。这种加工的编程计算相当复杂，一般采用自动编程。

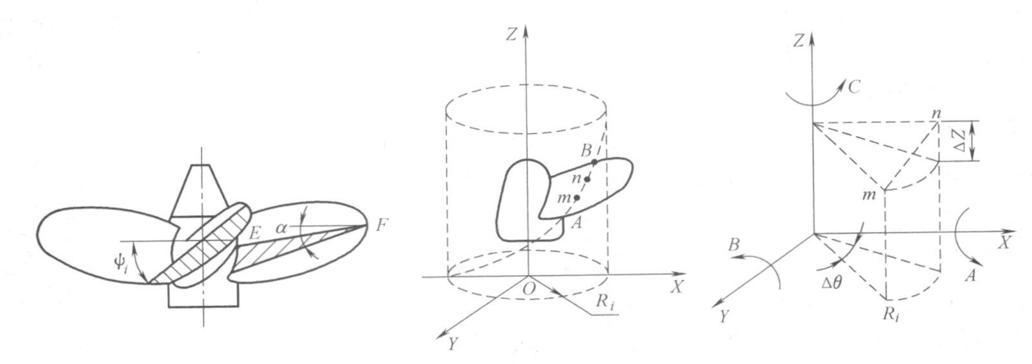

图 4-21　曲面的五坐标联动加工原理

4.2.2.2　起刀、进刀和退刀的工艺问题

1. 程序起始点（起刀点）、**返回点和切入点**（进刀点）、**切出点**（退刀点）**的确定**

（1）起始点（起刀点）、返回点的确定原则　起始点是指程序开始时，刀尖（刀位点）的初始停留点。返回点是指一把刀程序执行完毕后，刀尖返回后的停留点。返回点可与换刀点重合。

在同一个程序中起始点和返回点最好相同，如果一个零件的加工需要几把刀具来完成，那么这几把刀具的起始点和返回点也最好完全相同，以使操作方便。Z 坐标起始点和返回点应定义在高出被加工零件的最高点 50~100mm 的某一位置上，即起始平面、返回平面所在的位置。这主要为了数控加工的安全性，同时也考虑了数控加工的效率。

（2）切入点（进刀点）、切出点（退刀点）的确定原则　切入点（进刀点）是指在曲面的初始切削位置上，刀具与曲面的接触点。切出点（退刀点）是指曲面切削完毕后，刀具与曲面的接触点。

切入点选择的原则：在进刀或切削曲面的过程中，要使刀具不受损坏。一般来说，对粗加工而言，选择曲面内的最高角点作为曲面的切入点（初始切削点），因为该点的切削余量较小，进刀时不易损坏刀具；对精加工而言，选择曲面内某个曲率比较平缓的角点作为曲面的切入点，因为在该点处，刀具所受的弯矩较小，不易折断刀具。

切出点选择的原则：主要考虑曲面能连续完整地加工及曲面与曲面加工间的非切削加工时间尽可能短，换刀方便，以增加机床的有效工作时间。若被加工曲面为开放型曲面，选择其中一个角点作为切出点；若被加工曲面为封闭型曲面，则只有曲面的一个角点为切出点，自动编程时系统一般自动确定。

2. 进刀、退刀方式及进刀、退刀路线的确定

进刀方式是指加工工件前，刀具接近工件表面的运动方式；退刀方式是指工件（或工件区域）加工结束后，刀具离开工件表面的运动方式。

正确的进刀、退刀路线是为了防止过切、碰撞和飞边的产生，在切入前和切出后设置的引入到切入点和从切出点引出的路线。

进刀、退刀方式有六种。

方式 1：沿坐标轴的 Z 轴方向直接进行进刀、退刀。

该方式是数控加工中最常用的进刀、退刀方式。它的优点是定义简单；缺点是在工件表面进刀、退刀处会留下驻刀痕迹，影响工件表面的加工质量。在铣削平面轮廓零件时，应避免在零件垂直表面的方向进刀、退刀。

方式 2：沿给定的矢量方向进行进刀、退刀。

该方式要先定义一个矢量方向来确定刀具进刀和退刀运动的方向，特点与方式 1 类似。

方式 3：沿曲面的切矢方向以直线进刀、退刀。

该方式是从被加工曲面的切矢方向切入或切出工件表面。它的优点是在工件表面的进、退刀处，不会留下驻刀痕迹，工件表面的加工质量高。如图 4-22 所示，用立铣刀铣削外圆轮廓零件时，为了避免在轮廓的切入点和切出点处留下刀痕，应沿轮廓外形的切线方向切入和切出。当零件轮廓由多个几何元素构成时，切入点和切出点一般选在零件轮廓两几何元素的交点处，进、退刀应沿零件轮廓延长线方向切入、切出；若零件轮廓不允许有外延，只能沿交点处的法向方向切入、切出。

方式 4：沿曲面的法矢方向进刀、退刀。

该方式是以被加工曲面切入点或切出点的法矢方向切入或切出工件表面，特点与方式 1 类似。

方式 5：沿圆弧段方向进刀、退刀。

如图 4-23 所示，用立铣刀铣削内圆轮廓零件时，以圆弧段的运动方式切入或切出表面，引入、引出线为圆弧，并且该圆弧使刀具与曲面相切。该方式必须首先定义切入或切出圆弧段。

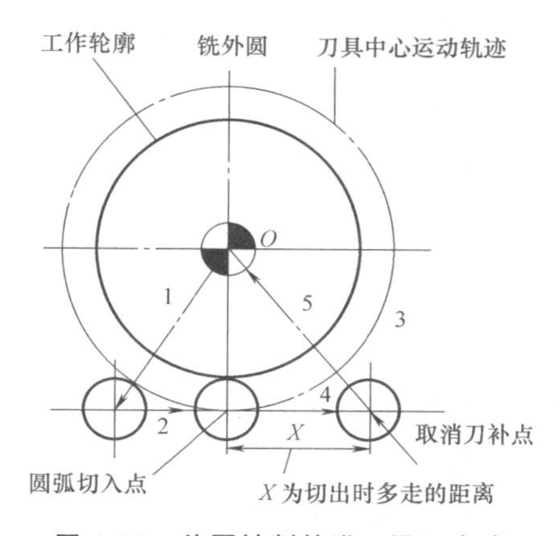

图 4-22　外圆铣削的进、退刀方式

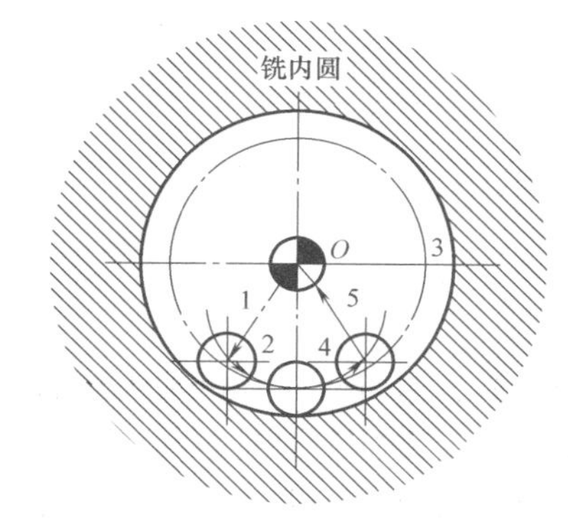

图 4-23　内圆铣削的进、退刀方式

方式 6：沿螺旋线或斜线进刀。

在两个切削层之间，刀具从上一层的高度沿螺旋线或斜线以渐进的方式切入工件，直到下一层的高度，然后开始正式切削。

对于加工精度要求很高的表面加工来说，应选择沿曲面的切矢方向或沿圆弧方向进刀、退刀方式，这样不会在工件的进、退刀处留下驻刀痕迹而影响工件的表面加工质量。

3. 起始平面、返回平面、进刀平面、退刀平面和安全平面的确定

（1）起始平面与返回平面　起始平面是程序开始时刀具的初始位置所在的 Z 平面，如前所述，一般定义在高出被加工零件的最高点 50～100mm 的某一位置。返回平面是指程序结束时，刀具所在的平面，它也定义在高出被加工零件的最高点 50～100mm 的某个位置，一般与起始平面重合。刀具在这两个平面上常以 G00 速度行进，其所在的高度也常被称为起止高度。

（2）安全平面　安全平面是指当一个表面切削完毕后，刀具沿刀轴方向返回运动一段距离后，刀具所在的 Z 平面。它一般被定义在高出被加工零件的最高点 10～50mm 的某个位置，在此平面上刀具常以 G00 速度行进。这样设定安全平面既能防止刀具碰伤工件，又能减少空行程时间。安全平面所在的高度被称为安全高度。

（3）进刀平面与退刀平面　当刀具从安全平面下刀至要切到材料时变成以进刀速度下刀，此速度转折点的位置即为进刀平面，其转折速度称为进刀速度或接近速度。此平面一般在加工面和安全平面之间，离加工面 5～10mm（指刀具到加工面间的距离），加工面为毛坯面时取大值，加工面为已加工面时取小值。安全平面至进刀平面之间的距离常被称为慢速下刀高度，此下刀速度即为进刀速度。当加工结束后，刀具以进给速度离开工件表面一段距离（5～10mm）后可转为以 G00 速度返回安全平面，此转折位置即为退刀平面。

4.2.2.3　逆铣、顺铣及切削（进给）方式、切削方向的确定

1. 逆铣、顺铣的确定

逆铣（图 4-24a）是指主轴正转、刀具为右旋铣刀时，铣刀的旋转方向和工件的进给运动方向相反时的铣削方式，铣刀的旋转方向和工件的进给运动方向相同则称为顺铣（图 4-24b）。

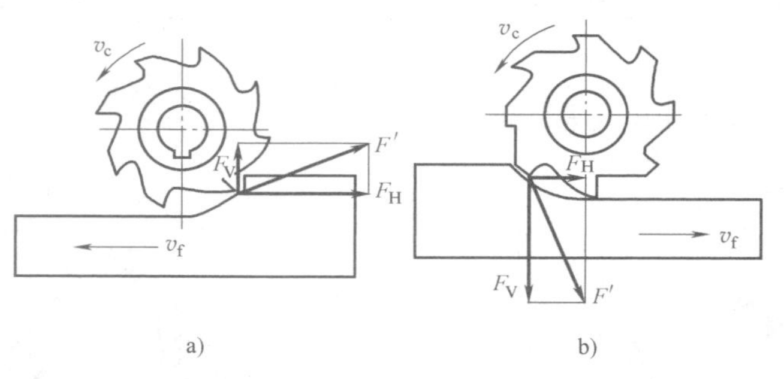

图 4-24　逆铣和顺铣

逆铣时，刀具从工件已加工表面切入，刀齿的切削厚度从零逐渐增大，使刀具与工件之间产生强烈的摩擦，刀具容易磨损，不利于延长刀具寿命，并使工件已加工表面粗糙度值增大，同时逆铣有一个上抬工件的分力，容易使工件振动和松动，需较大的夹紧力。但逆铣是从工件已加工表面切入的，当铣削表面有硬皮的毛坯件或强度、硬度较高的工件时，不会造成崩刀问题；即使机床进给丝杠与螺母之间有间隙，逆铣也不会引起工作台窜动和爬行。顺铣时，刀具从工件待加工表面切入，刀齿的切削厚度从最大开始逐渐减小，有利于延长刀具寿命，并使工件已加工表面粗糙度值降低；同时顺铣有一个垂直方向的分力始终压向工件，有利于增加工件夹持稳定性。但若机床进给丝杠与螺母之间有间隙，顺铣时工作台会窜动而引起打刀。由于数控机床采用了间隙补偿结构，串刀现象可以克服，因此精铣或零件材料为

铝镁合金、钛合金和耐热合金时，应尽量采用顺铣。图 4-25 所示为顺铣轮廓面时刀具半径补偿的应用，从图中可看出，当主轴正转、刀具为右旋铣刀时，顺铣正好符合刀具半径左补偿（G41）。

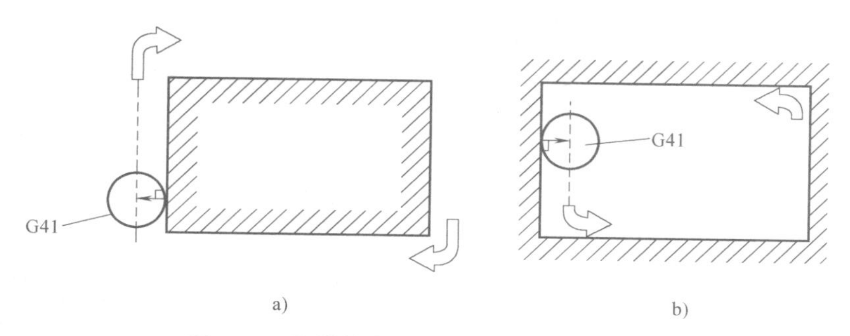

图 4-25　顺铣轮廓面时刀具半径补偿的应用

2. 切削（进给）方式和切削方向的确定

切削（进给）方式是指生成刀具运动轨迹时刀具运动轨迹的分布方式；切削方向是指在切削加工时刀具的运动方向。这两个概念在数控铣削工艺分析时是非常重要的，选择是否合理会直接影响零件的加工精度和生产成本。孔加工时，主要是指孔加工的空行程进给路线和切削进给路线。选择原则为：根据被加工零件表面的几何形状，在保证加工精度的前提下，使切削加工时间尽可能短。

（1）进给方式的选择

1）单向进给方式。单向进给方式（图 4-26）即抬刀连接进给方式，是指刀具加工到一行刀位的终点后，抬刀到安全高度，再沿直线快速进给到下一行首点所在位置的安全高度，垂直进给，然后沿着相同的方向进行加工。

单向进给方式在切削加工过程中能保证顺铣或逆铣的一致性，编程人员可根据实际加工要求选择顺铣或逆铣一种进给方式。由于该进给方式在完成一条切削轨迹后，附加了非切削轨迹，因此延长了机床的加工时间。

2）往复进给方式。往复进给方式（图 4-27）即直线连接进给方式，与单向进给方式不同的是在进给一个行距后刀具沿着相反的方向进行加工，行间不抬刀，刀具运动轨迹呈“己”字形分布。

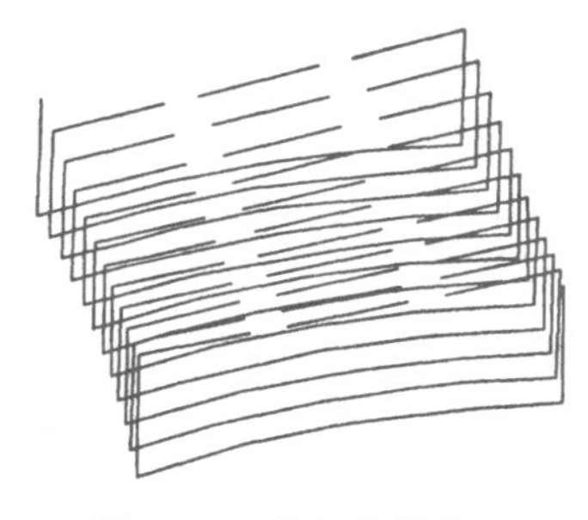

图 4-26　单向进给方式

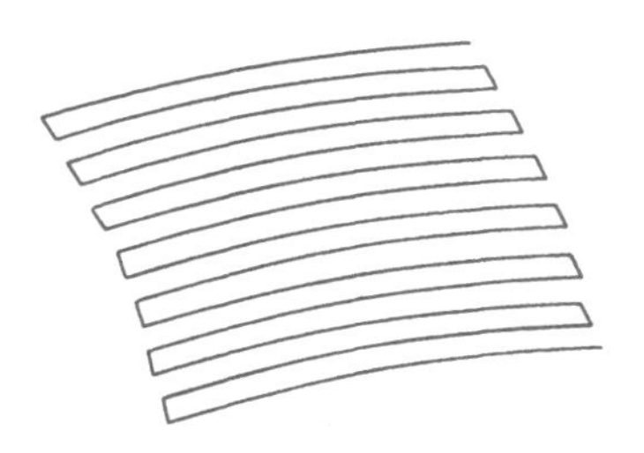

图 4-27　往复进给方式

该进给方式的特点是：在切削加工过程中顺铣、逆铣交替进行，表面质量较差，但加工效率较高。单向进给方式和往复进给方式都属于行切进给方式。

3）环切进给方式。环切进给方式（图 4-28）运动轨迹是一组被加工曲面的等参数封闭曲线，其主要用于封闭环状曲面的刀具运动轨迹的生成。具体环切轨迹又分为等距环切、依外形环切、螺旋环切等，可以从外向内环切，也可以从内向外环切。

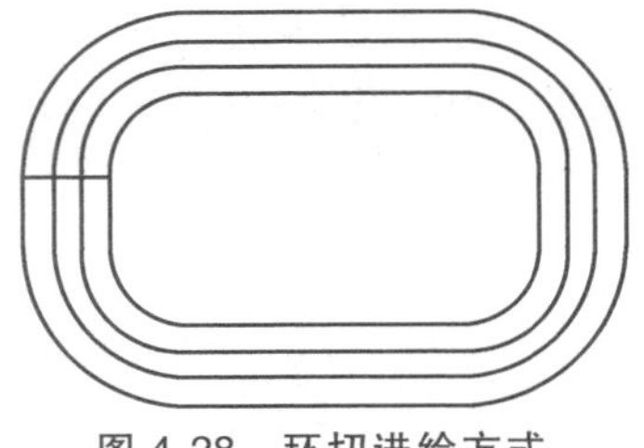

图 4-28 环切进给方式

图 4-29 所示为加工凹槽的三种进给方式，图 4-29a 所示为行切法，图 4-29b 所示为环切法，图 4-29c 所示为先行切后环切的方法。在三种进给方式中，图 4-29a 所示表面质量最差，但效率高；图 4-29b 所示表面质量高，但效率最低；图 4-29c 所示进给方式综合效果最好。

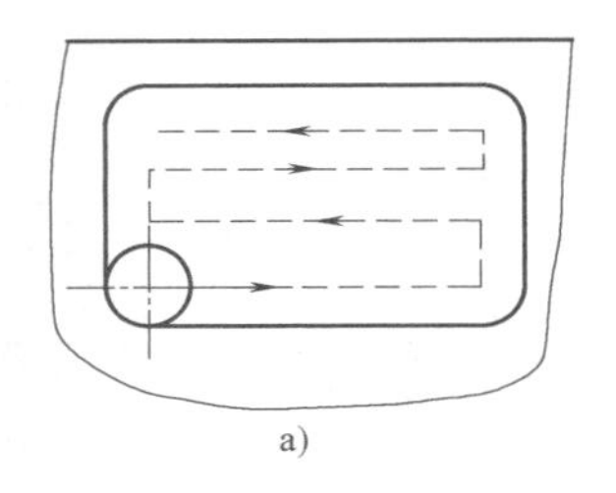

a)

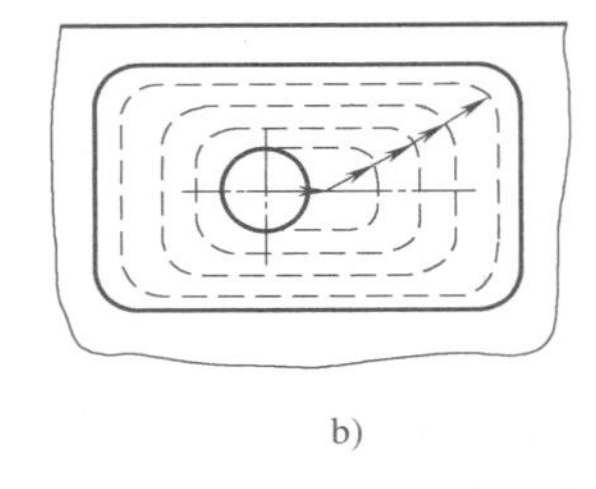

b)

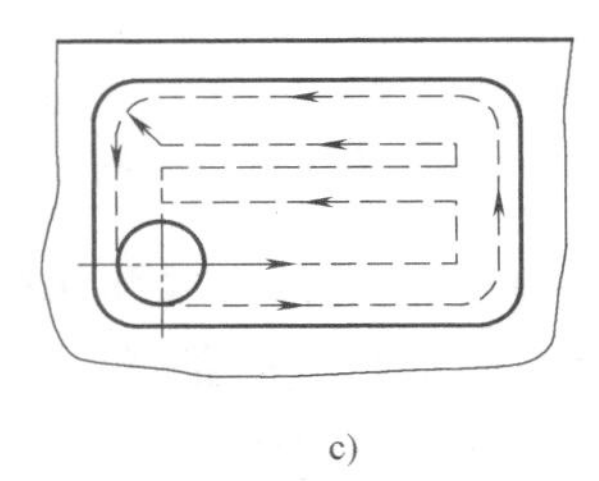

c)

图 4-29 加工凹槽的三种进给方式

4）拐角过渡方式。拐角过渡方式就是在切削过程中遇到拐角时的处理方式，一般分为尖角和圆弧两种过渡方式，如图 4-30 所示。

尖角：刀具从轮廓的一边到另一边的过程中，以直线的方式过渡。

圆弧：刀具从轮廓的一边到另一边的过程中，以圆弧的方式过渡。

（2）二维线框轮廓加工中的切削方向选择

在制订零件轮廓的粗铣加工工艺时，考虑到零件表面的加工余量大，应采用逆铣方法，以便减少机床的振动；而在制订零件轮廓的精铣加工工艺时，考虑到精加工的目的是保证零件的加工精度和表面粗糙度，应采用顺铣方法。同时应注意防止刀具直接切入表面，留下驻刀痕迹，影响被加工表面的表面粗糙度，应沿零件轮廓的切线方向切入切出。

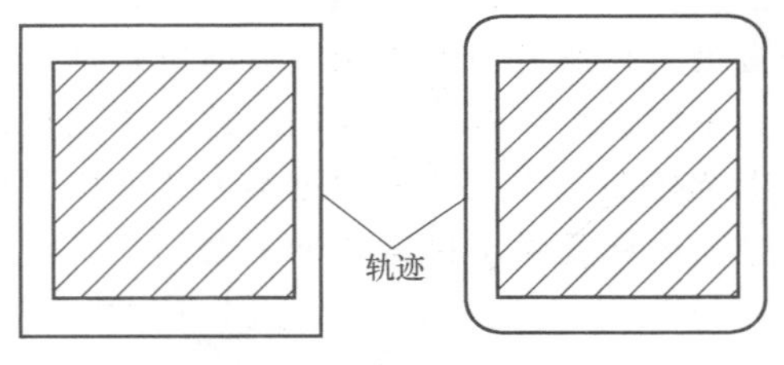

图 4-30 拐角过渡方式

孔加工时，一般是首先将刀具在 XY 平面内快速定位运动到孔中心线的位置上，然后刀具再沿 Z 向（轴向）运动进行加工。所以孔加工进给路线的确定包括两方面内容。

1）确定 XY 平面内的进给路线。孔加工时，刀具在 XY 平面内的运动属点位运动，确定进给路线时，主要考虑以下内容：

① 定位迅速。定位迅速就是在刀具不与工件、夹具和机床碰撞的前提下空行程时间尽可能短。例如：加工图 4-31a 所示零件，按图 4-31b 所示进给路线比按图 4-31c 所示进给路线节省定位时间近一半，这是因为在点位运动情况下，刀具由一点运动到另一点时，通常是沿 X、Y 轴方向同时快速移动，当 X、Y 轴各自移距不同时，短移距方向的运动先停，待长移距方向的运动停止后刀具才达到目标位置。图 4-31b 所示方案使沿两轴方向的移距接近，所以定位过程迅速。

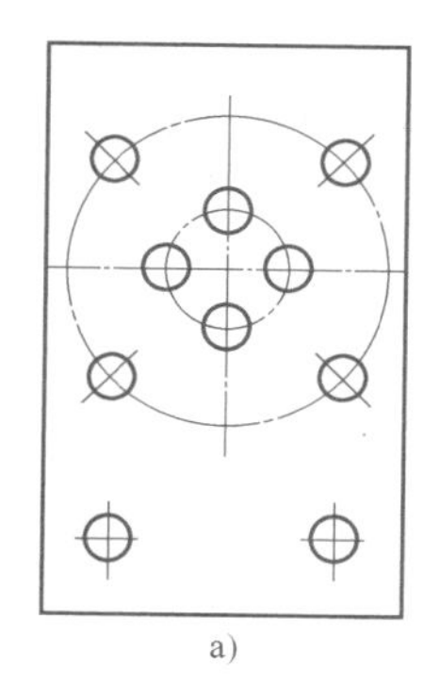

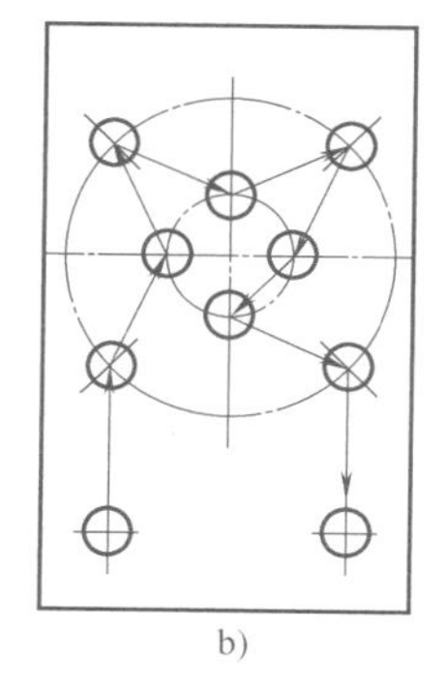

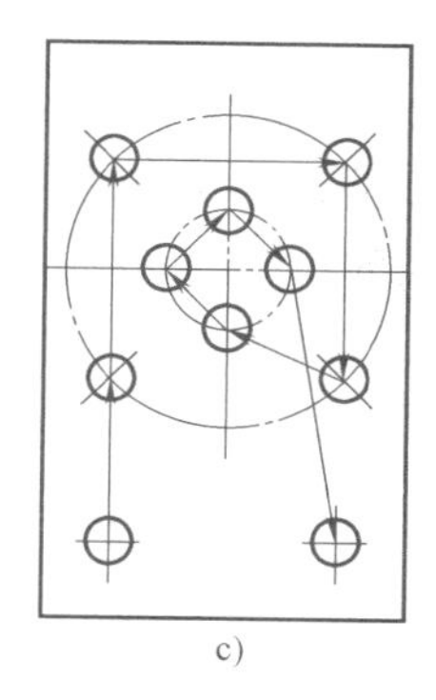

图 4-31　最短进给路线设计示例

② 定位准确。安排进给路线时，要避免机械进给系统反向间隙对孔位精度的影响。例如：镗削图 4-32a 所示零件上的四个孔，按图 4-32b 所示进给路线加工，由于 4 孔与 1、2、3 孔定位方向相反，*Y* 向反向间隙会使定位误差增加，从而影响 4 孔与其他孔的位置精度；按图 4-32c 所示进给路线，加工完 3 孔后往上多移动一段距离至 *P* 点处，然后再折回来在 4 孔处进行定位加工，这样方向一致，就可避免反向间隙的引入，提高了 4 孔的定位精度。

定位迅速和定位准确有时两者难以同时满足，在上述两例中，图 4-32b 中是按最短路线进给，但不是从同一方向趋近目标位置，影响了刀具定位精度，图 4-32c 中是从同一方向趋近目标位置，但不是最短进给路线，增加了刀具的空行程。这时应抓主要矛盾，若按最短进给路线进给能保证定位精度，则取最短进给路线；反之，应取能保证定位准确的进给路线。

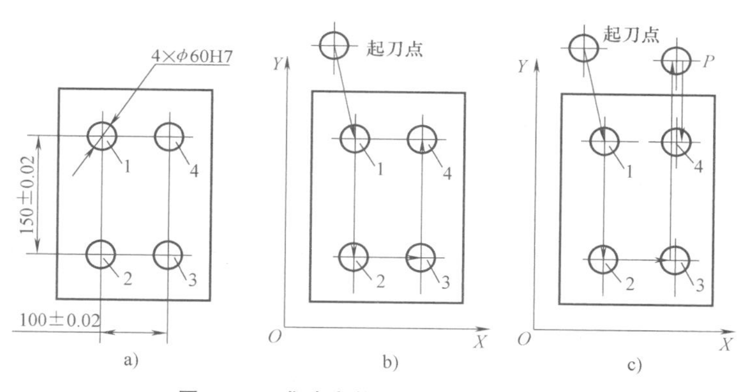

图 4-32　准确定位进给路线设计示例

2）确定 *Z* 向（轴向）的进给路线。刀具在 *Z* 向的进给路线分为快速移动进给路线和工作进给路线。刀具先从起始平面快速运动到距工件加工表面一定距离的 R 平面（距工件加工表面一定切入距离的平面）上，然后按工作进给速度运动进行加工。图 4-33a 所示为加工单个孔时刀具的进给路线。

对同一表面上的多孔加工，为减少刀具空行程进给时间，加工中间孔时，刀具不必退回到初始平面，只要退到 R 平面上即可，其进给路线如图 4-33b 所示。

如图 4-34a 所示，加工不通孔（封闭不通槽）时，工作进给距离为

$$Z_F = Z_a + H + T_t$$

如图 4-34b 所示，加工通孔（通槽或轮廓面）时，工作进给距离为

$$Z_F = Z_a + H + Z_o + T_t$$

式中 T_t——孔收尾深度，钻孔时 T_t 一般取 0.3d（d 为钻头的直径），铣削通槽或轮廓面时 T_t 的值等于立铣刀端刃的圆角半径；

H——孔的深度；

Z_a——切入距离；

Z_o——切出距离。

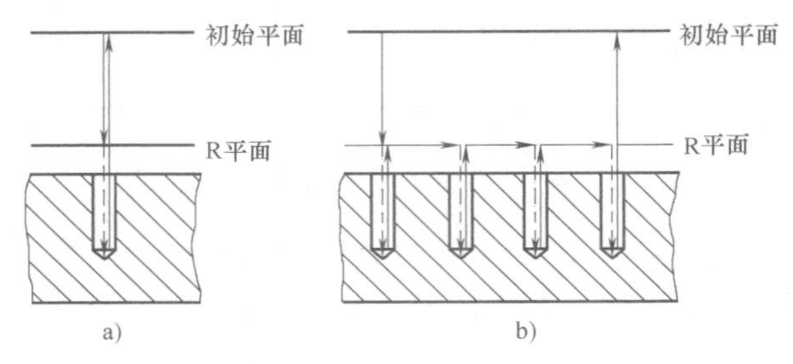

图 4-33 刀具 Z 向进给路线设计示例

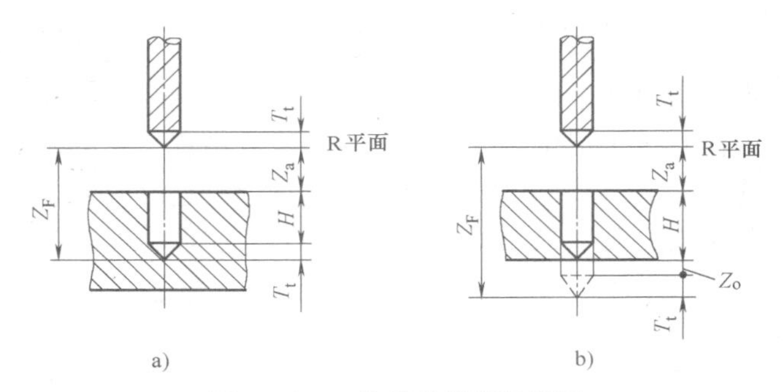

图 4-34 工作进给距离计算图

刀具切入、切出距离的经验数据见表 4-1。

表 4-1 刀具切入、切出距离的经验数据

加工方式＼表面状态	已加工表面	毛坯表面	加工方式＼表面状态	已加工表面	毛坯表面
钻孔	2~3	5~8	铰孔	3~5	5~8
扩孔	3~5	5~8	铣削	3~5	5~10
镗孔	3~5	5~8	攻螺纹	5~10	5~10

【课后互动】

1. 当零件表面粗糙度值要求较小时应该采用顺铣还是逆铣？

2. 选择切入点和切出点时需要注意什么？

3. 一般选用什么样的进刀和退刀路线？

4. 什么是安全平面？为什么要设定它？

5. 铣削凹模型腔平面封闭内轮廓时，刀具只能沿轮廓曲线的法向切入或切出，但刀具的切入、切出点应选在（　　）。

A. 圆弧位置　　B. 直线位置　　C. 两几何元素交点位置

6. 数控铣床上铣削模具时，铣刀相对于零件运动的起始点称为（　　）。

A. 刀位点　　B. 对刀点　　C. 换刀点

4.3 切削用量的选择

影响切削用量的因素主要有机床和刀具两方面。

1. 机床

切削用量的选择必须在机床主传动功率、进给传动功率以及主轴转速范围、进给速度范围之内。机床-刀具-工件系统的刚性是限制切削用量的重要因素。切削用量的选择应使机床-刀具-工件系统不发生较大的“振颤”。如果机床的热稳定性好，热变形小，可适当加大切削用量。

2. 刀具

刀具材料是影响切削用量的重要因素。表4-2列出了常用刀具材料的性能比较。

表4-2　常用刀具材料的性能比较

刀具材料	切削速度	耐磨性	硬度	硬度随温度变化
高速工具钢	最低	最差	最低	最大
硬质合金	低	差	低	大
陶瓷	中	中	中	中
金刚石	高	好	高	小

数控机床所用的刀具多采用可转位刀片（机夹刀片）并具有一定的寿命。可转位刀片的材料和形状尺寸必须与程序中的切削速度和进给量相适应并存入刀具参数中。不同的工件材料要采用与之适应的刀具材料、刀片类型，要注意可加工性。可加工性良好的标志是，在高速切削下有效地形成切屑，同时具有较小的刀具磨损和较好的表面加工质量。较高的切削速度、较小的背吃刀量和进给量可以获得较好的表面粗糙度。合理的恒切削速度、较小的背吃刀量和进给量可以获得较高的加工精度。

切削液同时具有冷却和润滑作用，带走切削过程产生的切削热，降低工件、刀具、夹具和机床的温升，减少刀具与工件的摩擦和磨损，提高刀具寿命和工件表面加工质量。使用切削液后，通常可以提高切削用量。切削液必须定期更换，以防因其老化而腐蚀机床导轨或其他零件，特别是水溶性切削液。

铣削加工的切削用量包括切削速度、进给速度、背吃刀量和侧吃刀量。从刀具寿命出发，切削用量的选择方法是，先选择背吃刀量或侧吃刀量，其次选择进给速度，最后确定切削速度。

（1）背吃刀量 a_p 或侧吃刀量 a_e　背吃刀量 a_p 为平行于铣刀轴线测量的切削层尺寸，单位为mm。端面铣削时，a_p 为切削层深度；而圆周铣削时，为被加工表面的宽度。侧吃刀量 a_e 为垂直于铣刀轴线测量的切削层尺寸，单位为mm。端面铣削时，a_e 为被加工表面的宽度；而圆周铣削时，a_e 为切削层深度，如图4-35所示。

背吃刀量或侧吃刀量的选择主要由加工余量和对表面质量的要求决定。

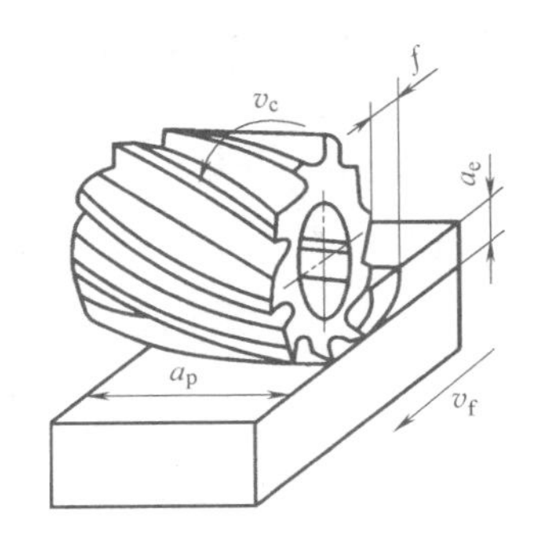

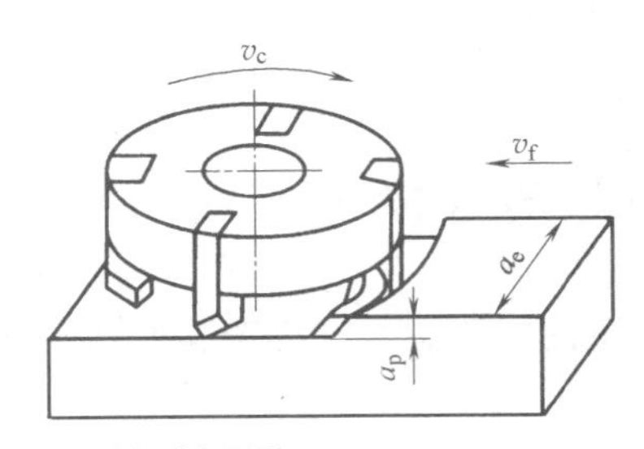

图 4-35　铣削加工的切削用量

1）当工件表面粗糙度值要求为 $Ra12.5\sim25\mu m$ 时，如果圆周铣削加工余量小于 5mm，端面铣削加工余量小于 6mm，粗铣一次就可以达到要求。但是在加工余量较大、工艺系统刚性较差或机床动力不足时，可分为两次进给完成。

2）当工件表面粗糙度值要求为 $Ra3.2\sim12.5\mu m$ 时，应分为粗铣和半精铣两步进行。粗铣时背吃刀量或侧吃刀量选择同前。粗铣后留 0.5~1.0mm 余量，在半精铣时切除。

3）当工件表面粗糙度值要求为 $Ra0.8\sim3.2\mu m$ 时，应分为粗铣、半精铣、精铣三步进行。半精铣时背吃刀量或侧吃刀量取 1.5~2mm；精铣时，圆周铣削侧吃刀量取 0.3~0.5mm，端面铣削背吃刀量取 0.5~1mm。

（2）进给量 f 与进给速度 v_f 的选择　铣削加工的进给量 f（mm/r）是指刀具转一周，工件与刀具沿进给运动方向的相对位移量；进给速度 v_f（mm/min）是指单位时间内工件与刀具沿进给运动方向的相对位移量。进给速度与进给量的关系为 $v_f=nf$（n 为铣刀转速，单位为 r/min）。进给量与进给速度是数控铣削用量中的重要参数，根据零件的表面粗糙度、加工精度、刀具及工件材料等因素，参考切削用量手册选择；或通过选择每齿进给量 f_z，再根据公式 $f=zf_z$（z 为铣刀齿数）计算。每齿进给量上的选择主要依据工件材料的力学性能、刀具材料、工件表面粗糙度等因素。工件材料强度和硬度越高，f_z 越小；反之则越大。硬质合金铣刀的每齿进给量高于同类高速钢铣刀。工件表面粗糙度要求越高，f_z 就越小。每齿进给量的确定可参考表 4-3 选择。工件刚性差或刀具强度低时，应取较小值。

（3）切削速度 v_c 的选择　铣削的切削速度 v_c 与刀具寿命、每齿进给量、背吃刀量、侧吃刀量以及铣刀齿数成反比，而与铣刀直径成正比。原因是，当 f_z、a_p、a_e 和 z 增大时，切削刃负荷增加，而且同时工作的齿数也增多，使切削热增加，刀具磨损加快，从而限制了切削速度的提高。为提高刀具寿命允许使用较低的切削速度。但是加大铣刀直径则可改善散热条件，可以提高切削速度。

表 4-3　铣刀每齿进给量参考值

工件材料	每齿进给量 f_z/(mm/z)			
	粗铣		精铣	
	高速钢铣刀	硬质合金铣刀	高速钢铣刀	硬质合金铣刀
钢	0.10~0.15	0.10~0.25	0.02~0.205	0.10~0.15
铸铁	0.12~0.20	0.15~0.30	—	—

铣削加工的切削速度 v_c 可参考表 4-4 选择，也可参考有关切削用量手册中的经验公式通过计算选择。

表 4-4　铣削加工的切削速度参考值

工件材料	硬度 HBW	切削速度 v_c/(m/min)	
		高速钢铣刀	硬质合金铣刀
钢	<225	18~42	66~150
	225~325	12~36	54~120
	325~425	6~21	36~75
铸铁	<190	21~36	66~150
	190~260	9~18	45~90
	260~320	4.5~10	21~30

4.4　数控铣削加工刀具的选择

4.4.1　平面数控铣削加工刀具的选择

4.4.1.1　平面数控铣削加工中常用铣刀的种类

平面数控铣削加工中常用铣刀的种类有面铣刀、立铣刀、键槽铣刀。下面分别加以介绍。

1. 面铣刀

面铣刀主要以端齿为主加工各种平面，如图 4-36 所示。面铣刀的圆周表面和端面上都有切削刃，端面切削刃为副切削刃。由于面铣刀的直径一般较大，为 ϕ50~ϕ500mm，故多制成套式镶齿结构，刀齿材料为高速工具钢或硬质合金，刀体材料为 40Cr。

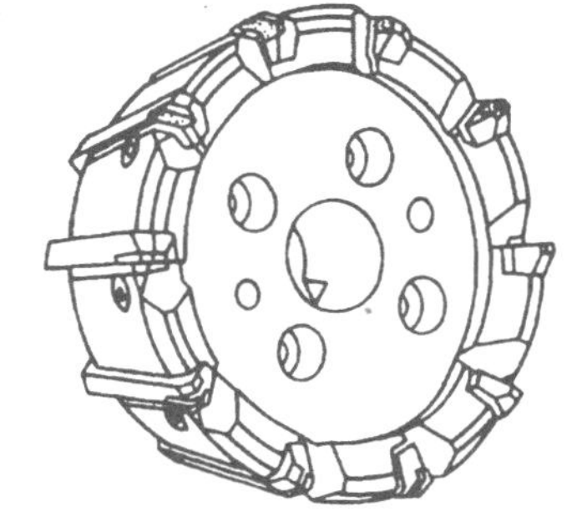

图 4-36　面铣刀

硬质合金面铣刀与高速钢面铣刀相比，铣削速度较高、加工效率高、加工表面质量也较好，并可加工带有硬皮和淬硬层的工件，故得到广泛应用。硬质合金面铣刀按刀片和刀齿的安装方式不同，可分为整体焊接式、机夹-焊接式和可转位式三种。由于整体焊接式和机夹-焊接式面铣刀难于保证焊接质量，刀具寿命低，重磨较费时，目前已逐渐被可转位式面铣刀所取代。

面铣刀齿数对铣削生产率和加工质量有直接影响，齿数越多，同时工作齿数也多，生产率高，铣削过程平稳，加工质量好。可转位式面铣刀的齿数根据直径不同可分为粗齿、细齿、密齿三种（见表 4-5）。粗齿铣刀主要用于粗加工；细齿铣刀用于平稳条件下的铣削加工；密齿铣刀的每齿进给量较小，主要用于薄壁铸铁的加工。

2. 立铣刀

立铣刀是数控铣削加工中用得最多的一种铣刀，如图 4-37 所示，立铣刀的圆柱表面和端面上都有切削刃，可同时进行切削，也可单独进行切削。它主要用于加工凸轮、台阶面、凹槽和箱口面。

表 4-5 可转位式面铣刀直径与齿数的关系

齿数＼直径/mm	50	63	98	100	125	160	200	250	315	400	500
粗齿	4				6	8	10	12	16	20	26
细齿	—			6	8	10	12	16	20	26	34
密齿	—				12	18	24	32	40	52	64

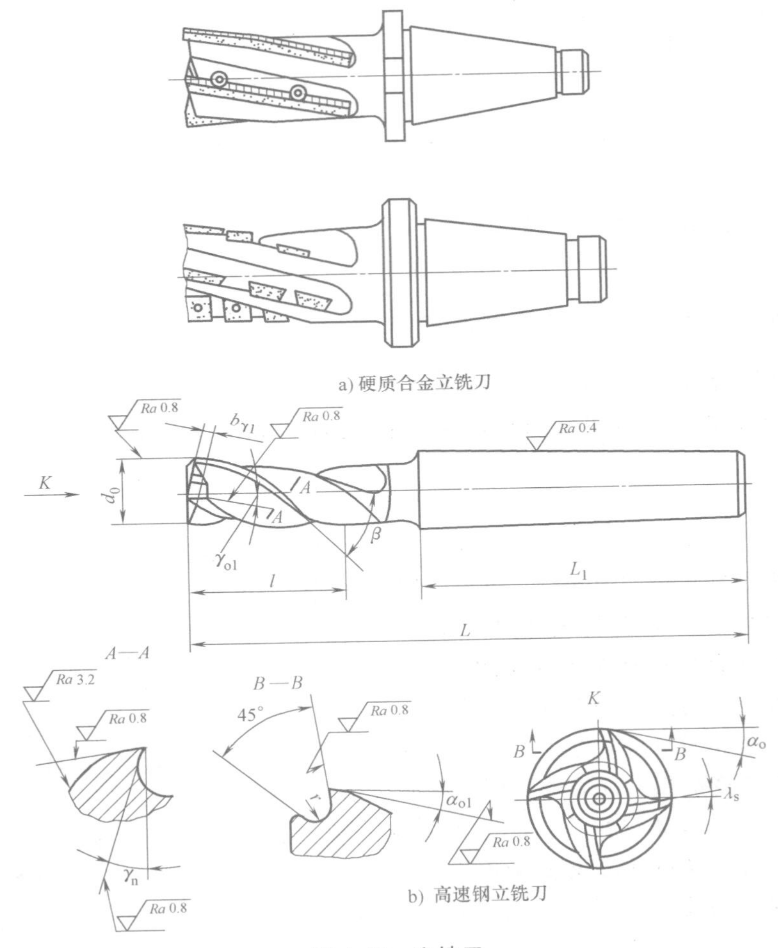

a) 硬质合金立铣刀

b) 高速钢立铣刀

图 4-37 立铣刀

立铣刀圆柱表面的切削刃为主切削刃，端面上的切削刃为副切削刃。主切削刃上的齿为螺旋齿，这样可以增加切削平稳性，提高加工精度。由于普通立铣刀端面中心处无切削刃，所以立铣刀不能做轴向进给。端面切削刃主要用来加工与侧面相垂直的底平面。

立铣刀根据其刀齿数目，可分为粗齿（z 为 3、4、6、8）、中齿（z 为 4、6、8、10）和细齿（z 为 5、6、8、10、12），见表 4-6。粗齿立铣刀齿数少、强度高、容屑空间大，适用于粗加工；细齿立铣刀齿数多、工作平稳，适用于精加工。中齿立铣刀介于粗齿立铣刀和细齿立铣刀之间。套式结构立铣刀齿数一般为 10~20。

表 4-6　立铣刀直径与齿数的关系

齿数＼直径/mm	2~8	9~14	16~28	32~50	56~70	80
细齿	—	5	6	8	10	12
中齿	4			6	8	10
粗齿	3			4	6	8

3. 键槽铣刀

键槽铣刀如图 4-38 所示。它的圆柱面和端面都有切削刃，端面切削刃延至中心，既像立铣刀，又像钻头。加工时先轴向进给达到槽深，然后沿键槽方向铣出键槽全长。按国家标准规定，直柄键槽铣刀直径 $d=\phi2\sim\phi22$mm，锥柄键槽铣刀直径 $d=\phi14\sim\phi50$mm。键槽铣刀直径的公差带有 e8 和 d8 两种。键槽铣刀的圆周切削刃仅在靠近端面的一小段长度内发生磨损，重磨时，只需刃磨端面切削刃，因此重磨后铣刀直径不变。

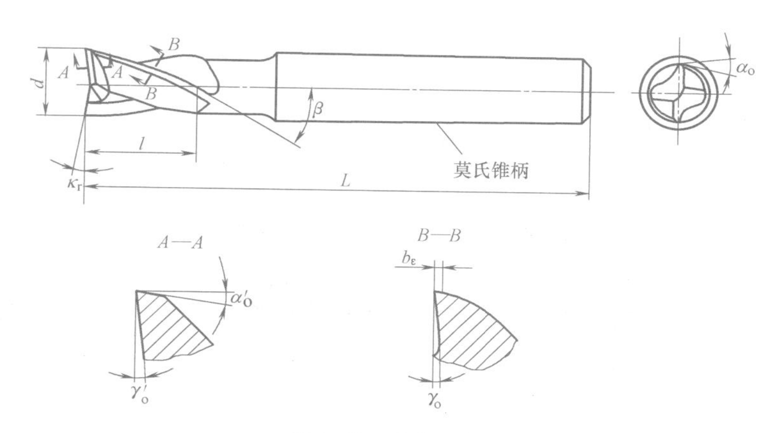

图 4-38　键槽铣刀

4.4.1.2　铣刀参数的选择

平面数控铣削加工中使用最多的是可转位式面铣刀和立铣刀，因此，这里重点介绍面铣刀和立铣刀参数的选择。

1. 面铣刀主要参数的选择

标准可转位式面铣刀直径为 $\phi16\sim\phi630$mm。面铣刀几何角度的标注如图 4-39 所示。面铣刀几何参数的选择要根据工件材料、刀具材料及加工性质的不同来确定。由于铣削时有冲击，故前角数值一般比车刀略小，尤其是硬质合金面铣刀，前角要更小些。铣削强度和硬度高的材料可选用负前角。面铣刀前角的具体数值见表 4-7。面铣刀的磨损主要发生在后刀面上，因此适当加大后角，可减少铣刀磨损。常取 $\alpha_o=5°\sim12°$，工件材料软取大值，工件材料硬取小值；粗齿铣刀取小值，细齿铣刀取大值。铣削时冲击力大，为了保护刀尖，硬质合金面铣刀的刃倾角常取 $\lambda_s=-5°\sim-15°$。只有在铣削强度低的材料时，取 $\lambda_s=5°$。主偏角 κ_r在 45°~90°范围内选择，铣削铸铁常用 45°，铣削一般钢材常用 75°，铣削带凸肩的平面或薄壁零件时要用 90°。铣削带凸肩的平面时，凸肩的高度受到刀具长度的限制。

表 4-7　面铣刀前角的具体数值

刀具材料 \ 工件材料	钢	铸铁	黄铜、青铜	铝合金
高速钢	10°~20°	5°~15°	10°	25°~30°
硬质合金	-15°~15°	-5°~5°	4°~6°	15°

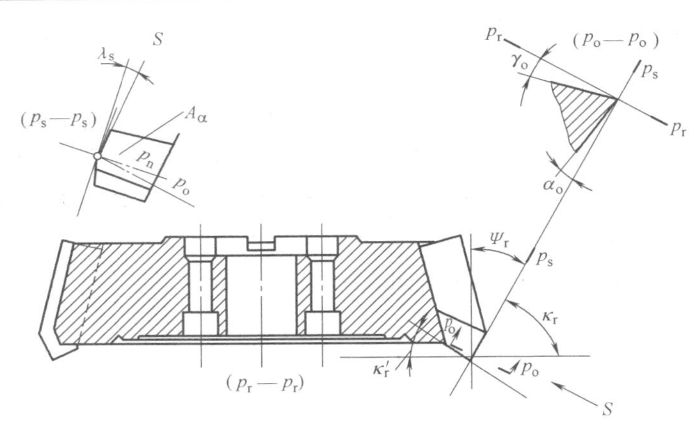

图 4-39　面铣刀几何角度的标注

2. 立铣刀主要参数的选择

立铣刀有关尺寸参数（图 4-40），一般可按下列叙述选择。

1）用立铣刀粗铣零件轮廓面时，铣刀直径要大些，以提高效率，但粗铣带有内凹表面的轮廓面时，铣刀直径不能过大，以防给精加工造成困难，一般可按下式计算铣刀最大直径 d_{max}（图 4-41）。

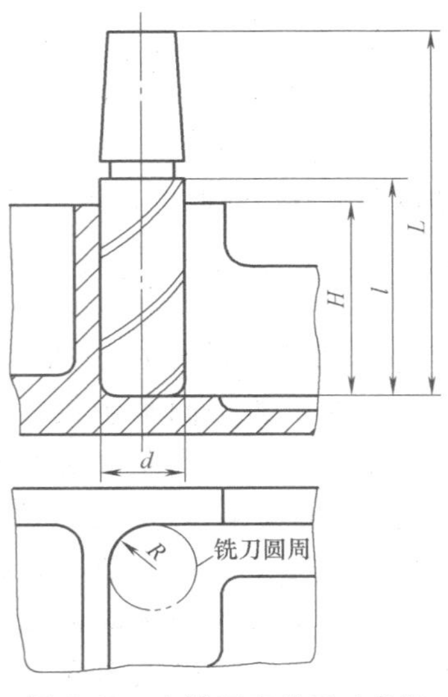

图 4-40　立铣刀有关尺寸参数

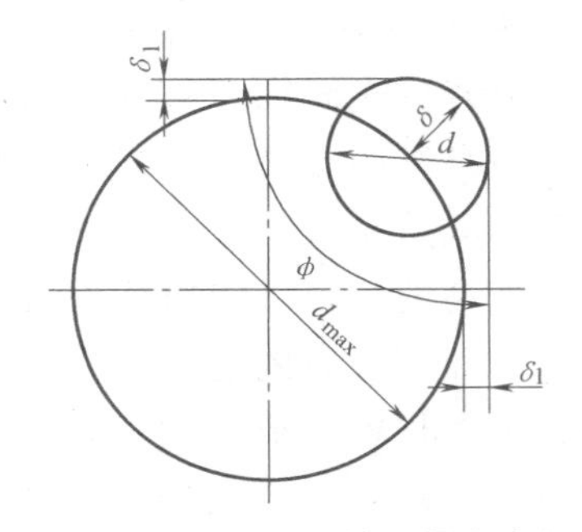

图 4-41　粗加工立铣刀最大直径

$$d_{max}=\frac{2[\delta\sin(\phi/2)-\delta_1]}{1-\sin(\phi-2)}+d$$

式中　d——零件轮廓的最小凹圆角直径；

δ——圆角邻边夹角等分线上的精加工余量；

δ_1——精加工余量；

ϕ——圆角两邻边的最小夹角。

2）用立铣刀精铣带有内凹表面的轮廓面时，刀具半径 R 应小于零件内凹轮廓面处的最小曲率半径 R_{min}，一般取 $R_刀=(0.8\sim0.9)R_{min}$。

3）零件加工面的高度 $H\leqslant(4\sim6)R$，以保证刀具有足够的刚度，R 为零件轮廓的内转角圆弧半径。一般将 $d/l\geqslant0.4\sim0.5$ 作为检验铣刀刚性的条件（d 为铣刀直径，l 为刀具切削部分长度）。

4）对不通孔（深槽），选取 $l=H+(5\sim10)$mm。

5）加工外形及通槽时，选取 $l=H+r+(5\sim10)$mm（r 为铣刀端刃的圆角半径）。

6）加工肋时，刀具直径 $d=(5\sim10)b$（b 为肋的厚度）。

立铣刀几何参数的选择要根据工件材料和铣刀直径选择，立铣刀前角、后角都为正值，其具体数值见表 4-8。

表 4-8　立铣刀前角、后角的选择

工件材料	前角	铣刀直径	后角
钢	10°~20°	<10mm	25°
铸铁	10°~15°	10~20mm	20°
铸铁	10°~15°	>20mm	16°

特别提示：选择铣刀时应注意以下问题。

1）在数控机床上铣削平面时，应尽量采用可转位式硬质合金刀片面铣刀。当连续切削时，粗铣刀直径要小些，以减小切削转矩，精铣刀直径要大一些，最好能包容待加工表面的整个宽度。加工余量大且加工表面又不均匀时，刀具直径要选得小一些，否则，当粗加工时会因接刀痕迹过深而影响加工质量。

2）高速钢立铣刀多用于加工凸台和凹槽，最好不要用于加工毛坯面，因为毛坯面有硬化层和夹砂现象，会加速刀具的磨损。

3）加工余量较小并且要求表面粗糙度较低时，应采用立方氮化硼（CBN）刀片面铣刀或陶瓷刀片面铣刀。

4）镶硬质合金的立铣刀可用于加工凹槽、窗口面、凸台面和毛坯表面。

5）镶硬质合金的玉米铣刀可以进行强力切削，铣削毛坯表面和用于孔的粗加工。

6）加工精度要求较高的凹槽时，可采用直径比槽宽小一些的立铣刀，先铣槽的中间部分，然后利用刀具的半径补偿功能铣槽的两边，直到达到精度要求为止。

7）加工封闭的键槽选择键槽铣刀。

4.4.2　曲面数控铣削加工刀具的选择

4.4.2.1　曲面数控铣削加工中常用铣刀的种类

曲面数控铣削加工中常用铣刀的种类有模具铣刀、鼓形铣刀、球头铣刀、环形铣刀等。个别时候还需要用到盘形铣刀。

下面重点介绍模具铣刀和鼓形铣刀。

1. 模具铣刀

铣削加工中还常用到一种由立铣刀变化发展而来的模具铣刀，主要用于加工模具型腔或凸凹模成形表面及空间曲面。模具铣刀由立铣刀发展而来，因此可分为圆锥形立铣刀（圆锥半角 $\alpha/2$ 为 3°、5°、7°、10°）、圆柱形球头立铣刀和圆锥形球头立铣刀三种。它的结构特点是球头或端面上布满了切削刃，圆周刃与球头刃圆弧连接，可以做径向和轴向进给。图 4-42 所示为高速钢模具铣刀，图 4-43 所示为硬质合金模具铣刀。

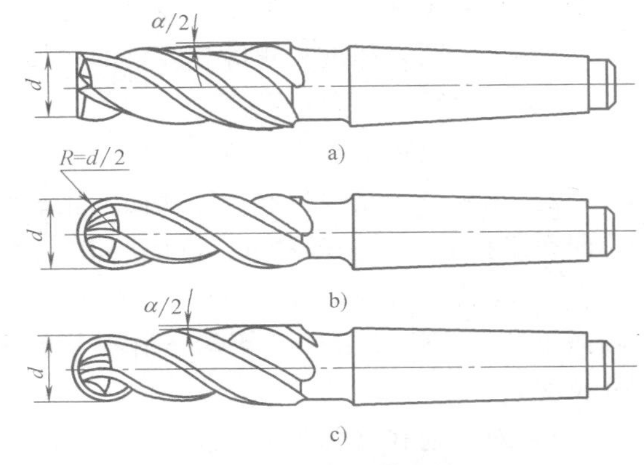

图 4-42　高速钢模具铣刀

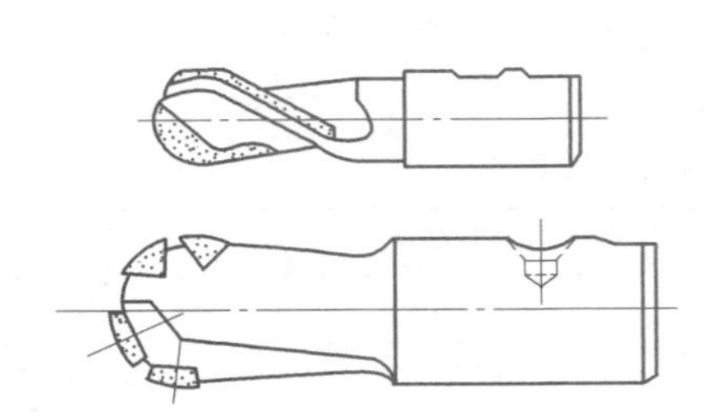
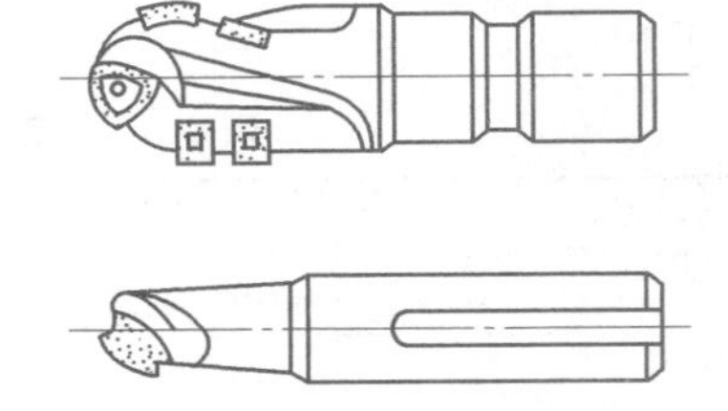

图 4-43　硬质合金模具铣刀

2. 鼓形铣刀

图 4-44c 所示为一种典型的鼓形铣刀，其切削刃分布在半径为 R 的圆弧面上，端面无切削刃。

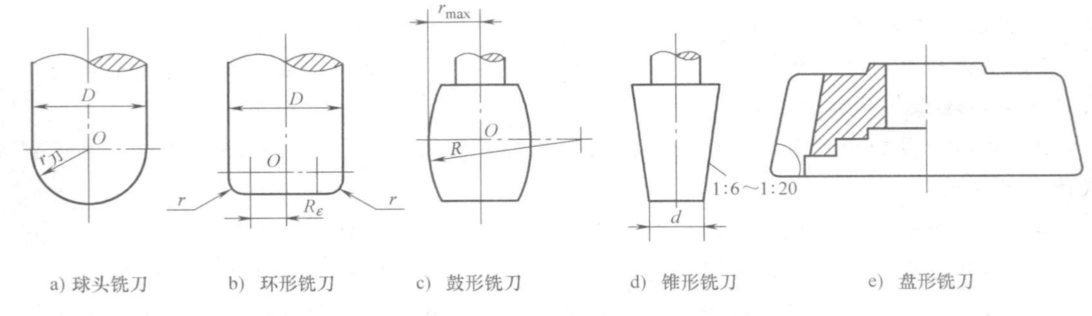

图 4-44　各种铣刀的形状

加工时控制刀具上下位置，相应改变切削刃的切削部位，可以在工件上切出从负到正的不同斜角。R 越小，鼓形铣刀所能加工的斜角范围越广，但所获得的表面质量越差。这种刀具的缺点是刃磨困难，切削条件差，而且不适于加工有底的轮廓。

4.4.2.2　铣刀类型的选择

曲面数控铣削加工常采用球头铣刀（图 4-44a），但加工曲面较平坦部位时，刀具以球头顶端刃切削，切削条件较差，因而应采用环形铣刀（图 4-44b）。加工空间曲面、模具型腔或凸凹模成形表面等多选用模具铣刀。在单件或小批量生产中，为取代多坐标联动机床，常采用鼓形铣刀或锥形铣刀（图 4-44d）来加工飞机上一些直纹曲面类零件。镶齿立铣刀，适用于在五坐标联动的数控机床上加工一些球面，其效率比用球头铣刀高近十倍，并可获得好的加工精度。

4.4.3　钻、扩、铰孔加工刀具的选择

1. 钻孔刀具及其选择

钻孔刀具较多，有普通麻花钻、可转位浅孔钻、喷吸钻及扁钻等，应根据工件材料、加工尺寸及加工质量要求等合理选择。

在数控镗铣床上钻孔，普通麻花钻应用最广泛，尤其是加工 ϕ30mm 以下的孔时，以普通麻花钻为主。普通麻花钻的材料有高速工具钢和硬质合金两种。

在数控镗铣床上钻孔，因无钻模导向，受两切削刃上切削力不对称的影响，容易引起钻孔偏斜，故要求钻头的两切削刃必须有较高的刃磨精度（两刃长度一致，顶角 2ϕ 对称于钻头中心线）。为保证孔的位置精度，除提高钻头切削刃的精度外，在钻孔前最好先用中心钻钻一中心孔，或用一刚性较好的短钻头划一窝。划窝一般采用 $\phi8\sim\phi15$mm 的钻头，以解决在铸铁件毛坯表面钻孔引正问题。

钻削直径为 $\phi20\sim\phi60$mm、孔的深径比小于等于 3 的中等浅孔时，可选用图 4-45 所示的可转位浅孔钻，这种钻头具有切削刃可集中刃磨，钻杆刚度高，允许切削速度高，切削效率高及加工精度高等特点，最适合于箱体零件的钻孔加工。为提高刀具的使用寿命，可以在切削刃上涂镀 TiC 涂层。使用这种钻头钻箱体孔，比普通麻花钻效率提高 4~6 倍。

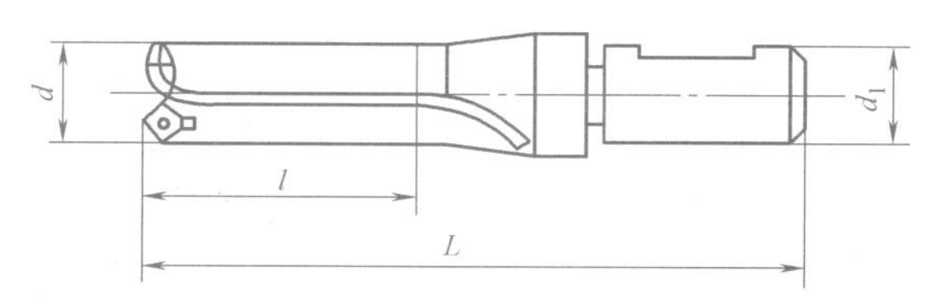

图 4-45　可转位浅孔钻

对深径比大于 5 而小于 100 的深孔，由于加工中散热差，排屑困难，钻杆刚性差，易使刀具损坏和引起孔的轴线偏斜，影响加工精度和生产率，故应选用深孔刀具加工。

喷吸钻（图 4-46）是一种效率高、加工质量好的新型内排屑深孔钻头，适用于加工深径比不超过 100，直径一般为 $\phi65\sim\phi180$mm 的深孔，孔的精度可达 IT10~IT7 级，表面粗糙度值可达 $Ra3.2\sim0.8\mu m$，孔直线度公差为 0.1mm/1000mm。钻削大直径孔时，还可采用刚性较好的硬质合金扁钻。

2. 扩孔刀具及其选择

扩孔多采用扩孔钻，也有采用立铣刀或镗刀扩孔。扩孔钻可用来扩大孔径，提高孔加工精度。它可用于孔的半精加工或最终加工。用扩孔钻扩孔精度可达 IT11~IT10 级，表面粗糙度值可达 $Ra6.3\sim3.2\mu m$。扩孔钻与麻花钻相似，但齿数较多，一般为 3~4 个齿。扩孔钻加工余量小，主切削刃较短，无须延伸到中心，无横刃，加之齿数较多，所以导向性好，切削过程平稳，另外扩孔钻容屑槽浅，钻体的强度和刚性好，可选择较大的切削用量。总之扩孔钻的加工质量和效率均比普通麻花钻高。

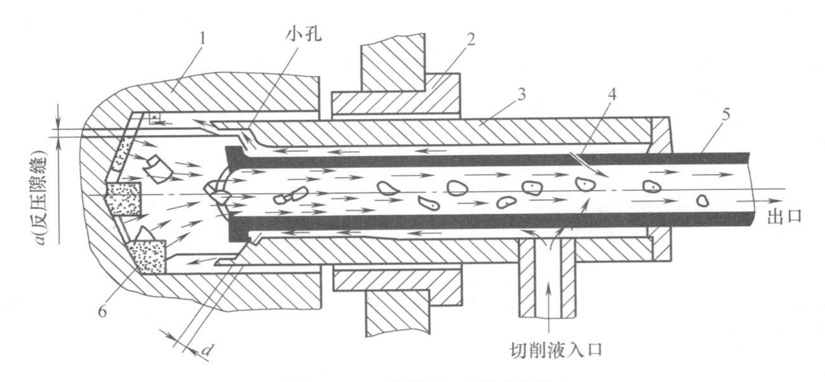

图 4-46 喷吸钻工作原理

1—工件 2—钻套 3—外管 4—喷嘴 5—内管 6—钻头

扩孔钻（图 4-47）按切削部分的材料分为高速钢和硬质合金两种。当扩孔直径在 ϕ20～ϕ60mm 之间时，且机床刚性好，功率大，可选用硬质合金机夹可转位式扩孔钻。这种扩孔钻的两个可转位刀片位于同一外圆直径上，并且可做微量调整。

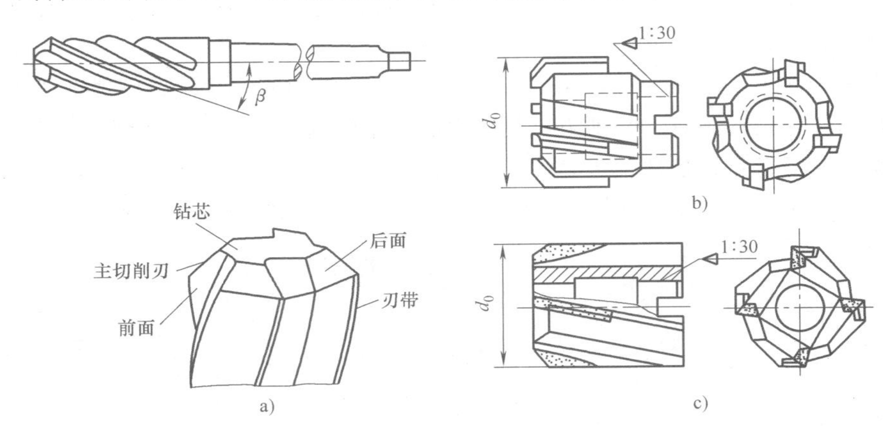

图 4-47 扩孔钻

3. 铰孔刀具及其选择

铰孔是用铰刀对已经粗加工的孔进行精加工，也可用于磨孔或研孔前的预加工。铰孔只能提高孔的尺寸精度、形状精度和减小表面粗糙度值，而不能提高孔的位置精度。因此，对于精度要求高的孔，在铰削前应先进行减少和消除位置误差的预加工，才能保证铰孔质量。

数控镗铣床上使用的铰刀多是通用标准铰刀，其铰孔加工精度一般可达 IT9～IT8 级，表面粗糙度值可达 Ra1.6～0.8μm。标准铰刀有 4～12 齿。铰刀的齿数除了与铰刀直径有关外，主要根据加工精度的要求选择。齿数对加工表面粗糙度的影响并不大。齿数过多，刀具的制造重磨都比较麻烦，而且会因齿间容屑槽减小，而造成切屑堵塞和划伤孔壁以致使铰刀折断的后果。齿数过少，则铰削时的稳定性差，刀齿的切削负荷增大，且容易产生几何形状误差。铰刀齿数可参照表 4-9 选择。

在选择好铰削用量和切削液的前提下，铰刀的选择对加工质量及生产率就显得尤为重要。在加工中心上铰孔时，除使用普通的标准铰刀以外，还常使用机夹硬质合金刀片的单刃铰刀。这种铰刀寿命长，半径上的铰削余量可达 10μm 以下，铰孔的精度可达

IT7~IT5 级，表面粗糙度值可达 $Ra0.7\mu m$，对于有内冷却通道的单刃铰刀，允许切削速度可达 80m/min。

表 4-9　铰刀齿数的选择

铰刀直径/mm		1.5~3	3~4	4~40	>40
齿数	一般加工精度	4	4	6	8
	高加工精度	4	6	8	10~12

对于铰削精度为 IT7~IT6 级、表面粗糙度值为 $Ra1.6\sim0.8\mu m$ 的大直径通孔时，可选用专为加工中心设计的浮动铰刀（图 4-48）。浮动铰刀加工精度稳定，寿命比高速钢铰刀高 8~10倍，且具有直径调整的连续性，因而一把铰刀可当几把使用，修复后可调复原尺寸。这样既节省刀具材料，又可保证铰刀精度。

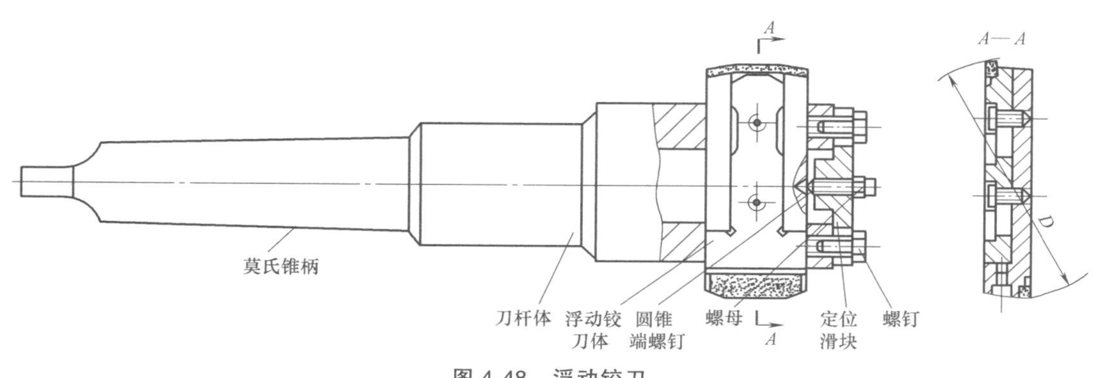

图 4-48　浮动铰刀

4.4.4　镗孔加工刀具的选择

镗孔是数控镗铣床上的主要加工内容之一。它能精确地保证孔系的尺寸精度和几何精度，并纠正上道工序的误差。在数控镗铣床上进行镗孔加工通常是采用悬臂方式，因此要求镗刀有足够的刚性和较好的精度。

镗孔加工精度一般可达 IT7~IT6 级，表面粗糙度值为 $Ra6.3\sim0.8\mu m$。为适应不同的切削条件，镗刀有多种类型。按镗刀的切削刃数量可分为单刃镗刀和双刃镗刀。

单刃镗刀大多制成可调结构。图 4-49 所示为用于镗削通孔、阶梯孔和不通孔的单刃镗刀。单刃镗刀刚性差，切削时易引起振动，所以镗刀的主偏角选得较大，以减少背向力。镗铸铁孔或精镗时，一般取主偏角 $\kappa_r=90°$；粗镗钢件孔时，一般取主偏角 $\kappa_r=60°\sim75°$，以延长刀具寿命。单刃镗刀是通过调整刀具的悬伸长度来保证加工尺寸的，调整麻烦，效率低，只能用于单件小批生产。但单刃镗刀结构简单，适应性较广，粗、精加工都适用，因而应用广泛。

双刃镗刀就是镗刀的两端有一对对称的切削刃同时参与切削，可以消除背向力对镗杆的影响，工件孔径尺寸与精度由镗刀径向尺寸保证，且调整方便，与单刃镗刀相比，每转进给量可提高一倍左右，且加工中不易产生振动，切削效率高。图 4-50 所示为近年来广泛使用的双刃机夹镗刀，其刀片更换方便，不需重磨，易于调整，镗孔的精度较高。

在精镗孔中，目前较多地选用精镗微调镗刀。这种镗刀的径向尺寸可以在一定范围内进

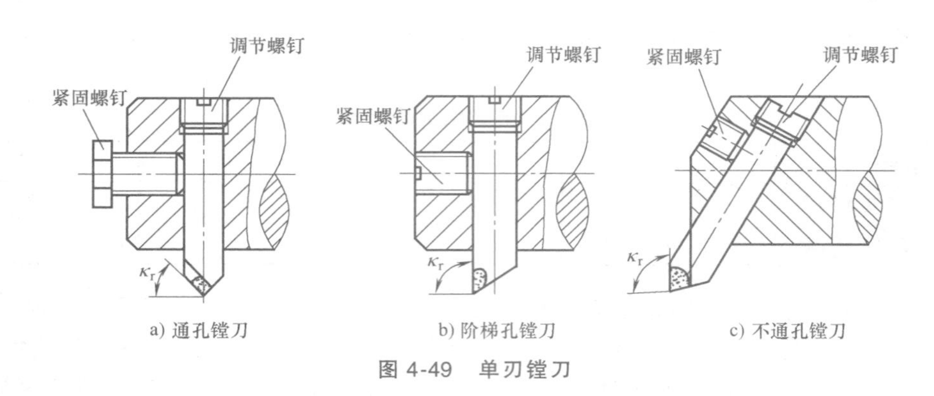

a) 通孔镗刀　b) 阶梯孔镗刀　c) 不通孔镗刀

图 4-49　单刃镗刀

行微调，且调节方便，精度高，其结构如图 4-51 所示。

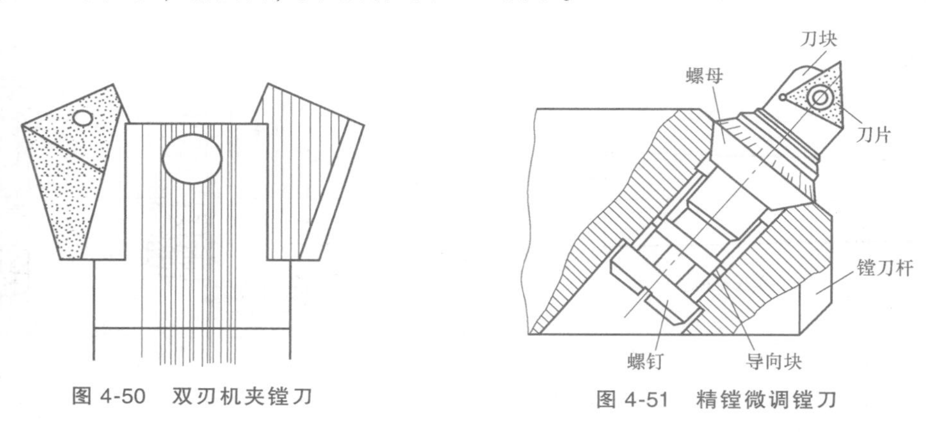

图 4-50　双刃机夹镗刀

图 4-51　精镗微调镗刀

【学有所获】

1. 了解数控铣床的工艺范围以及与普通铣床的区别。
2. 掌握数控铣削加工工艺分析。
3. 掌握数控铣削加工方法的选择。
4. 掌握进退刀工艺问题。
5. 掌握切削方向、切削方式的确定。
6. 掌握切削用量的选择。
7. 掌握数控铣削刀具的类型及选用。

【总结回顾】

本章主要讲述了数控铣床的工艺范围；数控铣削加工工艺分析内容；数控铣削刀具的类型及选用。掌握了数控铣削基本加工工艺，会为数控铣削编程与加工奠定基础。

【课后实践】

毛坯规格：45 钢，调质处理，硬度 22HRC，尺寸 80mm×80mm×25mm、极限偏差均为 ±0. 2mm，表面粗糙度值为 $Ra3.2$mm。现在想加工成图 4-52 所示模样，试完成表 4-10 的填写。

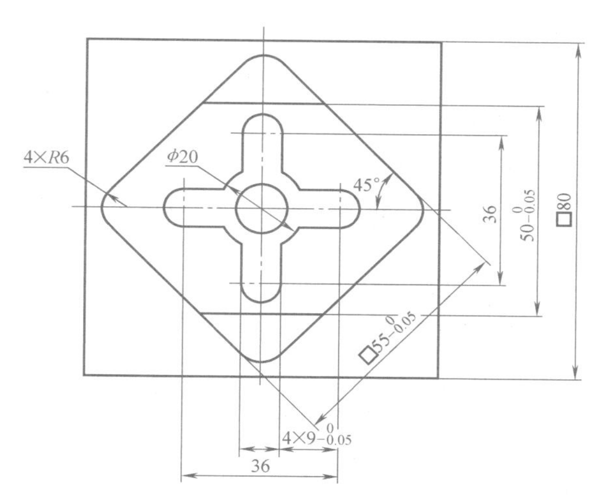

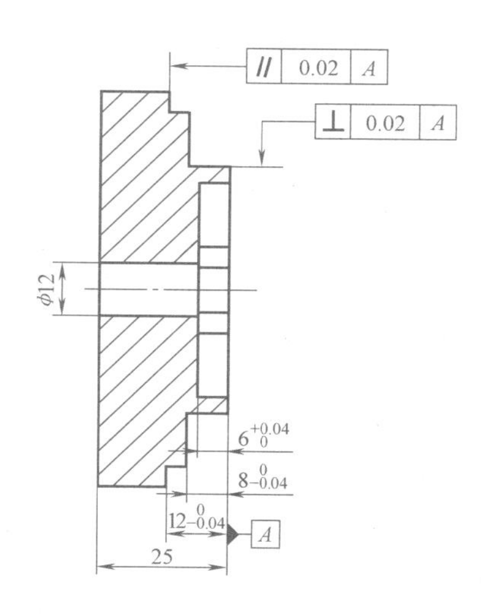

图 4-52　课后实践题图

表 4-10　机械加工工艺过程卡

<table>
<tr><td colspan="3" rowspan="2">课后实践</td><td rowspan="2">机械加工工艺过程卡</td><td>产品型号</td><td></td><td>工件图号</td><td></td><td>共　页</td></tr>
<tr><td>产品名称</td><td></td><td>工件名称</td><td></td><td>共　页</td></tr>
<tr><td>工件件号</td><td colspan="2"></td><td rowspan="2">材料牌号</td><td rowspan="2"></td><td rowspan="2">毛坯</td><td>种类</td><td colspan="2"></td></tr>
<tr><td>每台件数</td><td colspan="2"></td><td>规格尺寸</td><td colspan="2"></td></tr>
<tr><td rowspan="2">工序号</td><td rowspan="2">工序名称</td><td rowspan="2">工步号</td><td rowspan="2">工序、工步
内容</td><td rowspan="2">设备名称、
型号</td><td colspan="3">工艺装备</td><td rowspan="2">工艺简图</td></tr>
<tr><td>夹具</td><td>刀具</td><td>量具</td></tr>
<tr><td></td><td></td><td></td><td></td><td></td><td></td><td></td><td></td><td></td></tr>
<tr><td></td><td></td><td></td><td></td><td></td><td></td><td></td><td></td><td></td></tr>
<tr><td></td><td></td><td></td><td></td><td></td><td></td><td></td><td></td><td></td></tr>
<tr><td></td><td></td><td></td><td></td><td></td><td></td><td></td><td></td><td></td></tr>
<tr><td></td><td></td><td></td><td></td><td></td><td></td><td></td><td></td><td></td></tr>
<tr><td></td><td></td><td></td><td></td><td></td><td></td><td></td><td></td><td></td></tr>
</table>

思考与练习题

一、判断题

1. 高速钢刀具用于承受冲击力较大的场合，常用于高速切削。(　　)

2. 在铣床上加工表面有硬皮的毛坯零件时，应采用逆铣切削。(　　)

3. 用端面铣削的方法铣平面，造成平面度误差的主要原因是铣床主轴的轴线与进给方向不垂直。(　　)

4. 在切削加工中，从切削力和切削功率的角度考虑，加大背吃刀量比加大进给量有利。(　　)

5. 精加工时，进给量是按表面粗糙度的要求选择的，表面粗糙度小应选较小的进给量，

因此表面粗糙度与进给量成正比。(　　)

6. 切削用量中，影响切削温度最大的因素是切削速度。(　　)

7. 积屑瘤的产生在精加工时要设法避免，但对粗加工有一定的好处。(　　)

8. 数控机床坐标系方向的判定，一般假设刀具静止，通过工件相对位移来确定。(　　)

9. 在卧式铣床上加工表面有硬皮的毛坯零件时，应采用逆铣切削。(　　)

10. 粗加工时，限制进给量提高的主要因素是切削力；精加工时，限制进给量提高的主要因素是表面粗糙度。(　　)

二、选择题

1. 铣削加工采用顺铣时，铣刀旋转方向与工件进给方向（　　）。

A. 相同　　B. 相反　　C. A、B 都可以　　D. 垂直

2. 通常用球头铣刀加工比较平缓的曲面时，表面的质量不会很高，这是因为（　　）而造成的。

A. 行距不够密　　B. 步距太小

C. 球头铣刀切削刃不太锋利　　D. 球头铣刀尖部的切削速度几乎为零

3. 铣床上用的分度头和各种虎钳都是（　　）夹具。

A. 专用　　B. 通用　　C. 组合　　D. 以上都可以

4. 在下图所示的孔系加工中，对加工路线描述正确的是（　　）。

A. 图 a 满足加工路线最短的原则

B. 图 b 满足加工精度最高的原则

C. 图 a 易引入反向间隙误差

D. 以上说法均正确

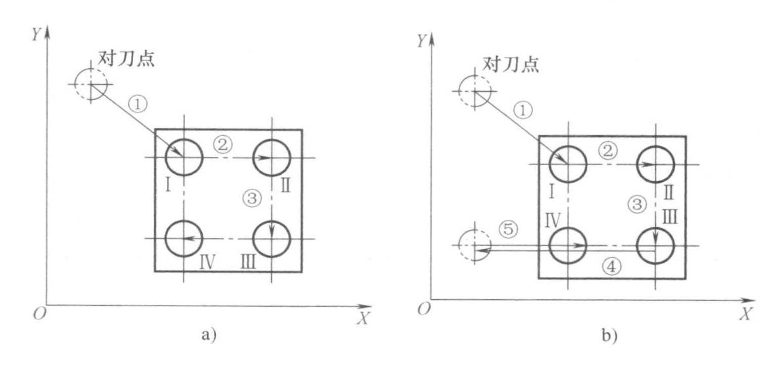

5. 在铣削一个凹槽的拐角时，很容易产生过切。为避免这种现象的产生，通常采取的措施是（　　）。

A. 降低进给速度　　B. 提高主轴转速

C. 提高进给速度　　D. 更换直径大的铣刀，提高刀具的刚性

6. 采用球头铣刀铣削加工曲面，减小残留高度的办法是（　　）。

A. 减小球头铣刀半径和加大行距

B. 减小球头铣刀半径和减小行距

C. 加大球头铣刀半径和减小行距

D. 加大球头铣刀半径和加大行距

7. 切削用量中，对切削刀具磨损影响最大的是（　　）。

A. 切削深度　　B. 进给量　　C. 切削速度

8. 对于既要铣面又要镗孔的零件，应（　　）。

A. 先镗孔后铣面　　B. 先铣面后镗孔

C. 同时进行　　D. 无所谓

9. 面铣削是铣刀轴心与工件表面成（　　）。

A. 垂直　　B. 平行　　C. 任意角度　　D. 不平行也不垂直

10. 铣削外轮廓时，为避免切入、切出产生刀痕，最好采用（　　）。

A. 法向切入、切出　　B. 切向切入、切出

C. 斜向切入、切出　　D. 直线切入、切出

三、简答题

1. 数控铣床的主要加工对象有哪些？

2. 对零件图的铣削工艺分析包括哪些内容？

3. 数控铣床的进刀、退刀方式有哪些？

4. 何谓顺铣和逆铣？它们有什么特点？

5. 选用铣刀时应注意哪些问题？

第5章

数控铣床和加工中心的基本操作与编程

【章前导读】

数控铣床和加工中心的基本操作主要是指能熟练利用操作面板上的按钮等进行对刀和程序的编辑、修改与保存。这一项工作是我们利用数控机床进行编程、加工的基础，是我们必须要掌握的基本技能。数控铣床和加工中心的编程知识，分为基本编程指令、高级编程指令、螺旋线插补、倒角和拐角圆弧过渡、固定循环指令、宏程序编程五个知识点，主要讲解平面图形加工、轮廓加工、孔系加工、槽形零件加工等，让读者能较全面地掌握数控铣削编程。

【课前互动】

1. 在铣削零件的内外轮廓表面时，为防止在刀具切入、切出时产生刀痕，应沿轮廓什么方向切入、切出？

2. 零件图铣削工艺分析包括哪些内容？

3. 确定铣刀进给路线时，应考虑哪些问题？

4. 用圆柱铣刀加工平面，顺铣与逆铣有什么区别？

5. 曲面加工常用（　　）。

A. 键槽刀　　B. 锥形刀　　C. 盘形刀　　D. 球形刀

6. 下列叙述中，除（　　）外，均不适于在数控铣床上进行加工。

A. 轮廓形状特别复杂或难于控制尺寸的回转体类零件

B. 箱体零件

C. 精度要求高的回转体类零件

D. 一般螺纹杆类零件

7. 数控精铣时，一般应选用（　　）。

A. 较大的吃刀量、较高的进给速度、较低的主轴转速

B. 较小的吃刀量、较高的进给速度、较低的主轴转速

C. 较小的吃刀量、较高的进给速度、较高的主轴转速

D. 较小的吃刀量、较低的进给速度、较高的主轴转速

5.1　数控铣削加工中的对刀

数控加工中的对刀与普通机床的对刀有所不同，普通机床的对刀只是找正刀具与加工面

间的位置关系，而数控加工中的对刀本质是建立工件坐标系，确定工件坐标系在机床坐标系中的位置，使刀具运动的轨迹有一个参考依据。

1. 数控铣削加工中有关“点”的概念

数控铣削加工中有关的“点”有对刀点、刀位点、刀具相关点、起刀点、机床原点、机床参考点、换刀点等。

一般来说，数控铣削加工中的对刀点可选在工件坐标系原点上，这样有利于保证对刀精度，减少对刀误差；也可以将对刀点或对刀基准设在夹具定位元件上，这样可直接以夹具定位元件为对刀基准对刀，有利于批量加工时工件坐标系位置的准确。下面仅以立式数控铣床加工为例，介绍对刀基准的确定方法及各点之间的关系。

对刀基准是对刀时为确定对刀点的位置所依据的基准。该基准可以是点、线或面，可设在工件上、夹具上或机床上。图 5-1 所示为某工件在立式数控铣床上定位装夹后各点之间的关系图。从图 5-1 中可以看出，*M* 点为机床零点，*R* 点为机床参考点，*C* 点为刀具相关点，当执行返回机床参考点操作后，刀具相关点 *C* 与机床参考点 *R* 重合，建立了以 *M* 点为机床零点的机床坐标系。当采用“G92 X-20 Y-20 Z10”；建立工件坐标系，用立铣刀加工图 5-1 所示零件的上轮廓面时，选 *D*、*E*、*F* 面为对刀基准面，起刀点与对刀点是重合的均为 *A* 点，*B* 点为刀位点，*W* 点为工件原点，当对刀操作完成后，*A* 点应与 *B* 点重合。当采用 G54~G59 指令通过 CRT/MDI 方式建立工件坐标系时，仍选 *D*、*E*、*F* 面为对刀基准面，对刀操作完成后，对刀点与刀位点 *B* 及工件原点 *W* 重合，若程序中输入“G54 G90 G00 X-20 Y-20 Z10”；时，则起刀点为 *A* 点，它与对刀点不重合。在批量生产时，工件采用夹具定位装夹时，可选与工件 *E*、*F*、*G* 面相接触的夹具定位元件表面为基准对刀，此时，夹具定位元件上的这些表面即为对刀基准。

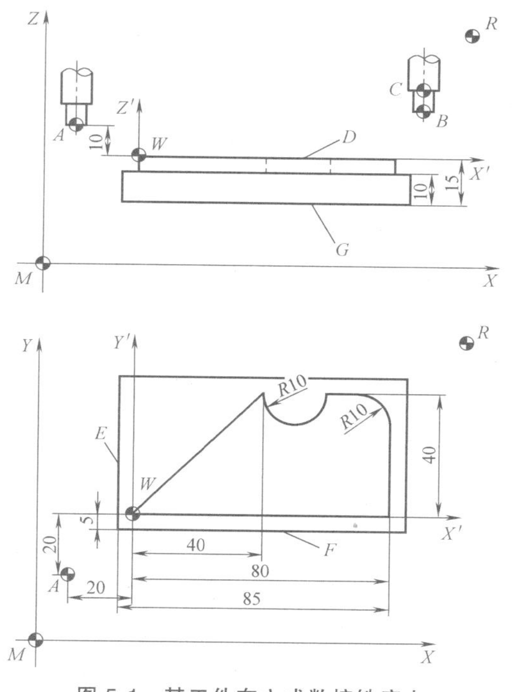

图 5-1　某工件在立式数控铣床上定位装夹后各点之间的关系图

2. 对刀方法

对刀的准确程度将直接影响零件的加工精度，因此，对刀操作一定要仔细，对刀方法一定要同零件加工精度要求相适应。当零件加工精度要求高时，可采用千分表找正对刀，使刀位点与对刀点一致（一致性好，即对刀精度高），但效率较低。在数控铣床上若采用刀具相关点与工件原点重合的对刀方式来建立工件坐标系，可用机外对刀仪分别测出所有刀具刀位点与刀具相关点的位置偏差值，如长度、直径等，这样就不必对每把刀具都去做对刀操作；也可将所有刀具刀位点相对刀具相关点的位置偏差值都在机上测量出来。在数控铣床上若采用基准刀具刀位点与工件原点重合的对刀方式来建立工件坐标系，可先从某零件加工所用到的众多刀具中选取一把作为基准刀具，进行对刀操作，再用机外对刀仪分别测出其他各个刀具刀位点与基准刀具刀位点的位置偏差值，如长度、直径等，这样也不必对每把刀具都去做对刀操作；也可将其他各个刀具刀位点相对基准刀具刀位点的位置偏差值都在机上测量出来。如果某零件的加工，仅需一把刀具就可以的话，则只要对该刀具进行对刀操作即可。有关多把刀具偏差设定，将在刀具补偿内容中说明。下面介绍几种具体的对刀方法。

X、*Y* 方向的对刀方法如下：

（1）对刀点为圆柱孔、面的中心线或为轮廓面的对称中心　采用以下方法对刀时，对刀基准面常为圆柱孔、面或轮廓面，对刀点为圆柱孔、面的中心线或轮廓面的对称中心，该对刀点也常常是工件坐标系原点。

1）采用杠杆百分表（或千分表）对刀。如图 5-2 所示，用磁性表座将杠杆百分表吸在机床主轴端面上，用手动操作方式或 MDI 方式使主轴低速正转。然后，手动操作使旋转的表头依 *X*、*Y*、*Z* 的顺序逐渐靠近被测表面（孔壁或圆柱面），用步进移动方式，逐步降低步进增量倍率，调整移动 *X*、*Y* 位置，使得表头旋转一周时，其指针的跳动量在允许的对刀误差内（如 0.02mm），此时可认为主轴的旋转中心与被测表面中心重合，记下此时机床坐标系中的 *X*、*Y* 坐标值即为所找表面中心的位置。此 *X*、*Y* 坐标值即可作为工件坐标系原点的坐标值。

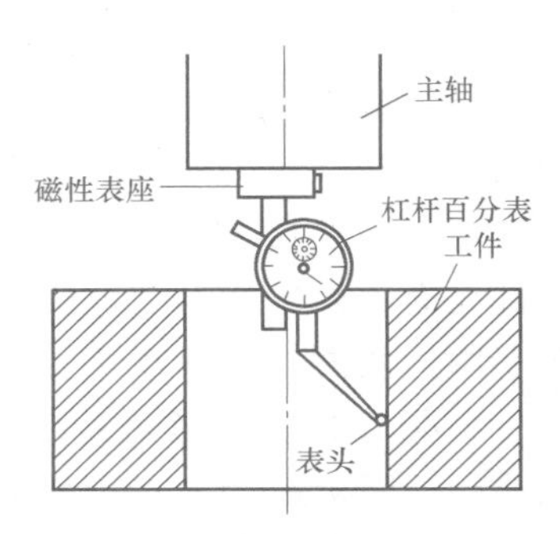

图 5-2　杠杆百分表找孔中心对刀

若用 G54 指令建立工件坐标系，此 *X*、*Y* 坐标值可作为工件坐标系原点在机床坐标系中的偏置值；若用 G92 建立工件坐标系时，要使起刀点、对刀点与工件坐标系原点（*X*、*Y* 坐标值）重合，则指令形式为“G92 X0 Y0 Z0;”，*Z* 值由 *Z* 向对刀保证。

这种对刀方法比较麻烦，效率较低，但对刀精度较高，对被测表面的精度要求也较高，最好是经过精加工的表面，仅粗加工后的表面不宜采用。

2）以定心锥轴找小孔中心对刀。如图 5-3 所示，根据孔径大小选用相应的定心锥轴，手动操作使定心锥轴逐渐靠近基准孔的中心，手压移动 *Z* 轴，使其能在孔中上下轻松移动，记下此时机床坐标系中的 *X*、*Y* 坐标值，即为所找孔中心的位置。

3）采用寻边器对刀。寻边器的工作原理如图 5-4 所示。寻边器一般由柄部和触头组成，

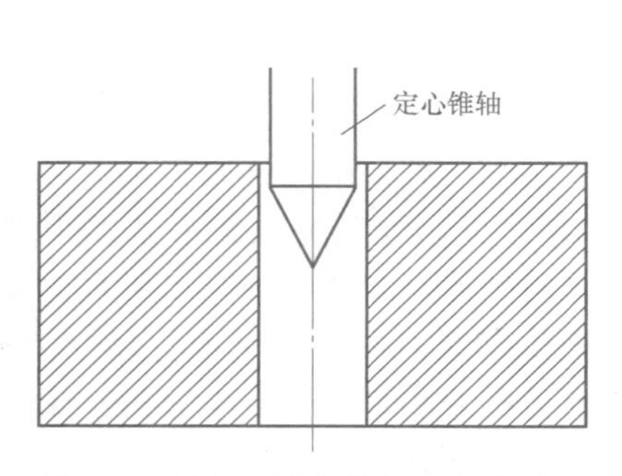

图 5-3　以定心锥轴找小孔中心对刀

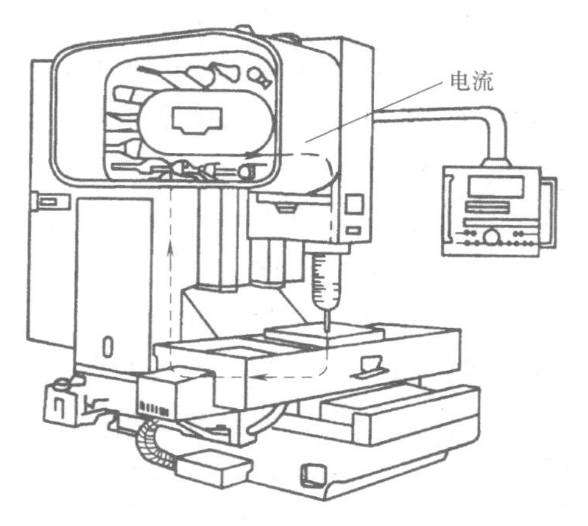

图 5-4　寻边器的工作原理

它们之间有一个固定的电位差。将寻边器和普通刀具一样装夹在主轴上，当触头与工件接触时，工件与触头电位相同，即通过床身形成回路电流，使内部电路产生光、电信号，寻边器上的指示灯就被点亮。这就是寻边器的工作原理。对刀时，逐步降低步进增量，使触头与工件表面处于极限接触（进一步即点亮，退一步则熄灭），即认为定位到工件表面的位置处。

如图 5-5 所示，将寻边器先后定位到工件正对的两侧表面，记下对应的 X_1、X_2、Y_1、Y_2 坐标值，则对称中心在机床坐标系中的坐标应是（$(X_1+X_2)/2$，$(Y_1+Y_2)/2$）。

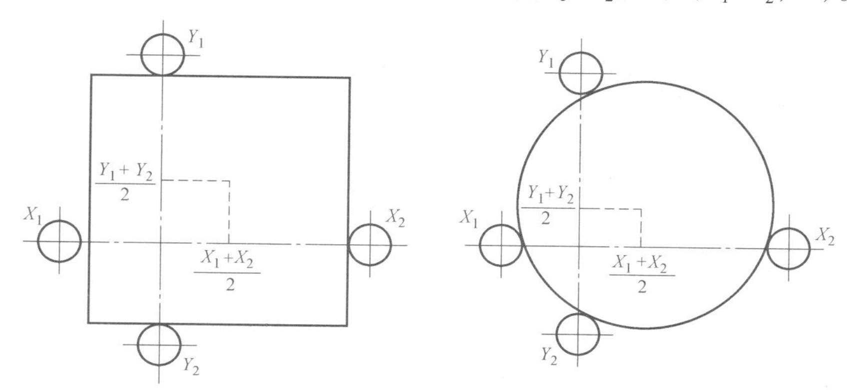

图 5-5 寻边器找对称中心对刀

这种对刀方法操作简便、直观，对刀精度高，应用广泛，但被测表面应有较高的精度。

（2）对刀点为两相互垂直表面的交点 采用以下方法对刀时，对刀基准面为两相互垂直的表面，对刀点常为两相互垂直表面的交点，该对刀点也常常是工件坐标系原点。

1）采用碰刀（或试切）对刀。如果对刀精度要求不高，为方便操作，可以采用加工时所使用的刀具直接进行碰刀（或试切）对刀，如图 5-6 所示。

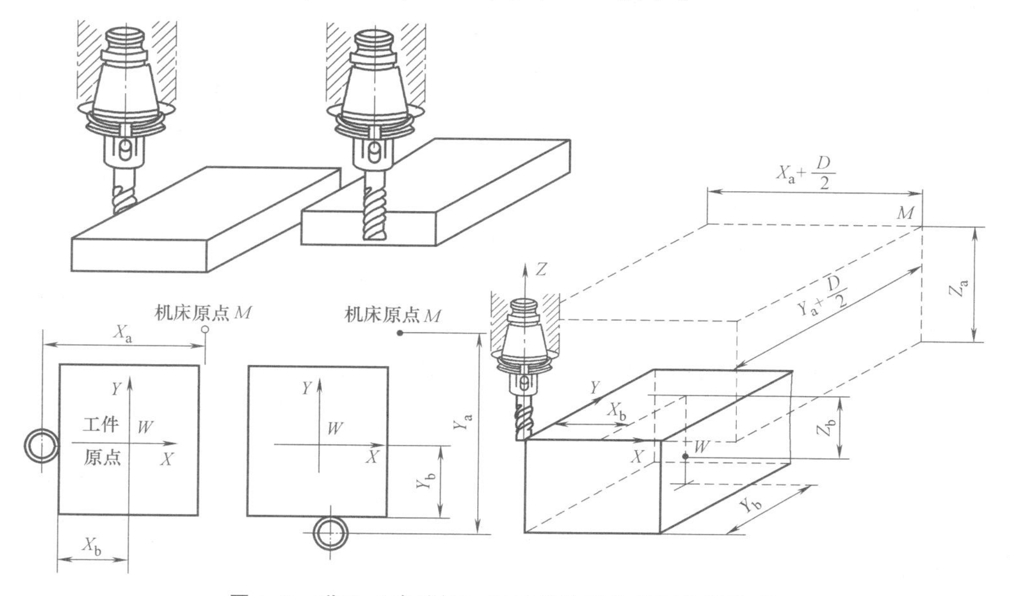

图 5-6 碰刀（或试切）对刀操作时的坐标位置关系

操作步骤如下：

① 按 X、Y 轴移动方向键，令刀具移到工件左（或右）侧空位的上方。再让刀具下行，最后调整移动 X 轴，使刀具圆周刃口接触工件的左（或右）侧面，记下此时刀具在机床坐标系中的 X 坐标 X_a，然后按 X 轴移动方向键使刀具离开工件左（或右）侧面。

② 用同样的方法调整移动，使刀具圆周刃口接触工件的前（或后）侧面，记下此时的 Y 坐标 Y_a，最后，让刀具离开工件的前（或后）侧面，并将刀具回升到远离工件的位置。

③ 如果已知刀具的直径为 D，则基准边线交点处的坐标应为（$X_a+D/2$，$Y_a+D/2$）。

这种方法比较简单，但会在工件表面留下痕迹，且对刀精度不够高。为避免损伤工件表面，可以在刀具和工件之间加入塞尺进行对刀，这时应将塞尺的厚度减去。以此类推，还可以采用标准心轴和量块来对刀，如图 5-7 所示。

2）采用寻边器对刀。如图 5-8 所示，其操作步骤与采用刀具对刀相似，只是将刀具换成了寻边器。这种方法简便，对刀精度较高。

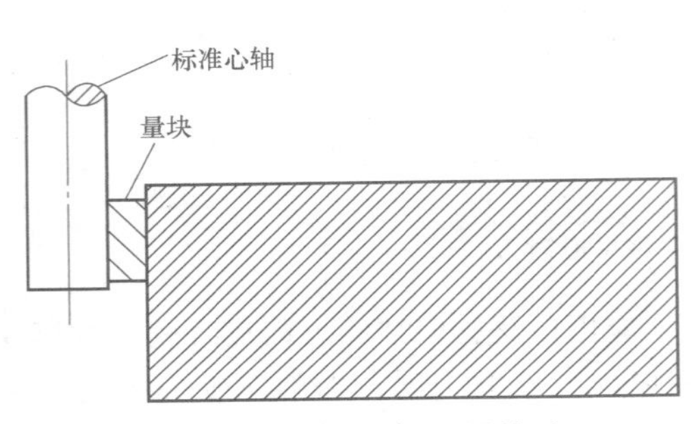

图 5-7　采用标准心轴和量块对刀

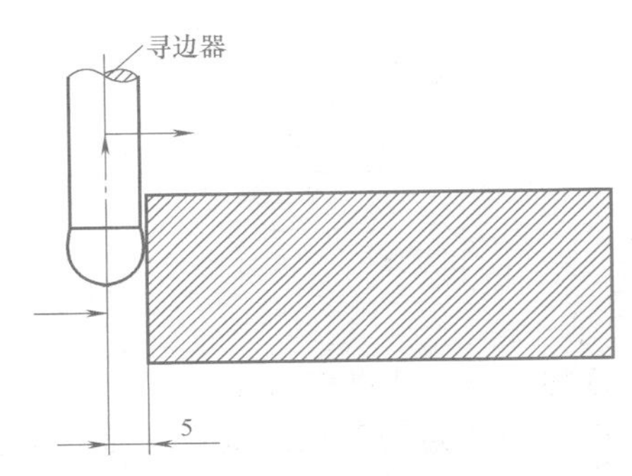

图 5-8　采用寻边器对刀

刀具 Z 向对刀数据与刀具在刀柄上的装夹长度及机床坐标系的 Z 向零点位置有关。它确定了工件坐标系的原点在机床坐标系中的位置。可以采用刀具直接碰刀对刀，也可利用图 5-9 所示的 Z 向设定器进行精确对刀，其工作原理与寻边器相同。

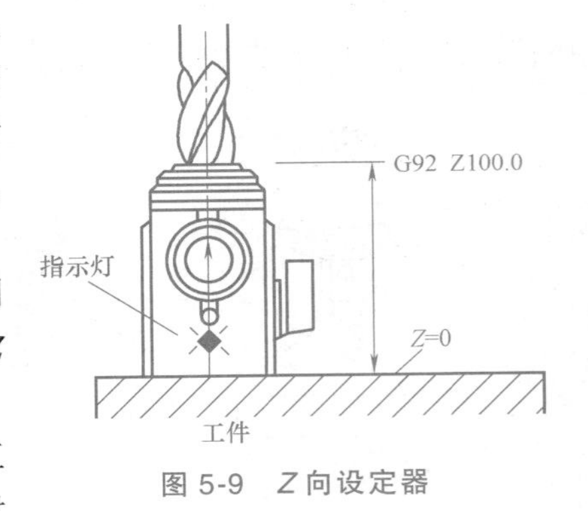

图 5-9　Z 向设定器

对刀时将刀具的端刃与工件表面或 Z 向设定器的测头接触，利用机床坐标的显示来确定对刀值。当使用 Z 向设定器对刀时，要将 Z 向设定器的高度考虑进去。

另外，由于加工中心刀具较多，每把刀具到机床工件坐标系 Z 坐标零点的距离都不相同（采用基准刀具对刀时，可将这些距离的差值设置为刀具的长度补偿值），因此需要在机床上或专用对刀仪上测量每把刀具的长度（即刀具预调），并记录在刀具明细表中，供机床操作人员使用。

Z 向对刀一般有两种方法。

（1）机上对刀　可将每把刀具的刀位点与工件表面相接触，依次确定每把刀具与工件在机床坐标系中的相互位置关系；也可采用 Z 向设定器依次确定每把刀具与工件在机床坐标系中的相互位置关系，其操作步骤如下：

1）依次将刀具装在主轴上，利用 Z 向设定器确定每把刀具到工件坐标系 Z 向原点的距离，如图 5-10 所示的 A、B、C，并记录下来。

2）选定其中的一把刀具，作为基准刀具，如图 5-10 所示的 T01，将其对刀值 A 作为工件坐标系的 Z 值，此时 T01 的长度补偿值 H01=0；

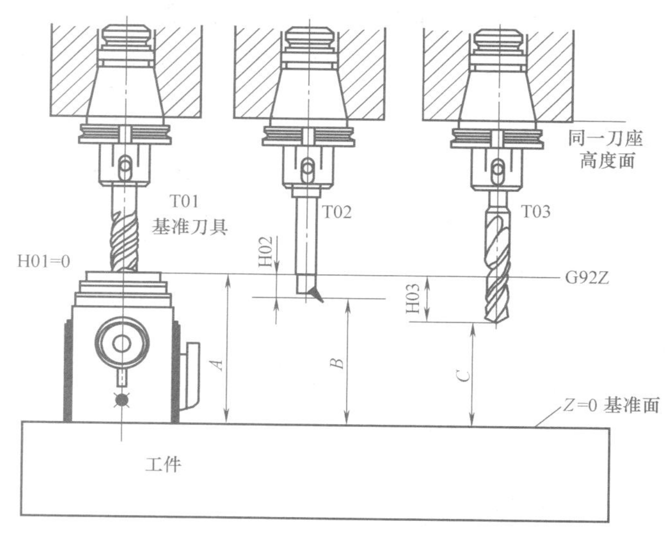

图 5-10 基准刀具对刀时刀具长度补偿的设定

3）确定其他刀具的长度补偿值。采用 G43 指令时，T02 的长度补偿值 H02=$A-B$，T03 的长度补偿值 H03=$A-C$。

这种方法对刀效率和精度较高，投资少，但若基准刀具磨损会影响零件的加工精度；另外，这种方法对刀工艺文件编写不便，对生产组织有一定影响。

（2）机外刀具预调+机上对刀　这种方法是先在机床外利用刀具预调仪精确测量每把刀具的轴向尺寸，确定每把刀具的长度补偿值，然后在机床上以主轴轴线与主轴前端面的交点进行 Z 向对刀（即采用刀具相关点进行 Z 向对刀），确定工件坐标系，此时，H01、H02、H03 的值分别为 T01、T02、T03 的刀具长度值，这种方法对刀精度和效率高，便于工艺文件的编写及生产组织，但投资较大。

总之，Z 向对刀无论是机内对刀还是机外对刀都可采用基准刀具对刀或采用刀具相关点对刀，加工时，要根据具体情况而定。

5.2 数控铣削的编程与加工

5.2.1 数控铣削基本编程指令

在这一部分中，将以 FANUC 0i-MA 数控系统为例，主要介绍加工中使用较多的一些基本指令。前面数控车床中介绍过的 G00、G01、G02、G03 以及一些辅助指令等因用法相同或相近就不再介绍了。

1. 设定工件坐标系指令 G92

格式：G92 X __ Y __ Z __；

该指令将工件坐标系原点设定在相对于起刀点的某一空间点上。这一指令通常出现在程序的第一段，用来设定工件坐标系，也可用于在程序中重新设定工件坐标系。G92 指令执行后，所有指定的坐标都是该工件坐标系中的位置。

例如："G92 X20 Y10 Z10;"表示通过该指令确立的工件原点在距离起刀点 $X=-20$mm、$Y=-10$mm、$Z=-10$mm 的位置上，如图 5-11 所示，即将工件装夹到机床上后，在加工开始前通过对刀，使起刀点与对刀点重合，从而确立了工件坐标系原点在机床坐标系中的位置（该图中刀位点也是起刀点）。

特别提示：若将工件装夹到机床上后，程序输入的仍是"G92 X20 Y10 Z10;"，但工件原点不在起刀点的 $X=-20$mm、$Y=-10$mm、$Z=-10$mm 的位置上，则工件原点在机床坐标系中的位置就会发生变化，就不能加工出符合要求的工件。

2. 选择机床坐标系指令 G53

格式：G53 G90 X __ Y __ Z __;

G53 指令使刀具快速定位到机床坐标系中的指定位置上，其中 X、Y、Z 后面的值为当前刀具在机床坐标系中的坐标值。例如；

G53 G90 X-100 Y-100 Z-20;

执行后刀具在机床坐标系中的位置，如图 5-12 所示。

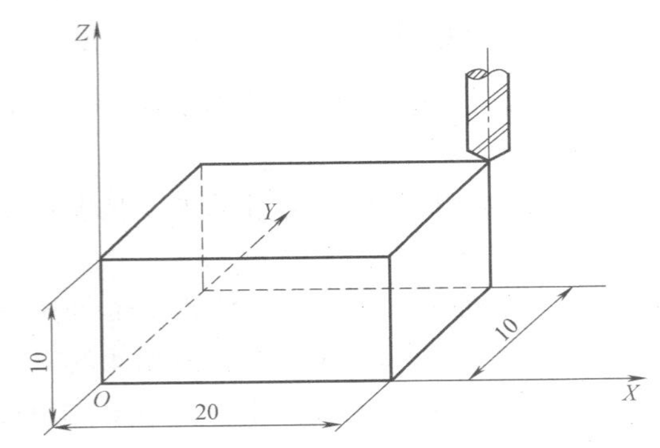

图 5-11 G92 设置工件坐标系

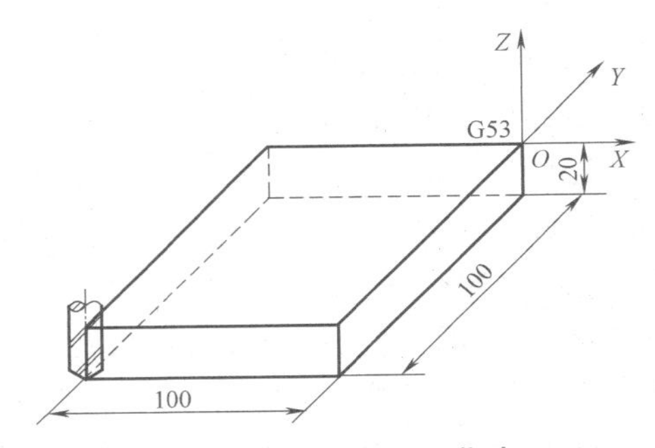

图 5-12 选择机床坐标系指令 G53

3. 选择工件坐标系指令 G54～G59

格式：G54（～G59）G90 G00（G01）X __ Y __ Z __（F __）;

这些指令可以分别用来选择相应的工件坐标系。该指令执行后，所有指定的坐标都是在已选定的工件坐标系中的位置。这六个工件坐标系是通过 CRT/MDI 方式设置的。

例如：将图 5-13 所示工件装夹到机床上后，通过对刀，在 CRT/MDI 参数设置方式下将两个原点 O' 及 O''在机床坐标系中的偏移量分别输入到系统的参数设置区域，就完成了这两个工件坐标系设置。

G54：X-50 Y-50 Z-10。

G55：X-100 Y-100 Z-20。

这时，建立了原点在 O'的 G54 工件坐标系和原点在 O''的 G55 工件坐标系。

在 G54 坐标系下若执行下述程序段：

N10 G53 G90 X0 Y0 Z0;

N20 G54 G90 G01 X50 Y0 Z0 F100;

N30 X50 Y-50 Z-10;

刀位点的运动轨迹如图 5-13 中 $O'AB$ 所示。

在 G55 坐标系下若执行下述程序段：

N10 G53 G90 X0 Y0 Z0；

N20 G55 G90 G01 X100 Y50 Z10 F100；

N30 X100 Y0 Z0；

刀位点的运动轨迹如图 5-13 中 $O''AB$ 所示 。

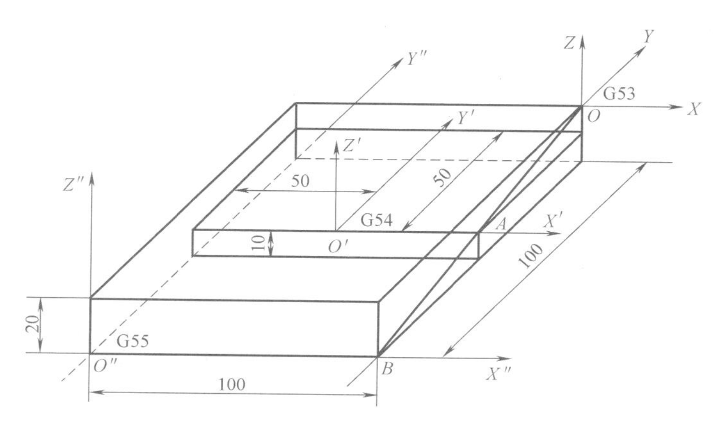

图 5-13　选择工件坐标系指令 G54～G59

特别提示：G92 指令与 G54～G59 指令的区别与联系如下：

1）G92 指令与 G54～G59 指令都可用于设定工件坐标系。

2）G92 指令是通过程序来设定、选用工件坐标系的，其所设定的工件坐标系原点是与当前刀具所在位置有关的，这一工件坐标系原点在机床坐标系中的位置是随当前刀具位置的不同而改变的；而 G54～G59 指令是通过 CRT/MDI 在参数设置方式下设定工件坐标系的，一旦设定，加工原点在机床坐标系中的位置是不变的，其与刀具的当前位置无关，除非再通过 CRT/MDI 方式更改。

3）G92 指令程序段只是设定工件坐标系，而不产生任何动作；而 G54～G59 指令程序段则可以和 G00、G01 指令组合在选定的工件坐标系中进行移动。

【课间互动】

采用 G54 指令和采用 G92 指令建立工件坐标系有什么不同？

4. 选择坐标平面指令 G17、G18、G19

G17、G18、G19 指令用来选择圆弧插补平面和刀具半径补偿平面。G17、G18、G19 指令分别表示选择 *XY*、*XZ*、*YZ* 平面。本系统默认状态为选择在 *XY* 平面内加工。

5. 刀具半径补偿指令 G41（G42）、G40

格式：G41（G42）G00（G01）X __ Y __ D __（F __）；　　建立刀补程序段

…　　轮廓切削程序段

G40 G00（G01）X __ Y __（F __）；　　取消刀补程序段

铣削加工刀具半径补偿分为刀具半径左补偿（用 G41 定义）和刀具半径右补偿（用 G42 定义），使用非零的 D 代码选择正确的刀具半径补偿寄存器号。根据 ISO 标准，迎着垂直于补偿平面的坐标轴的正方向，沿刀具的移动方向看，当刀具中心位于零件轮廓右边时称为刀具半径右补偿；反之称为刀具半径左补偿，如图 5-14 所示；当不需要进行刀具半径补偿时，则用 G40 指令取消刀具半径补偿。

（1）刀具半径补偿的建立　二维轮廓加工，一般均采用刀具半径补偿。在建立刀具半径补偿之前，刀具应远离零件轮廓适当的距离，且应与选定好的切入点和进刀方式协调，保证刀具半径补偿的有效，如图 5-15 所示。刀具半径补偿的建立和取消必须在直线插补段内完成。刀具半径补偿方向由 G41（左补偿）或 G42（右补偿）确定。

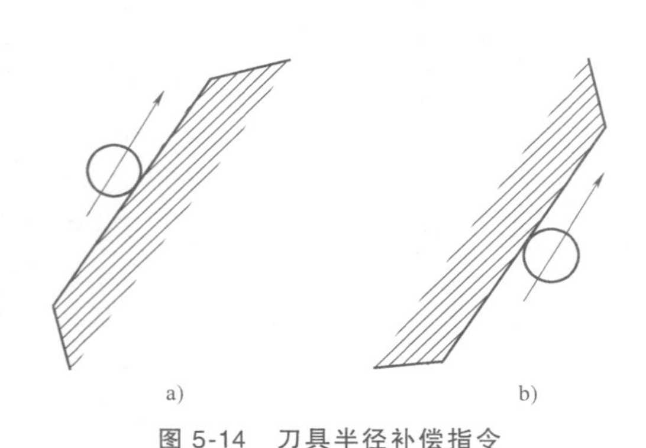

图 5-14　刀具半径补偿指令

a）刀具半径左补偿　b）刀具半径右补偿

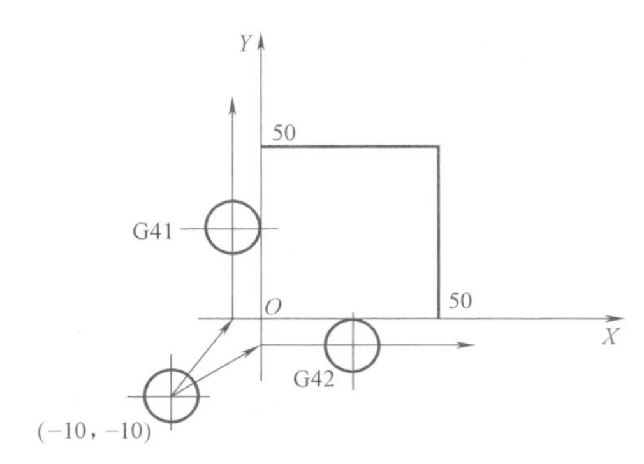

图 5-15　建立刀具半径补偿

在图 5-15 中，建立刀具半径左补偿的有关指令如下：

N10 G90 G92 X-10 Y-10 Z0;　　定义程序原点，起刀点坐标为（-10，-10，0）

N20 S900 M03;　　主轴正转

N30 G17 G01 G41 X0 Y0 D01;　　建立刀具半径左补偿，刀具半径补偿寄存器为 D01

N40 Y50;　　定义首段轮廓

其中 D01 为调用 D01 号刀具半径补偿寄存器中存放的刀具半径值。

建立刀具半径右补偿的有关指令如下。

N30 G17 G01 G42 X0 Y0 D01;　　建立刀具半径右补偿

N40 X50;　　定义首段轮廓

（2）刀具半径补偿取消　刀具撤离工件，回到退刀点，取消刀具半径补偿。与建立刀具半径补偿过程类似。退刀点也应位于工件轮廓之外，距离工件轮廓退出点较近，可以与起刀点相同，也可以不相同。如图 5-15 所示，假如退刀点与起刀点相同的话，其取消刀具半径补偿的有关指令如下：

N100 G01 X0 Y0;　　加工到工件原点

N110 G01 G40X-10 Y-10;　　取消刀具半径补偿，退回到退刀点

特别提示：

1）刀补的建立和取消要求必须在 G00 或 G01 路线段，但在刀补进行的中间轨迹线中，还是允许圆弧段轨迹的。

2）在刀补进行中的程序段之间，不能有任何一个刀具不移动的指令程序段出现。

3）在指定刀补平面执行刀补时，也不能出现连续两个仅第三轴移动的指令，否则将可能

产生刀补自动取消然后又重新建立的刀补过程，因而在继续运行程序时出现过切或少切现象。

4）刀补的建立和取消需要一个过程，所以必须要给机床一个建立和取消的时间，也就是说必须要让它移动一定距离才能建立或取消完毕，否则将可能出现过切或少切现象，具体多长时间需要根据机床而定。

5）建立或取消过程与下一运动路线的夹角要大于90°，否则可能报警。

例5-1　试编制图5-16所示零件外轮廓面 *ABCDEFGA* 的精铣数控加工程序，并选择合适的刀具（用G92指令建立工件坐标系）。

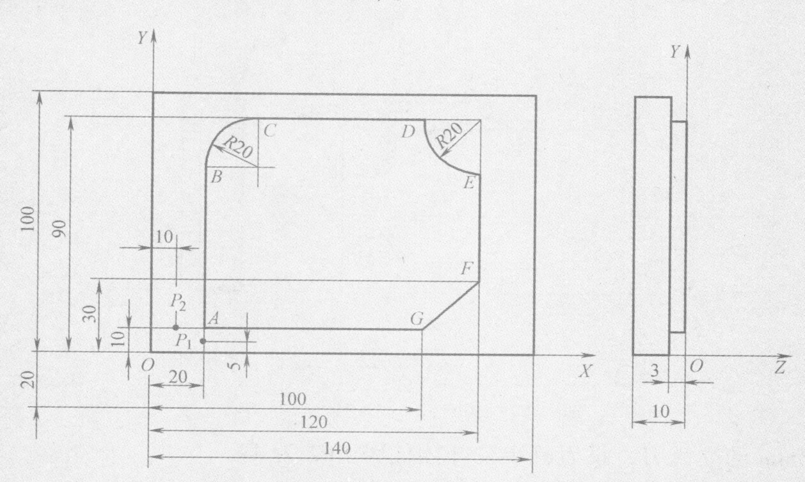

图5-16　刀具半径补偿指令应用1

根据零件图上的最小凹圆半径，选择 ϕ16mm 的立铣刀，设刀具半径补偿代码D01为8。

程序编制如下：

O0001;	程序名
N10 G92 X-20 Y-20 Z10;	设定工件坐标系
N20 M03 S1000;	主轴正转
N30 G00 Z3;	下刀至进刀平面
N40 G01 Z-3 F100;	下刀至切削平面
N50 G41 X20 Y5 D01;	建立刀具半径左补偿
N60 Y70;	直线插补至 *B* 点（$P_1 \rightarrow A \rightarrow B$）
N70 G02 X40 Y90 I20 J0;	顺时针圆弧插补至 *C* 点（$B \rightarrow C$）
N80 G01 X100;	直线插补至 *D* 点（$C \rightarrow D$）
N90 G03 X120 Y70 R20;	逆时针圆弧插补至 *E* 点（$D \rightarrow E$）
N100 G01 Y30;	直线插补至 *F* 点（$E \rightarrow F$）
N110 X100 Y10;	直线插补至 *G* 点（$F \rightarrow G$）
N120 X10;	直线插补至 P_2 点（$G \rightarrow A \rightarrow P_2$）
N130 G40 X-20 Y-20;	取消刀具半径补偿

N140 G01 Z3；	抬刀至退刀平面
N150 G00 Z10；	抬刀至安全平面
N160 M05；	主轴停止
N170 M30；	程序结束

例 5-2 试编制图 5-17 所示零件内轮廓面 *ABCD* 的精铣数控加工程序（用 G54 指令建立工件坐标系，设置 G54：$X=-300$，$Y=-100$，$Z=-50$）。

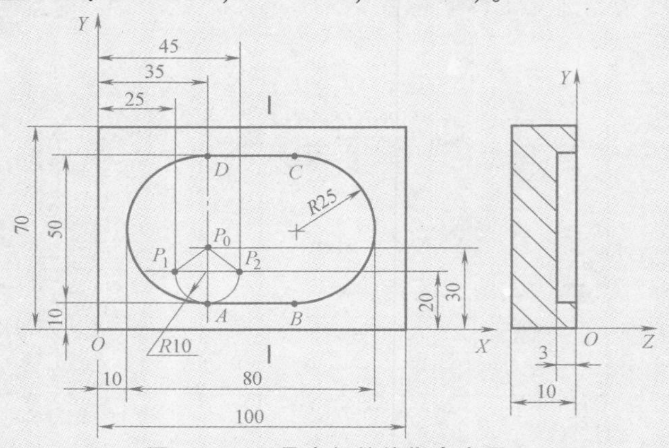

图 5-17 刀具半径补偿指令应用 2

选择 ϕ8mm 的立铣刀，设刀具半径补偿代码 D02 为 4。

程序编制如下：

O0002；	程序名
N10 G54 G90 G00 X0 Y0 Z50；	进入工件坐标系
N20 M03 S1000；	主轴正转
N30 G00 Z3；	下刀至进刀平面
N40 X35 Y30；	快速移至点 P_0
N50 G01 Z-3 F100；	下刀至切削平面
N60 G41 X25 Y20 D02；	建立刀具半径左补偿（$P_0 \to P_1$）
N70 G03 X35 Y10 R10；	逆时针圆弧插补至 *A* 点（$P_1 \to A$）
N80 G01 X65；	直线插补至 *B* 点（$A \to B$）
N90 G03 Y60 R25；	逆时针圆弧插补至 *C* 点（$B \to C$）
N100 G01 X35；	直线插补至 *D* 点（$C \to D$）
N110 G03 Y10 R25；	逆时针圆弧插补至 *A* 点（$D \to A$）
N120 G03 X45 Y20 R10；	逆时针圆弧插补至 P_2 点（$A \to P_2$）
N130 G40 G01 X35 Y30；	取消刀具半径补偿（$P_2 \to P_0$）
N140 G01 Z3；	抬刀至退刀平面
N150 G00 Z50；	抬刀至安全平面
N160 M05；	主轴停止
N170 M30；	程序结束

6. 刀具长度补偿指令 G43（G44）、G49

使用刀具长度补偿功能，可以在当实际使用刀具长度与编程时估计的刀具长度有出入时，或刀具磨损后刀具长度变短时，不需重新改动程序或重新进行对刀调整，仅只需改变刀具数据库中刀具长度补偿量即可。刀具长度补偿指令有 G43、G44 和 G49 三个，其使用格式如下：

G43（G44）G00（G01）Z __ H __；　　　　刀具长度正补偿 G43、负补偿 G44

G49 G00（G01）Z __；　　　　刀具长度补偿取消

在 G17 指令的情况下，刀具长度补偿 G43、G44 只用于 *Z* 轴的补偿，而对 *X* 轴和 *Y* 轴无效。格式中，*Z* 值是属于 G00 或 G01 的程序指令值，同样有 G90 和 G91 两种编程方式。H 为刀具长度补偿号，其后面的两位数字是刀具长度补偿寄存器的地址号，如 H01 是指 01 号寄存器，在该寄存器中存放刀具长度的补偿值。刀具长度补偿号可用 H00～H99 来指定。

执行 G43 指令时，*Z* 实际值=*Z* 指令值+H××。

执行 G44 指令时，*Z* 实际值=*Z* 指令值- H××。

其中，H××是指××寄存器中的补偿量，其值可以是正值或者是负值。当刀具长度补偿量取负值时，G43 指令和 G44 指令的功效将互换。

刀具长度补偿指令通常用在下刀及抬刀的直线段程序 G00 或 G01 中，使用多把刀具时，通常是每一把刀具对应一个刀具长度补偿号，下刀时使用 G43 或 G44，该刀具加工结束后抬刀时使用 G49 指令取消刀具长度补偿。

例如：刀具长度补偿寄存器 H02 中存放的刀具长度补偿值为 10，对于数控铣床，执行以下程序段：

N30 G90 G43 Z-20　H02；

刀具实际运动到 Z(-20+10)=Z-10 的位置，如图 5-18 所示；如果该程序段改为：

N30 G90 G44 Z-20　H02

则刀具实际运动到 Z(-20-10)=Z-30 的位置，如图 5-19 所示。

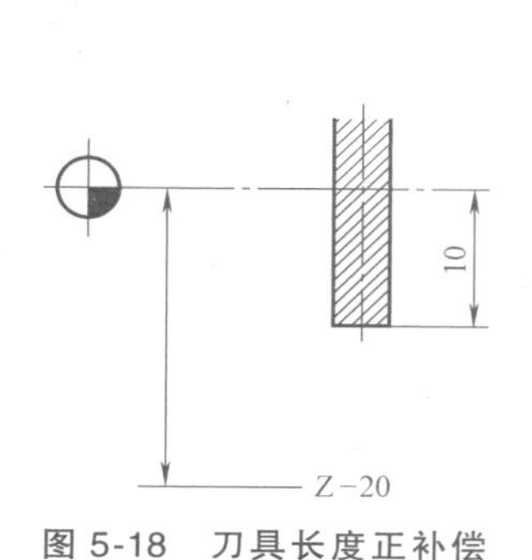

图 5-18　刀具长度正补偿

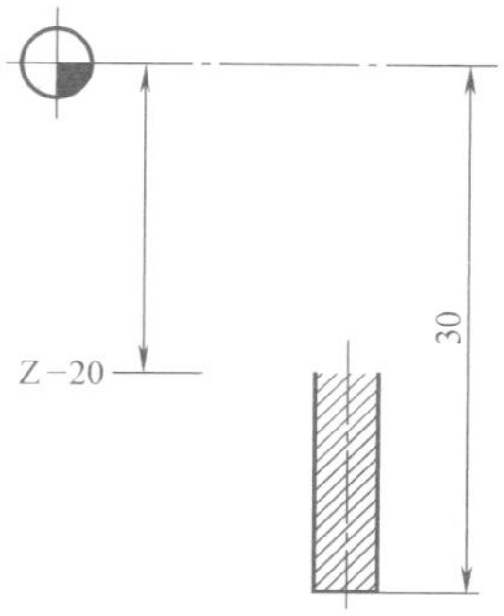

图 5-19　刀具长度负补偿

【课间互动】

运用刀具半径补偿指令有什么好处？

7. 极坐标编程指令 G15、G16

格式：

G16 X __ Y __；极坐标指令（极坐标方式）

G15；极坐标指令取消（极坐标方式取消）

说明：

G16：极坐标指令。

G15：极坐标指令取消。

G17~G19：极坐标指令的平面选择。

G90：指定工件坐标系的原点作为极坐标系的原点，从该点测量半径。

G91：指定当前位置作为极坐标系的原点，从该点测量半径。

X 值：极坐标半径。

Y 值：极角。

特别提示：

1）坐标值可以用极坐标（半径和角度）输入。角度的正向是所选平面的第 1 轴正向的逆时针转向，而负向是顺时针转向。

2）半径和角度两者可以用绝对值指令或增量值指令（G90/G91）。

3）设定工件坐标系原点作为极坐标系的原点。可用绝对值编程指令指定半径（原点和编程点之间的距离）。当使用局部坐标系（G52）时，局部坐标系的原点变成极坐标系的原点。

4）设定当前位置作为极坐标系的原点。用增量值编程指令指定半径（当前位置和编程点之间的距离）时，当前位置指定为极坐标系的原点。

8. 段间过渡指令 G09、G61、G64

除用暂停指令来保证两程序段间的准确连接外，还可用段间过渡指令来实现。

1）准停校验指令 G09。一个包含 G09 的程序段在终点进给速度减到 0，确认进给电动机已经到达规定终点的范围内，然后继续进行下一个程序段。该功能可用于形成尖锐的棱角。G09 是非模态指令，仅在其被规定的程序段中有效。

2）精确停止校验指令 G61。在 G61 指令后的各程序段的移动指令都要在终点被减到 0，直到遇到 G64 指令为止。在终点处确定为到位状态后继续执行下一个程序段，这样便可确保实际轮廓和编程轮廓相符。

3）连续切削过渡指令 G64。在 G64 指令之后的各程序段直到遇到 G61 指令为止，所编程的轴的移动刚开始减速时就开始执行下一个程序段。因此，加工轮廓转角处时就可能形成圆角过渡；进给速度越大，则转角就越大。

【课间互动】

配有 FANUC 系统的数控铣床，工作时产生爬行现象，工件表面极为粗糙，经检查铣床电气和机械部分都没有问题，大家猜想是什么原因造成的呢？

9. 输入数据单位设定指令 G20、G21

使用 G20、G21 指令可分别选择设定输入数据单位为英制和米制。这两个 G 指令必须在程序的开头，坐标系设定之前，用单独的程序段来指定。如不指定，默认为 G21

米制单位。

5.2.2　数控铣削高级编程指令

1. 子程序调用指令

当程序中含有某些固定顺序或重复出现的区域时，这些顺序或区域可以作为“子程序”存入存储器内，反复调用以简化程序。子程序以外的加工程序称为“主程序”。

现代数控系统一般都提供调用子程序功能。但子程序调用不是数控系统的标准功能，不同的数控系统所用的指令和编程格式不同，具体用法与格式见第3章。

例5-3　如图5-20所示，加工三个形状大小相同的槽，进给速度为100mm/min，主轴转速为1500r/min，试编程。

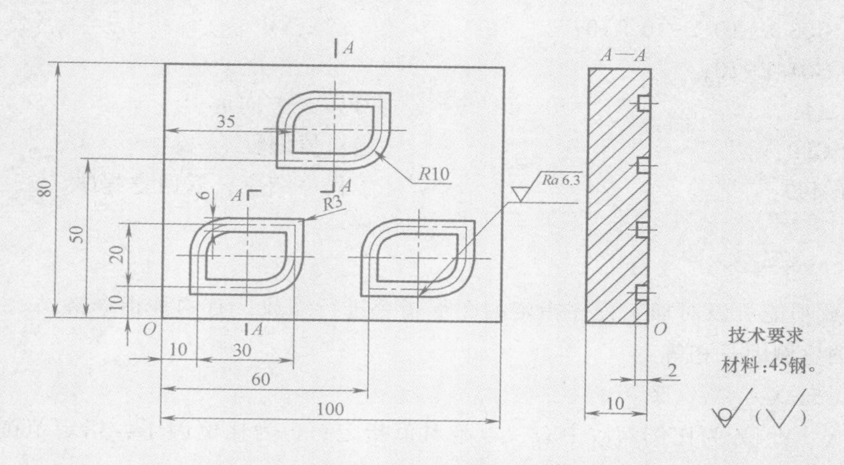

图5-20　品字槽

编程原点选择在图5-20所示的 O 点，选用 ϕ6mm 的立铣刀，采用逆铣。由于考虑到立铣刀不能垂直切入工件，因此采用斜线切入工件：程序编制如下。

O5030;	主程序名
N10 G90 G54 G00 X0 Y0;	设置编程原点，刀具定位于 O 点上方
N20 M03 S1500;	主轴正转，转速为1500r/mim
N30 G43 Z2 H01;	建立刀具长度补偿
N40 G00 X10 Y20 M07;	刀具快进到点（10，20），打开切削液
N50 M98 P8080;	调用子程序，加工槽
N60 G00 X60 Y20;	快进到某一安全平面
N70 M98 P8080;	调用子程序，加工槽
N80 G00 X35 Y60;	快进到某一安全平面
N90 M98 P8080;	调用子程序，加工槽
N100 G00 Z100 M09;	刀具沿 Z 向快退至起始平面，关闭冷却液
N110 X0 Y0	刀具回 O 点上方
N120 M05;	主轴停止

```
N130 M30;                                  主程序结束


O8080                                      子程序名
N1010 G91;                                 增量值编程
N1020 G01 Y-10 Z-4 F100;                   刀具 Z 向斜线下刀
N1030 G01 X20 F100;
N1040 G03 X10 Y10 R10;
N1050 G01 Y10;
N1060 X-20;
N1070 G03 X-10 Y-10 R10;
N1080 G01 Y-10;
N1090 Z4;                                  刀具 Z 方向退刀
N1100 G90;                                 绝对值编程
N1200 M99;                                 子程序结束，返回主程序
```

2. 比例缩放指令

比例缩放功能可以对加工程序指定的图形指令进行缩放，有两种指令格式。

1）各轴比例因子相等。

格式：G51 X __ Y __ Z __ P __;

说明：X、Y、Z 为比例缩放中心，以绝对值指定；P 为比例因子，指定范围为 0.001~999.999 或 0.0001~9.99999 倍。

格式：G50;

若不指定 P，可用 MDI 预先设定的比例因子。若省略 X、Y、Z，则用 G51 指令时，按刀具所在位置作为比例缩放中心。

比例缩放功能由 G50 指令取消。

注意：比例缩放功能不能缩放补偿量。例如：刀具半径补偿量、刀具长度补偿量等。如图 5-21 所示，编程图形缩小 1/2，刀具补偿量不变。

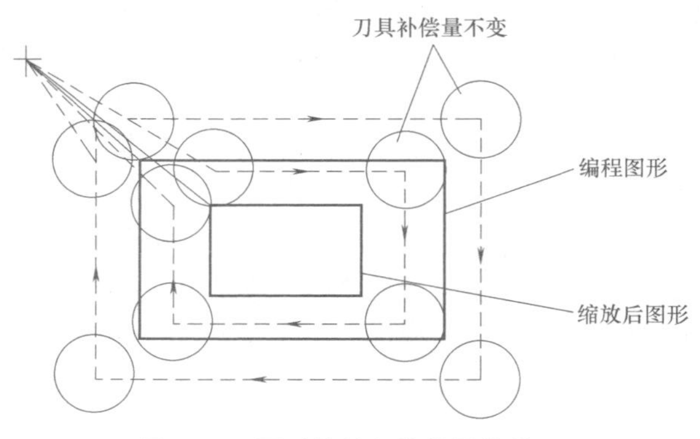

图 5-21　图形缩放与补偿量的关系

例 5-4　原始几何图形如图 5-22 所示，要求按图形中的类似窗口的外轮廓轨迹进给，其程序如下。

```
O0001;                  主程序名
G00 G90 X0 Y0;          到达程序原点
M98 P0200;              调用子程序
M05;                    主轴停止
M30;                    主程序结束
O0200;                  子程序名
M03 S1500 F100;         主轴正转，主轴转速为1500r/min，进给速度为100mm/min
G00 Y10;                快速到达 Y10
G42 G01 X10 D01;        建立右刀补
G01 X20;                加工到 X20
Y20;                    加工到 Y20
G03 X10 R5;             圆弧加工
G01 Y8;                 离开工件
G40 G00 X0 Y0;          取消刀补，并回原点
M99;                    子程序结束，返回主程序
```

以程序原点为缩放中心将图形放大一倍进行加工，如图 5-23 所示，其主程序如下：

```
O0001;                  主程序名
G00 G90 X0 Y0;          到达程序原点
G51 P2;                 以程序原点为缩放中心，将图形放大一倍
M98 P0200;              调用子程序 O0200，加工放大后的图形
G50;                    取消缩放
M05;                    主轴停止
M30;                    主程序结束
```

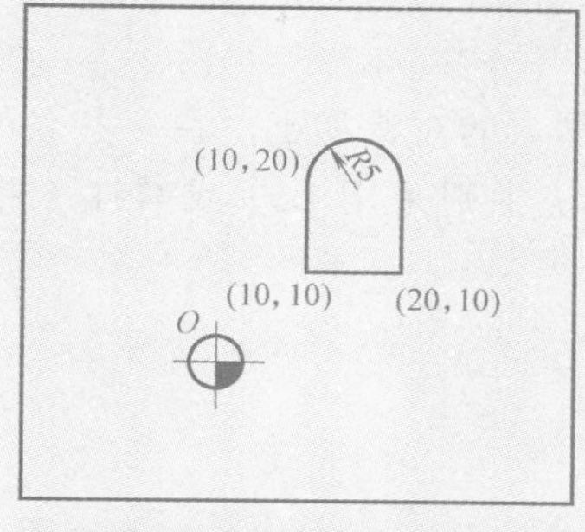

图 5-22　原始几何图形

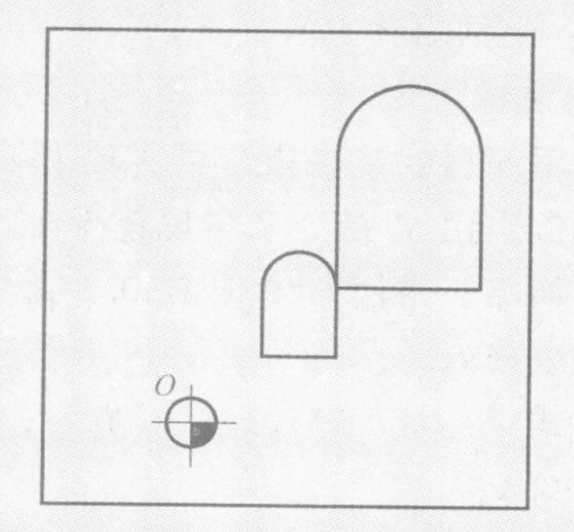

图 5-23　以程序原点为缩放中心进行编程

以给定点为缩放中心将图形放大一倍进行加工，如图 5-24 所示，其主程序如下：

```
O0002;                  主程序名
G00 G90 X0 Y0;          到达程序原点
G51 X15 Y15 P2;         以（15，15）为缩放中心，将图形放大一倍
```

M98 P0200；	调用子程序 O0200，加工放大后的图形
G50；	取消缩放
M05；	主轴停止
M30；	主程序结束

图 5-24　以给定点为缩放中心进行编程

2）各轴比例因子不相等。通过对各轴指定不同的比例，可以按各自比例缩放各轴。

格式：G51 X __ Y __ Z __ I __ J __ K __；

说明：X、Y、Z 为比例缩放中心坐标（以绝对值指定）；I、J、K 为各轴比例因子，指定范围为 0.0001 ~ 9.99999 或±0.001 ~ ±9.999，若省略 I、J、K，则按参数（分别对应 I、J、K）设定的比例因子缩放。这些参数必须设定非零值。比例缩放功能由 G50 指令取消。

注意：比例因子 I、J、K 不用小数点；若要指定不同的比例因子，必须设定 I、J 或 K 值。

如图 5-25 所示，各轴缩放比例因子不同。

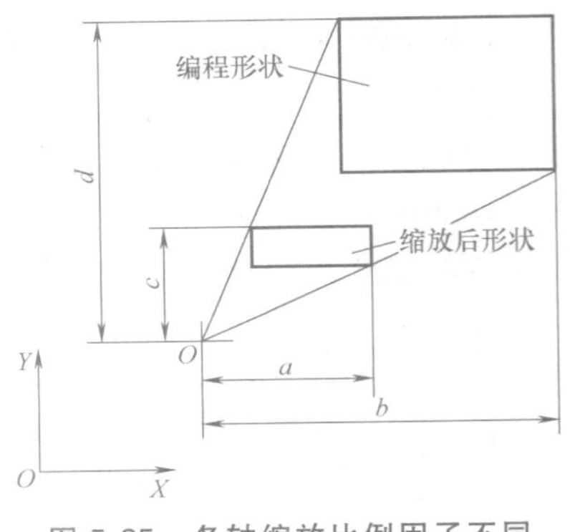

图 5-25　各轴缩放比例因子不同

a/*b*：*X* 轴比例因子。

c/*d*：*Y* 轴比例因子。

O：比例缩放中心。

3．镜像指令

使用编程的镜像指令可实现沿某一对称轴或某一对称点的对称加工。在一些老的数控系统中通常采用 M 指令来实现镜像加工，在 FANUC 0i 系统中则采用 G51 或 G51.1 指令来实现镜像加工，采用 G50 或 G50.1 指令取消镜像加工。

指令格式

格式 1：G17 G51.1 X __ Y __；

G50.1；

格式中的 X、Y 值用于指定对称轴或对称点。当 G51.1 指令后仅有一个坐标值时，该镜像是以某一轴为对称轴，如下指令所示。

G51.1 X10；

该指令表示以某一轴线为对称轴，该轴线与 *Y* 轴相平行，且与 *X* 轴在 *X*=10mm 处相交。当 G51.1 指令后有两个坐标值时，表示该镜像是以某一点作为对称点进行镜像。

例如：对称点为（10，10）的镜像指令是

G51.1 X10 Y10;

格式2：G17 G51 X __ Y __ I __ J __;

G50;

使用此种格式时，指令中的I、J值一定是负值，如果其值为正值，则该指令变成了缩放指令。另外，如果I、J值为负且不等于-1，则执行该指令时，既进行镜像又进行缩放。

特别提示：

1）在指定平面内执行镜像指令时，如果程序中有圆弧指令，则圆弧的旋转方向相反，即G02变成G03，相应地，G03变成G02。

2）在指定平面内执行镜像指令时，如果程序中有刀具半径补偿指令，则刀具半径补偿的补偿方向相反，即G41变成G42，相应地，G42变成G41。

3）在指定平面内执行镜像指令时，如果程序中有坐标旋转指令，则坐标旋转方向相反，即顺时针变成逆时针，相应地，逆时针变成顺时针。

4）数控系统数据处理的顺序是从程序镜像到比例缩放，所以在指定这些指令时，应按顺序指定，取消时，应按相反顺序取消。在旋转方式或比例缩放方式不能指定镜像指令G50.1或G51.1，但在镜像指令中可以指定比例缩放指令或坐标系旋转指令。

5）在可编程镜像方式中，不能指定返回参考点指令（G27、G28、G29、G30）和坐标系设定指令（G54～G59、G92）。如果要指定其中的某一个，则必须在取消可编程镜像后进行。

6）在使用镜像功能时，由于数控铣床的Z轴一般安装有刀具，所以，Z轴一般都不进行镜像加工。

例5-5　试利用镜像功能编制图5-26所示零件的数控铣削加工程序。

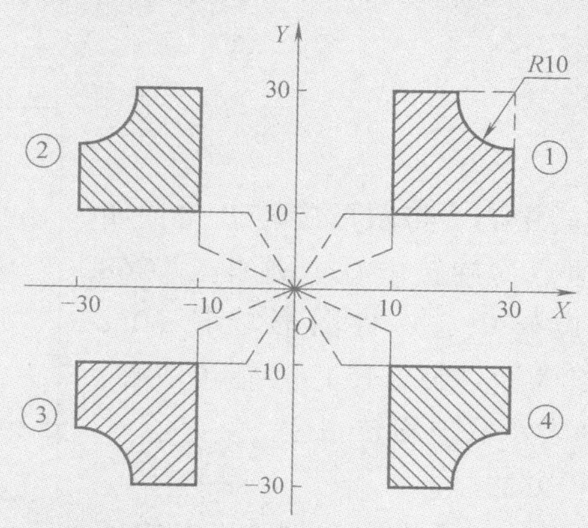

图5-26　镜像功能应用图例

主程序编制如下：

主程序：

O0005;

N10 G92 X0 Y0 Z25;

N20 M03 S800;

```
N30 M98 P1005;                    调子程序铣①图
N40 G51.1 X0;                     Y 轴镜像
N50 M98 P1005;                    调子程序铣②图
N60 G51.1 X0 Y0;                  原点镜像
N70 M98 P1005;                    调子程序铣③图
N80 G51.1 Y0;                     X 轴镜像
N90 M98 P1005;                    调子程序铣④图
N100 G50.1;                       取消镜像
N110 M05;
N120 M30;
子程序:
O1005;
N10 G41 G00 X10 Y5 D01;
N20 Z3;
N30 G01 Z-3 F100;
N40 Y30;
N50 X20;
N60 G03 X30 Y20 I10;
N70 G01 Y10;
N80 X5;
N90 G00 Z25;
N100 G40 X0 Y0;
N110 M99;
```

4. 坐标旋转指令

格式：G68 X __ Y __ R __;

以给定点（*X*，*Y*）为旋转中心，将图形旋转 *R* 角；如果省略（*X*，*Y*），则以程序原点为旋转中心。例如："G68 R60;" 表示以程序原点为旋转中心，将图形旋转 60°；"G68 X15 Y15 R60;" 表示以坐标（15，15）为旋转中心，将图形旋转 60°。G69 指令则表示取消旋转指令。

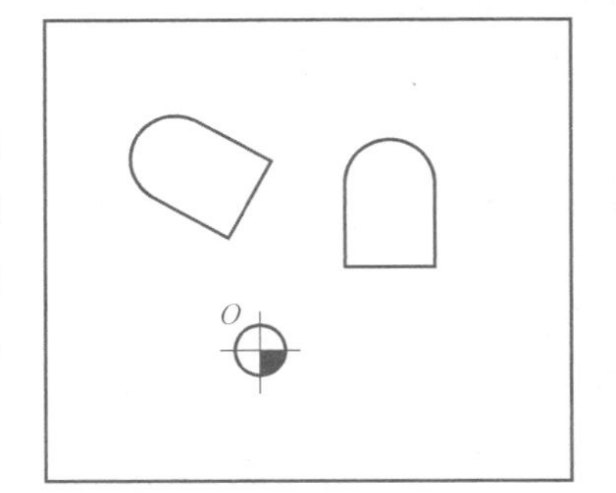

图 5-27 以程序原点为旋转中心进行编程

下面通过示例说明其编程方法。

原始几何图形如图 5-27 所示。子程序与例 5-4 中的子程序 O0020 相同。现以程序原点为旋转中心将图形旋转 60°后加工，其主程序如下：

```
O0003;                    主程序名
G00 G90 X0 Y0;            到达程序原点
G68 R60;                  以程序原点为旋转中心，将图形旋转 60°
M98 P0200;                调用子程序 O0200，加工旋转 60°后的图形
```

G69;　　　　　　　　　　　取消旋转
M05;　　　　　　　　　　　主轴停止
M30;　　　　　　　　　　　主程序结束

以给定点为旋转中心将图形旋转60°后加工，其主程序如下：

O0004;　　　　　　　　　　主程序号
G00 G90 X0 Y0;　　　　　　到达程序原点
G68 X15 Y15 R60;　　　　　以（15，15）为旋转中心，将图形旋转60°
M98 P0200;　　　　　　　　调用子程序O0200，加工旋转60°后的图形
G69;　　　　　　　　　　　取消旋转
M05;　　　　　　　　　　　主轴停止
M30;　　　　　　　　　　　主程序结束

【课前互动】

1. 什么时候采用极坐标编程比较合适？
2. 指令G51 X__Y__Z__I__J__K__中，各参数的含义是什么？
3. 程序“G51.1 X0 Y0;”表示什么意思？
4. 以坐标（10，30）为旋转中心将图形旋转30°，其程序是怎样的？
5. 设在已经执行了“G01 X30 Z-6 F150;”后，再执行“G91 G01 Z15;”，则此时Z方向正向移动量为（　　）。

A. 9mm　　　　B. 21mm　　　　C. 15mm

6. 整圆的直径为ϕ40mm，要求由A（20，0）点逆时针圆弧插补并返回A点，其程序段为（　　　）。

A. G91　G03　X20.0　Y0　I-20.0　J0　F100;
B. G90　G03　X20.0　Y0　I-20.0　J0　F100;
C. G91　G03　X20.0　Y0　R-20.0　F100;
D. G90　G03　X20.0　Y0　R-20.0　F100;

5.2.3　G指令的应用——螺旋线插补、倒角和拐角圆弧过渡

1. 螺旋线插补指令G02、G03

螺旋线插补指令与圆弧插补指令相同，即G02和G03，分别表示顺时针、逆时针螺旋线插补，顺逆方向与圆弧插补相同。在进行圆弧插补时，沿垂直于插补平面的坐标同步运动，构成螺旋线插补运动，如图5-28所示。

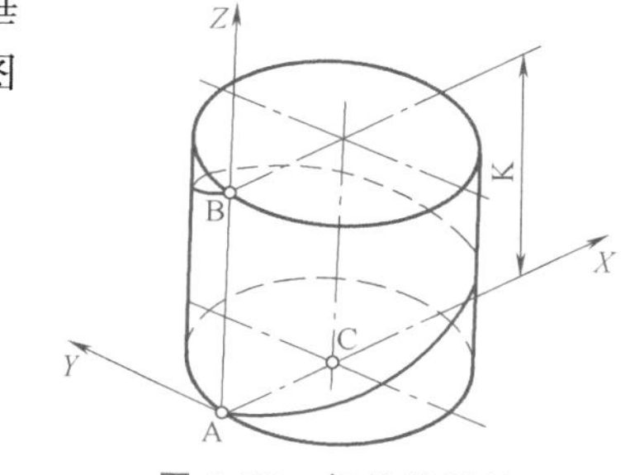

图5-28　螺旋线插补
A—起点　B—终点　C—圆心　K—导程

格式：

G17 G02/G03 X__Y__Z__I__J__K__；或
G17 G02/G03 X__Y__Z__R__K__；
G18 G02/G03 X__Y__Z__I__K__J__；或
G18 G02/G03 X__Y__Z__R__J__；
G19 G02/G03 X__Y__Z__J__K__I__；或

G19 G02/G03 X __ Y __ Z __ R __ I __;

下面以“G17 G02/G03 X __ Y __ Z __ I __ J __ K __;”或“G17 G02/G03 X __ Y __ Z __ R __ K __;”为例，介绍各参数的意义，另外两种格式中的参数意义相同。

X、Y、Z 是螺旋线的终点坐标。

I、J 是圆心在 *X*、*Y* 轴上相对于螺旋线起点的坐标。

R 是螺旋线在 *XY* 平面上的投影半径。

K 是螺旋线的导程（单头即为螺距），取正值。

与平面上的圆弧插补类似，现代数控系统一般采用第一种格式，即 G17 G02/G03 X __ Y __ Z __ I __ J __ K __;

例 5-6 图 5-29 所示的螺旋槽由两个螺旋面组成，前半圆 *AmB* 为左旋螺旋面，后半圆 *AnB* 为右旋螺旋面。螺旋槽最深处为 *A* 点，最浅处为 *B* 点。要求用 ϕ8mm 的立铣刀加工该螺旋槽，试编制数控加工程序。

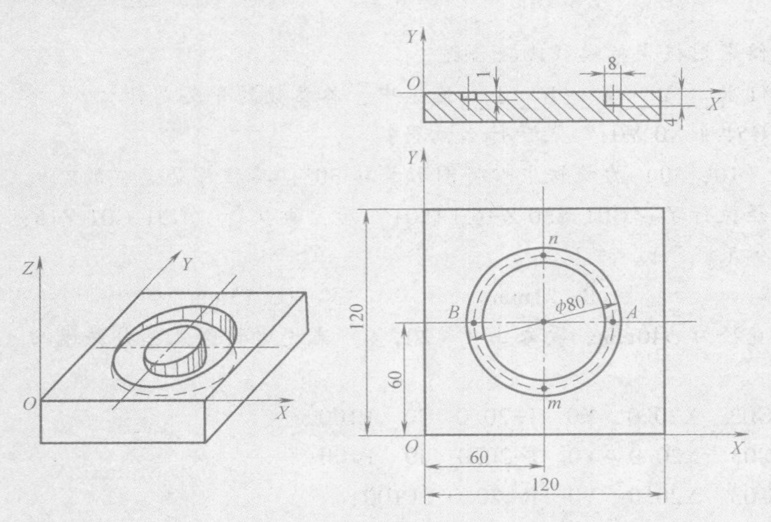

图 5-29 螺旋槽加工

计算求得刀心轨迹坐标为

A 点：$X=96$mm，$Y=60$mm，$Z=-4$mm。

B 点：$X=24$mm，$Y=60$mm，$Z=-1$mm。

导程为 *K*6。

程序编制如下：

```
G00 Z50;
G00 X24 Y60;
G00 Z2;
M03 S1500;
G01 Z-1 F50;
G03 X96 Y60 Z-4 I36 J0 K6 F150;
G03 X24 Y60 Z-1 I-36 J0 K6;
```

```
G01 Z1.5;
G00 Z50;
X0 Y0;
M05;
M30;
```

2. 倒角和拐角圆弧过渡指令

在 FANUC 系统中，倒角和拐角圆弧过渡程序段可以自动地插入在直线插补和直线插补程序段之间、直线插补和圆弧插补程序段之间、圆弧插补和直线插补程序段之间、圆弧插补和圆弧插补程序段之间。

指令格式如下：

（1）C　倒角。

（2）R　拐角圆弧过渡。

特别提示：

1）上面的指令加在直线插补 G01、圆弧插补 G02 或 G03 程序段的末尾时，加工中自动在拐角处加上倒角或过渡圆弧。倒角和拐角圆弧过渡的程序段可连续地指定。

2）在 C 之后，指定从虚拟拐点到拐角起点和终点的距离。虚拟拐点是假定不执行倒角的情况下实际存在的拐角点。例如：加工图 5-30 所示的倒角，假如底边起点到虚拟拐点距离为 100mm，程序编制如下。

G91 G01 X100，C10；

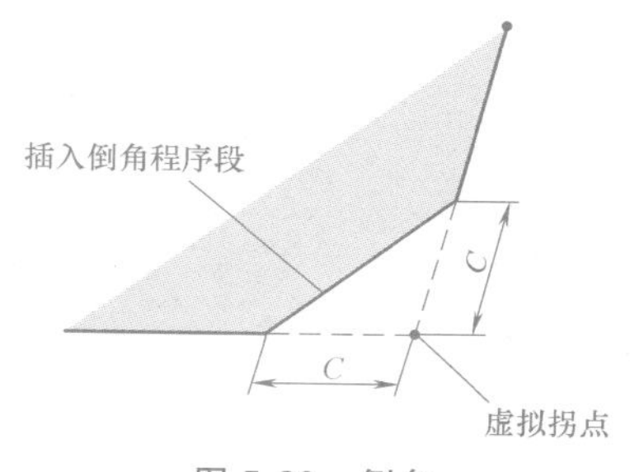

图 5-30　倒角

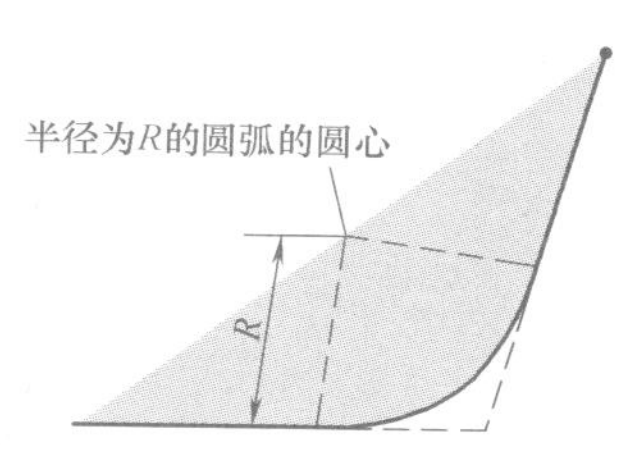

图 5-31　拐角圆弧过渡

3）在 R 之后指定拐角圆弧的半径。例如：加工图 5-31 所示的拐角圆弧过渡，假如底边起点到虚线交点距离为 100mm，程序编制如下：

G91 G01 X100 R10；

4）倒角和拐角圆弧过渡只能在（G17、G18 或 G19）指定的平面内执行。平行轴不能执行这些功能。

5）倒角或拐角圆弧过渡的程序段必须跟随一个用直线插补（G01）或圆弧插补（G02 或 G03）指令的程序段。如果下一个程序段不包含这些指令，出现 P/S 报警。

6）只能在同一平面内执行的移动指令才能插入倒角或拐角圆弧过渡程序段。在平面切换之后（G17、G18 或 G19 被指定）的程序段中，不能指定倒角或拐角圆弧过渡。

7）如果插入的倒角或拐角圆弧过渡程序段引起刀具超过原插补移动的范围，发出 P/S

报警。

8）在坐标系变动（G92 或 G52～G59）或执行返回参考点（G28～G30）之后的程序段中，不能指定倒角或拐角圆弧过渡。

9）当执行两个直线插补程序段时，如果两个直线之间的角度是±1°以内，那么，倒角或拐角圆弧过渡程序段被当作一个移动距离为 0 的移动，从而无法倒角。

10）下面的 G 指令不能用在指定倒角和拐角圆弧过渡程序段中。它们也不能用在决定一个连续形状的倒角和拐角圆弧过渡的程序段之间。

① 00 组 G 指令（除了 G04 以外）。

② 16 组的 G68 指令。

11）拐角圆弧过渡不能在螺纹加工程序段中指定。

12）DNC 运行不能使用任意角度倒角和拐角圆弧过渡。

例 5-7　如图 5-32 所示，零件的加工程序如下：

```
N001 G92 G90 X0 Y0;
N002 G00 X10 Y10;
N003 G01 X50 F150, C5;
N004 Y25, R8;
N005 G03 X80 Y50 R30, R8;
N006 G01 X50, R8;
N007 Y70, C5;
N008 X10, C5;
N009 Y10;
N010 G00 X0 Y0;
N011 M30;
```

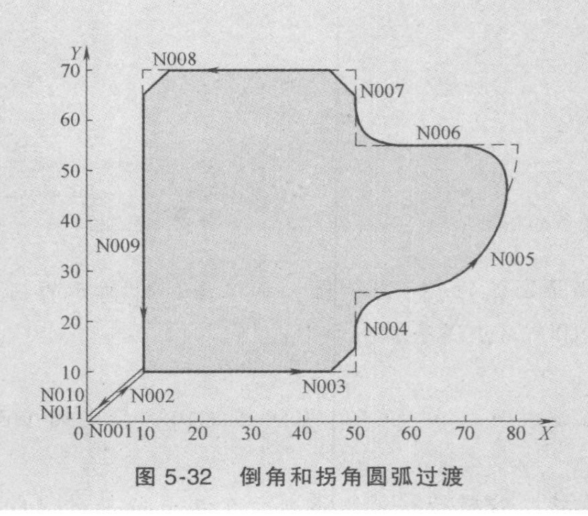

图 5-32　倒角和拐角圆弧过渡

5.3　孔加工的固定循环指令

钻孔、攻螺纹、镗孔、深孔钻削、拉、镗等孔加工工序所需完成的动作十分典型，并且在同一个面上完成数个相同的加工动作（图 5-33 所示的钻孔加工路线）。每个孔的加工过程相同，即快速进给、工进钻孔、快速退出，然后在新的位置定位后重复同样的动作。编写程序时，同样的程序段需要编写若干次，十分麻烦。使用固定循环指令，可以大大简化程序的编制。表 5-1 列出了孔加工的固定循环指令，包括 12 种固定循环指令和一种取消固定循环指令 G80。

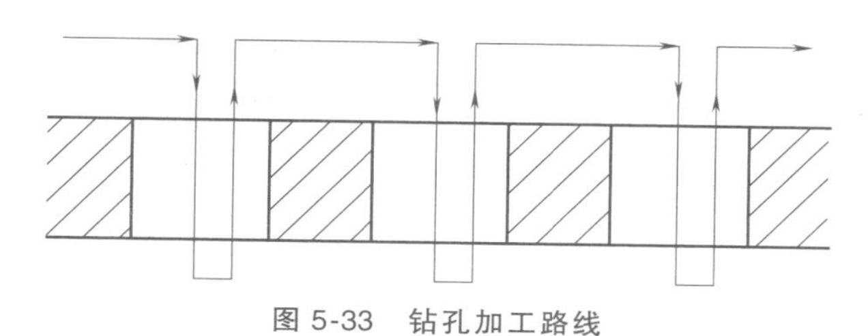

图 5-33　钻孔加工路线

1. 孔加工的固定循环的组成

图 5-34 所示的固定循环由下面六个动作组成。

动作 1——*X*、*Y* 轴定位。

动作 2——快速移动到 *R* 点。

动作 3——孔加工。

动作 4——孔底动作，见 5-1。

动作 5——退回到 *R* 点，退刀方式见表 5-1。

动作 6——快速回到初始点。

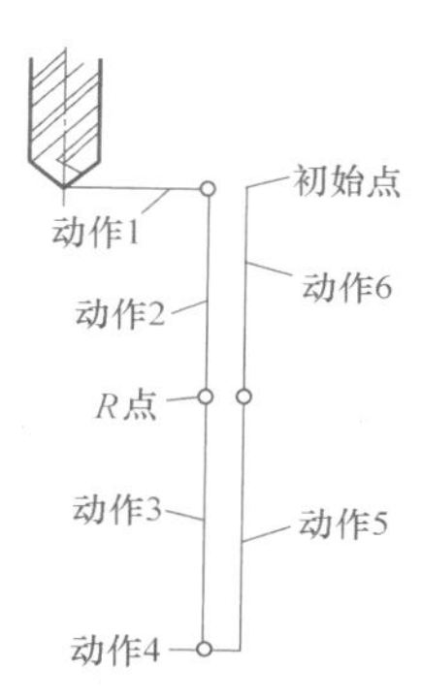

图 5-34　固定循环的动作

固定循环坐标轴定位只能在 *OXY* 平面内，要加工孔在 *Z* 方向上，不能在其他平面内定位加工，与平面选择 G 指令（G17、G18、G19）无关。

2. 孔加工的固定循环的动作顺序指定

固定循环的动作顺序指定应当考虑三个问题：①数据使用绝对值（G90）编程方式还是增量值（G91）编程方式；②返回点平面选在初始平面还是 *R* 点平面；③采用哪种加工方式（G73～G89）。

表 5-1　孔加工的固定循环指令

G 指令	开孔动作(-*Z* 方向)	孔底动作	退刀方式(+*Z* 方向)	功能
G73	间歇进给	—	快速	高速渐进钻削
G74	切削进给	暂停、主轴正转	切削进给	攻螺纹
G76	切削进给	主轴准停	快速	精镗循环
G80	—	—	—	取消固定循环
G81	切削进给	—	快速	钻孔、锪孔
G82	切削进给	暂停	快速	钻、镗阶梯孔
G83	间歇进给	—	快速	渐进钻削
G84	切削进给	暂停、主轴反转	切削进给	攻螺纹
G85	切削进给	—	切削进给	镗孔
G86	切削进给	主轴停止	快速	镗孔
G87	切削进给	主轴停止	快速	反镗
G88	切削进给	暂停、主轴停止	手动	镗孔
G89	切削进给	暂停	切削进给	镗孔

3. 加工方式（G73～G89）

当指定 G90 指令时，数据给定方式如图 5-35a 所示；当指定 G91 指令时，数据给定方式如图 5-35b。两种指定的区别是 G90 指令编程方式中的 *Z*、*R* 点的数据是工件坐标系 *Z* 轴的坐标值，而 G91 指令编程方式中的 *Z*、*R* 点的数据是相对前一点的增量值。

在返回动作中，若刀具返回 *R* 点平面时，用 G99 指令指定，若返回初始平面时，用 G98 指令指定，如图 5-36 所示。通常加工一组相同的孔时，加工第一个孔后，用 G99 指令返回 *R* 点平面，加工最后一个孔后，用 G98 指令返回初始平面。

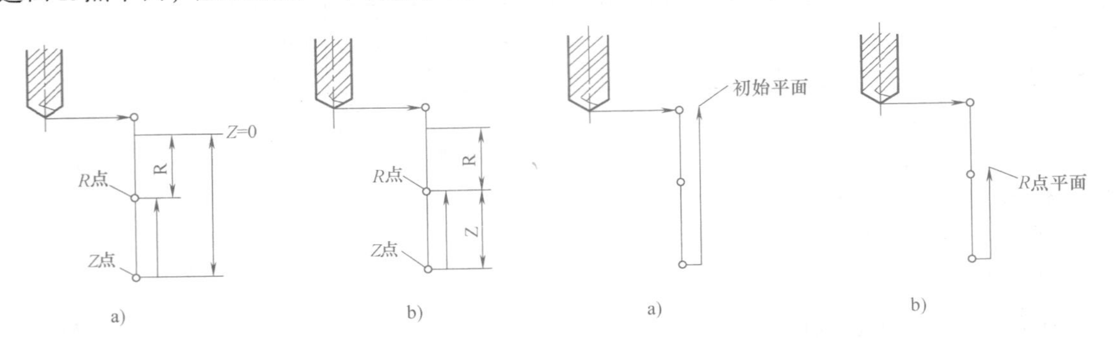

图 5-35　G90 指令和 G91 指令的坐标指定　　图 5-36　G98 指令和 G99 指令的平面指定

G73～G89 固定循环指令的程序段格式：G90（G91）G98（G99）G73～G89 X __ Y __ Z __ R __ Q __ P __ F __ L __；

X、Y 是平面定位点坐标值，可以用绝对值，也可以用增量值。

Z 是使用增量值时，表示从 *R* 点到孔底 *Z* 点的距离；使用绝对值时，表示从 *Z* 轴原点到孔底 *Z* 点的距离，如图 5-35 所示。

R 是使用增量值时，表示从初始点到 *R* 点的距离；使用绝对值时，表示从 *Z* 轴原点到 *R* 点的距离，如图 5-35 所示。

Q 是在 G73 或 G83 指令中，指定每次进给的深度；在 G76 或 G87 指令中，指定刀具的位移量，用增量值给定。

P 是指定刀具在孔底暂停时间。

F 是指定切削进给速度。

L 是固定循环次数，不指定只进行一次。

G73～G89 都是模态指令。

孔加工的固定循环加工方式一旦被指定后，在加工过程中保持不变，直到指定其他的孔加工固定循环方式或使用取消固定循环的 G80 指令为止。所以，在加工同一种孔时，加工方式连续执行，不需要对每个孔重新指定加工方式。因而在使用固定循环指令时，应给出循环加工所需要的全部数据，在固定循环过程中只给出需要改变的数据。

固定循环加工方式由 G80 指令取消，同时，参考点 *R*、*Z* 的值也被取消，即 $R=0$、$Z=0$，此时可以进行通常的程序动作。下面介绍几种常用固定循环。

1）钻孔循环指令 G81。主轴正转，刀具以进给速度向下运动钻孔，到达孔底位置后，快速退回（无孔底动作）。

格式：G81 X __ Y __ Z __ R __ F __ L __；

例 5-8　如图 5-37 所示零件，要求用 G81 指令加工所有的孔，刀具为 ϕ10mm 的钻头，其程序如下：

```
O9988;
N10 G90 G92 X0 Y0 Z50;
N30 G99 M03 S1000;
N40 G00 Z30 M07;
N60 G81 X10 Y10 Z-15 R5 F20;
N70 X50;
N80 Y30;
N90 X10;
N100 G80;
N110 G00 Z50;
N115 X0 Y0;
N120 M09;
N130 M05;
N140 M30;
```

2）钻孔循环指令 G82。与 G81 指令格式类似，唯一的区别是 G82 指令在孔底有进给暂停动作，即当钻头加工到孔底位置时，刀具不做进给运动，并保持旋转状态，使孔的表面更光滑。该指令一般用于扩孔和沉头孔加工。

格式：G82 X __ Y __ Z __ R __ P __ F __ L __；（P 的单位为 ms）

3）钻深孔循环指令 G83。G83 指令与 G81 指令的主要区别是：G83 指令采用间歇进给（分多次进给），有利于排屑。每次进给的深度为 Q，直到孔底位置为止，如图 5-38 所示。

格式：G83 X __ Y __ Z __ R __ Q __ F __ L;

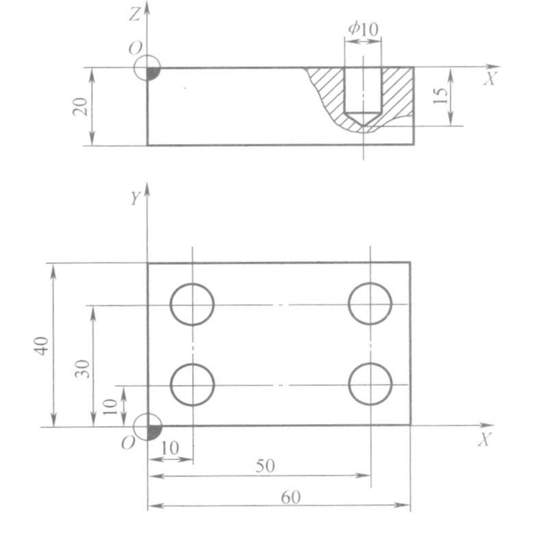

图 5-37　孔加工零件

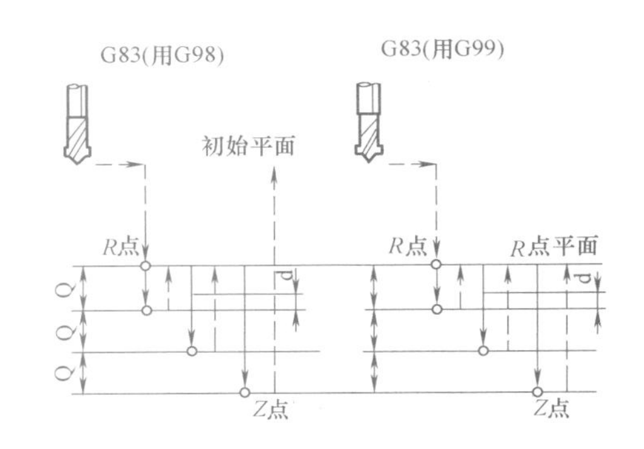

图 5-38　钻深孔循环指令 G83

Q 为每次进给的深度，其必须用增量值设置，为正值。

4）攻螺纹循环指令 G84。攻螺纹进给时主轴正转，退出时主轴反转。

格式：G84 X __ Y __ Z __ R __ P __ F __;

与钻孔加工不同的是，攻螺纹结束后的返回过程不是快速运动，而是以进给速度反转退出。

攻螺纹过程要求主轴转速与进给速度成严格的比例关系，因此，编程时要求根据主轴转速计算进给速度。

该指令执行前，用辅助功能使主轴旋转。

例 5-9　对例 5-8 中的 4 个孔进行攻螺纹，螺纹深度为 10mm，其程序如下。

```
O9988;
N10 G90 G92 X0 Y0 Z50;
N30 G99 M03 S150;
N40 G00 Z30 M07;
N60 G84 X10 Y10 Z-10 R5 F300;
N70 X50;
N80 Y30;
N90 X10;
N100 G80;
N110 G00 Z50;
N115 X0 Y0;
N120 M09;
N130 M05;
N140 M30;
```

5）左旋攻螺纹循环指令 G74。G74 指令与 G84 指令的区别是：进给时为反转，退出时为正转。

格式：G74 X __ Y __ Z __ R __ P __ F __;

6）镗孔循环指令 G85。如图 5-39 所示，主轴正转，刀具以进给速度向下运动镗孔，到达孔底位置后，立即以进给速度退出（没有孔底动作）。

格式：G85 X __ Y __ Z __ R __ F __;

7）镗孔循环指令 G86。G86 指令与 G85 指令的区别是：G86 指令在到达孔底位置后，主轴停止，并快速退出。

格式：G86 X __ Y __ Z __ R __ F __;

8）镗孔循环指令 G89。G89 指令到达孔底位置后暂停。

格式：G89 X __ Y __ Z __ R __ P __ F __;

9）反镗循环指令 G87。如图 5-40 所示，刀具运动到起始点 $B(X, Y)$ 后，主轴准停，刀具沿刀尖的反方向偏移 Q 值，然后快速运动到孔底位置；接着沿刀尖正方向偏移回 E 点，主轴正转，刀具向上进给运动到 R 点，再主轴准停；刀具沿刀尖的反方向偏移 Q 值，快退；接着沿刀尖正方向偏移到 B 点，主轴正转，本加工循环结束，继续执行下一段程序。

格式：G87 X __ Y __ Z __ R __ Q __ F __；

如图 5-41 所示零件图，为了一次定位完成 ϕ30mm 孔的加工，必须通过 ϕ25mm 孔加工 ϕ30mm 孔，这时就要应用反镗（拉镗）内孔循环功能。

程序编制如下。

N01 G92 X0 Y0 Z200；	设定工件坐标系
N03 G00 G43 Z0 H01 M03 S500；	长度补偿，主轴正转，快速定位
N04 G98 G87 Z-30 R-43 Q4 F50；	反镗
N05 G00 G49 Z200 M05；	取消刀补，快退

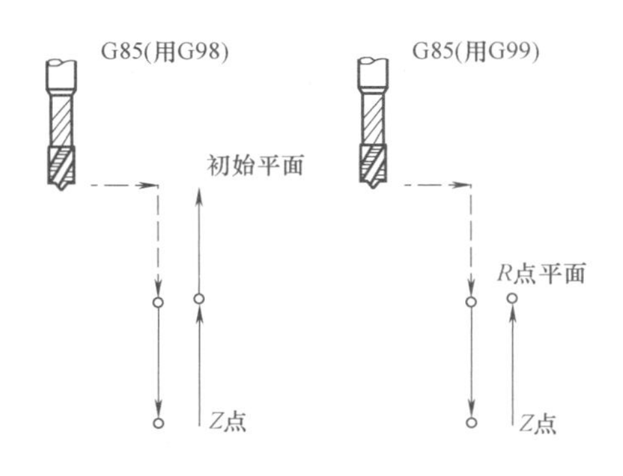

图 5-39　镗孔循环指令 G85

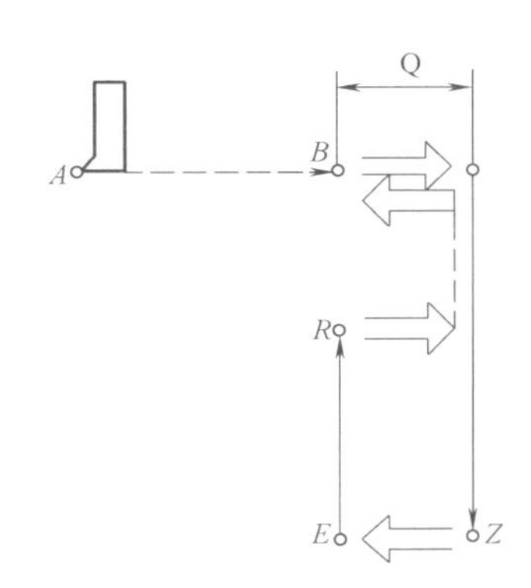

图 5-40　反镗循环指令 G87

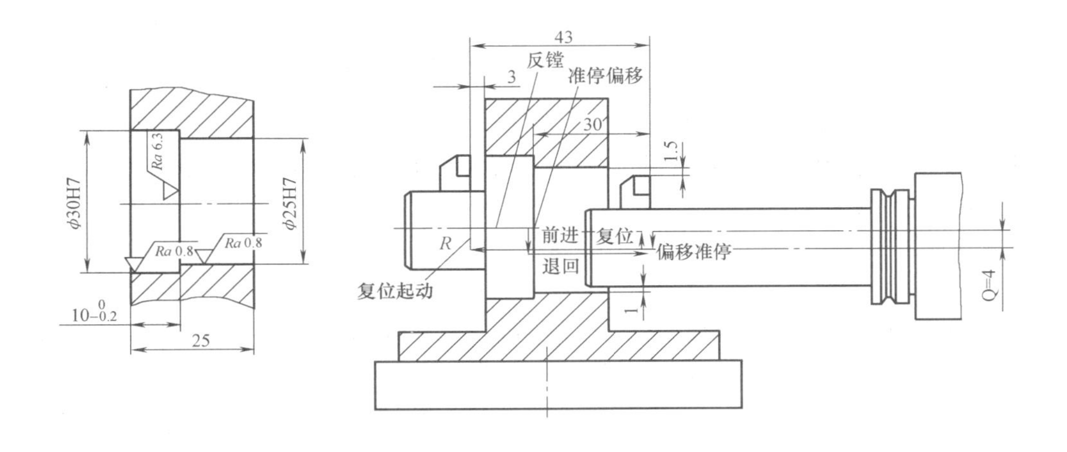

图 5-41　反镗循环

10）精镗循环指令 G76。与 G85 指令的区别是：G76 指令在孔底有三个动作，即进给暂停、主轴准停（定向停止）、刀具沿刀尖的反方向偏移 Q 值，然后快速退出。这样保证刀具不划伤孔的表面。图 5-42 所示为精镗循环过程，执行 G76 指令时，刀具快速从初始点移至 *R* 点并开始进行精镗切削，到 *Z* 点后进给暂停、主轴准停（定向停止）、让刀（刀尖偏移内表面 Q 值），然后快速返回到 *R* 点（或初始点），主轴复位，重新起动、然后转入下一段程序。

格式：G76 X __ Y __ Z __ R __ P __ Q __ F __;

图 5-42 的程序如下。

N01 G92 X0 Y0 Z200;

N02 G90 G00 X10 Y15;

N03 G43 Z0 H01 M03 S500;

N04 G98（或 G99）G76 Z-26 R-10 P2000 Q0.2 F100;

N05 G00 G49 Z0 M05;

…

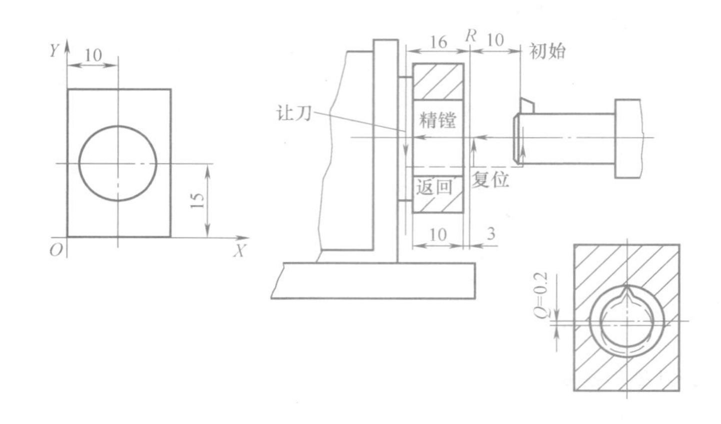

图 5-42 精镗循环

11）高速钻深孔循环指令 G73。如图 5-43 所示，由于是深孔加工，采用间歇进给（分多次进给），每次进给的深度为 Q，最后一次进给的深度≤Q，退刀量为 d（由系统内部设定），直到孔底位置为止。

该钻孔加工方法因为退刀距离短，比 G83 指令钻孔速度快。

格式：G73 X __ Y __ Z __ R __ Q __ F __ L __; Q 为每次进给的深度，为正值。

最后值得说明的是，不同的数控系统，即使是同一功能的高速钻深孔循环，其指令格式也有一定的差异，编程时应以编程手册的规定为准。

例 5-10 加工图 5-44 所示三个 ϕ6mm 的等距通孔，要求先使用中心钻预钻定位孔，然后再使用 ϕ6mm 的钻头钻孔，试编写其程序（采用手动换刀）。

程序编制如下。

O0005;

N10 G92 X-10 Y-10 Z200;

N15 M03 S1000;

N20 G43 G00 Z20 H01;　　中心钻下移至距孔口表面 20mm 处（初始平面）

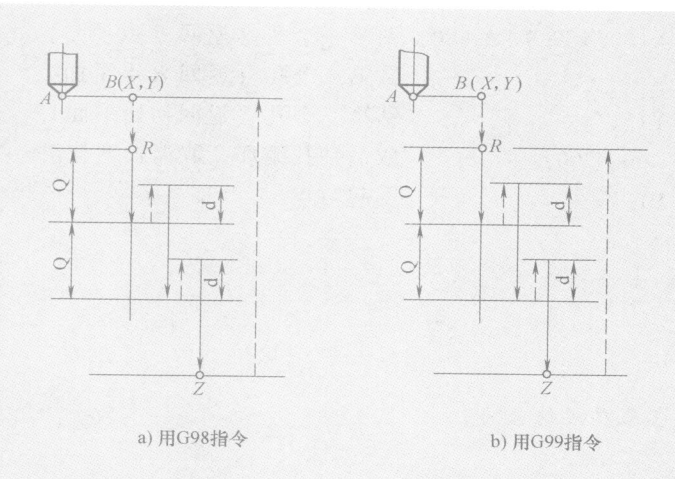

图 5-43　高速钻深孔循环指令 G73

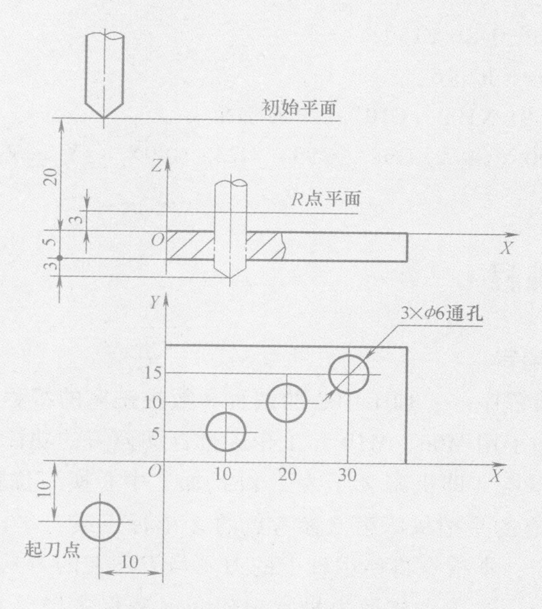

图 5-44　固定循环指令的应用

N25 G99 G81 X10 Y5 Z-3 R3 F100；钻第一个中心孔（返回 *R* 点平面）
N30 X20 Y10；　钻第二个中心孔（返回 *R* 点平面）
N35 G98 X30 Y15；　钻第三个中心孔（返回初始平面）
N40 G80 G00 X300 M05；　取消钻孔循环，回换刀点，主轴停止旋转
N45 G49 Z200 M00；　取消长度补偿，程序暂停，手动换刀
N50 G43 Z20 H02；　钻头下移至距孔口表面 20mm 处（初始平面）
N55 M03 S800；

```
N60 G99 G81 X10 Y5 Z-8 R3 F80; 钻第一个孔（返回R点平面）
N65 X20 Y10;                   钻第二个孔（返回R点平面）
N70 G98 X30 Y15;               钻第三个孔（返回初始平面）
N75 G80 G49 G00 Z200;          取消钻孔循环，取消长度补偿
N80 X-10 Y-10;                 回起刀点
N85 M05;
N90 M02;
```

【课前互动】

1. 试解释下列各程序段的含义。

G00 X24 Y60;

G00 Z2;

M03 S1500;

G01 Z-1 F50;

G03 X96 Y60 Z-4 I36 J0 K6 F150;

G03 X24 Y60 Z-1 I-36 J0 K6;

2. 用图画出程序“G01 X100，C10”；中的倒角。

3. 试说明程序“ G90（G91） G98（G99） G73~G89X __ Y __ Z __ R __ Q __ P __ F __ L __;”中各参数的含义。

5.4 加工中心的编程

1. 自动换刀程序的编写

实际上，除自动换刀程序外，加工中心的编程和数控铣床的编程基本相同，由于有了自动换刀程序，因此，增加了用M06、M19和T××进行自动换刀的功能指令。一般立式加工中心换刀位置在机床Z轴零点（即机床Z_0）处，卧式加工中心换刀位置在机床Y轴零点（即机床Y_0）处，当然，也有的是把机床第二参考点的Z坐标点或Y坐标点作为换刀位置的。

M06是自动换刀指令，本指令将使主轴上的刀具与刀库上的刀具进行自动交换。

M19是主轴准停指令，本指令将使主轴定向停止，确保主轴停止的方位和装刀标记方位一致。

T××是选刀功能指令，本指令是铣床所不具备的，因为T指令是用以驱动刀库电动机带动刀库转动而实施选刀动作的。T指令后跟的两位数字，是将要更换的刀具地址号。若T指令是在某加工程序段的后部时，选刀动作将和加工动作同时进行。

不同的加工中心，其换刀程序是不同的，通常选刀和换刀分开进行。但对于不采用机械手换刀的立、卧式加工中心而言，其选刀和换刀无法分开进行，其在进行换刀时，是先取下主轴上的刀具，再进行刀库转位的选刀动作，然后才能换上新的刀具。故编程上一般用“T×× M06”的形式。而对于采用机械手换刀的加工中心来说，合理地安排选刀和换刀的指令，是其加工编程的要点。

自动换刀程序设计方法 1：

```
…
N20 G01 X __ Y __ F __;
…
N50 G28(G30)Z __ T02 M06;
…
```

以上程序在执行到 N50 程序段时，在主轴返回 *Z* 向参考点（换刀点）的同时，刀库转动选 T02 号刀，若主轴已回到 *Z* 向参考点（换刀点），而刀库还没有转出 T02 号刀，就不执行 M06 换刀指令，直到刀库转出 T02 号刀后，才能进行刀具交换，将 T02 号刀换到主轴上去。因此，这种方法占用机动时间较长。

自动换刀程序设计方法 2：

```
…
N20 G01 X __ Y __ T01
…
N50 G28(G30)Z __ M06 T02
…
N80 G28(G30)Z __ M06 T03
…
```

以上程序在执行到 N50 程序段时，换上的是在 N20 程序段选出的 T01 号刀，即在 N50~N80 程序段中加工所用的是 T01 号刀；N50 程序段换刀完成后，刀库马上转位选 T02 号刀，为下次换刀做准备；执行到 N80 程序段时，换上的是 N50 程序段选出的 T02 号刀，即从 N80 程序段开始用 T02 号刀加工。因此，这种方法不占用机动时间。

在对加工中心进行换刀动作的编程安排时，应考虑如下问题：

1）换刀动作必须在主轴停转的条件下进行，且必须实现主轴准停即定向停止。

2）换刀位置应根据所用机床的要求安排。有的机床要求必须将换刀位置安排在参考点处，这时就要使用 G28 指令。有的机床则允许用参数设定第二参考点作为换刀位置，这时就要使用 G30 指令。无论如何，换刀位置应远离工件及夹具，保证有足够的换刀空间。

3）为了节省自动换刀时间，提高加工效率，应将选刀动作与机床加工动作在时间上重合起来。

4）换刀位置在参考点处，换刀完成后，可使用 G29 指令返回到下一道工序的加工起始位置。

5）换刀完毕后，不要忘记安排重新起动主轴的指令；否则加工将无法持续。

立式加工中心采用的是刀库移动-主轴升降式换刀方式，其选刀动作和换刀动作无法分开进行，该机床通过 M06 指令调用一个换刀宏程序来完成选刀和换刀动作，换刀时可采用 T×× M06（M19、G30 指令包含在换刀宏程序中）指令格式。

例 5-11 在立式加工中心上采用自动换刀方式，加工前面图 5-44 所示的三个 ϕ6mm 等距通孔。设 T01 为中心钻，T02 为 ϕ6mm 的钻头。

程序编制如下。

```
O0005;
N5 T01 M06;                                          自动换刀（换上的是中心钻）
N10 G54 G90 G80 G00 X-10 Y-10 Z200;
N15 X0 Y0;
N20 M03 S1000;
N25 G43 Z20 H01;
N30 G91 G99 G81 X10 Y5 Z-6 R-17 F100 L3;钻三个中心孔（返回R点平面）
N35 G90 G49 G00 Z200;
N40 T02 M06;                                         自动换刀（换上的是钻头）
N45 G00 X0 Y0;
N50 G43 Z20 H02;
N55 M03 S800;
N60 G91 G99 G81 X10 Y5 Z-11 R-17 F80 L3;钻三个孔（返回R点平面）
N65 G90 G49 G00 Z200;
N70 X-10 Y-10;
N75 M05;
N80 M30;
```

2. 加工中心编程时应注意的问题

1）首先应进行合理的工艺分析。由于在加工中心上加工的零件一般加工工序较多，使用的刀具种类也较多，有时在一次装夹下，要完成零件的粗、半精、精加工，因此，要周密合理地安排各工序加工的顺序，以利于提高精度和生产率。加工顺序可按铣大平面、粗镗孔、半粗镗孔、轮廓加工、钻中心孔、钻孔、攻螺纹、精加工、铰镗、精铣等安排。

2）根据批量等情况，决定采用自动换刀还是手动换刀。一般批量较大，而刀具更换较频繁时，以采用自动换刀为宜。但当加工批量很小而使用的刀具种类又不多时，可采用手动换刀。

3）自动换刀要留出足够的换刀空间。有些刀具直径较大或尺寸较长，自动换刀时要注意避免发生撞刀事故。

4）为提高机床利用率，尽量采用刀具机外预调，并将测量尺寸填写到刀具卡片中，以便操作人员在运行程序前，及时修改刀具补偿参数。

5）对于编好的程序，应认真检查，并于加工前安排好试运行。

6）尽量把不同工序内容的程序，分别安排到不同的子程序中，或按工序顺序添加程序段号标记。当零件加工程序较多时，为便于程序调试，一般将各工序内容分别安排到不同的子程序中，主程序内容主要是完成换刀及子程序调用。这样安排便于按每一工序独立地调试程序，也便于因加工顺序不合理而做重新调整。

7）尽可能地利用机床数控系统本身所提供的镜像、子程序、旋转、固定循环和宏指令编程功能，以简化程序。

【课间互动】

1. 加工中心与普通数控铣床在结构上有什么本质区别？它比普通数控铣床在功能上又有什么优势呢？

2. 加工中心编程与普通数控铣床编程相比只需多考虑哪些问题？

5.5 平面图形加工

例 5-12 图 5-45 所示的零件，已知毛坯底面与四个侧面已经加工完成并合格，毛坯尺寸为 100mm×100mm×45mm，材料为 45 钢。试分别选用适当的面铣刀和立铣刀编写数控程序，并在数控铣床上完成上表面的加工。

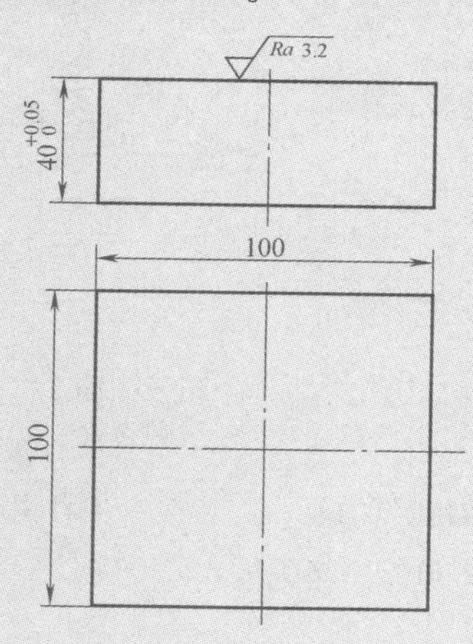

图 5-45 单一平面铣削零件图

1. 工艺分析

零件结构简单，外形尺寸不大，材料为 45 钢，是常见的加工材料。零件大部分表面已经加工完毕，仅剩上表面需要加工，表面粗糙度值为 $Ra3.2\mu m$。不需要特殊刀具，使用面铣刀或立铣刀即可在数控铣床上完成加工。

图样尺寸标注为对称注法，编程原点应选择在工件上表面中心。

尺寸精度不高，表面粗糙度为 $Ra3.2\mu m$，可采用粗铣、半精铣的加工方案（粗铣后留 0.5mm 或 1mm 半精铣加工余量）即可达到上述要求。若采用面铣刀铣削，可选用 ϕ80mm 面铣刀，采用不对称顺铣，两次进给即可完成铣削上表面一次；若采用立铣刀，则选用 ϕ20mm 立铣刀，工艺系统的刚性好。

2. 刀具及切削用量选择（表 5-2）

表 5-2 刀具及切削用量选择（平面图形加工）

序号	工步内容	刀具号	刀具规格		主轴转速/(r/min)	进给速度/(mm/min)	切削厚度/mm
			类型	材料			
1	粗铣上平面（方案 1）	T01	ϕ80mm 面铣刀	硬质合金	240	180	4
	（方案 2）	T02	ϕ20mm 立铣刀		960	570	4.5
2	半精铣上平面（方案 1）	T01	ϕ80mm 面铣刀		360	180	1
	（方案 2）	T02	ϕ20mm 立铣刀		1400	570	0.5

3. 参考程序

（1）面铣刀加工程序

```
O3101;
粗铣:
N30 G17 G40 G49 G50 G69 G80 T01;          T01 用于提示操作人员使用 01 号刀
N40 G90 G54 G00 X95 Y-35 M03 S240;
N50 G01 G43 Z50 H01 F2000;
N60 Z1;
N70 G01 X-95 F180;
N80 G00 Y35;
N90 G01 X95;
N100 G00 Z200;
N110 M00;                                 换刀、测量并修正 G54 的 Z 偏置值
半精铣:
N120 G17 G40 G49 G50 G69 G80 T01;         T01 用于提示操作人员使用 01 号刀
N130 G90 G54 G00 X95 Y-35 M03 S360;
N140 G00 Z0;
N150 G01 X-95. F180;
N160 G00 Y35;
N170 G01 X95;
N180 G00 Z200;
N190 M30;
```

（2）立铣刀加工程序

```
O3120                                     顺铣的方式铣削平面——主程序
粗铣:
N50 G00 G55 G90 X65 Y-47 M03 S960 T02;    T02 用于提示操作人员使用 02 号刀
N60 G01 Z50 F2000; 或 G01 G43 Z50 H02 F2000;
N70 G00 Z0.5;
N80 M98 P3121;
N90 G00 Z200;
```

N100 M00;　　　　　　　　　　　　　　　　　测量并修正 G55 的 *Z* 偏置值

半精铣：

N120 G00 G55 G90 X65 Y-47 M03 S1400 T02;　　T02 用于提示操作人员使用 02 号刀

N130 G01 Z50 F2000；或 G01 G43 Z50 H02 F2000；

N140 G00 Z0;

N150 M98 P3121;

N160 G00 Z200;

N170 M30;

子程序：

O3121;

N310 G01 X-65 F570;

N320 G00 Y47;

N330 G01 X65;

N340 G00 Y-34;

N350 G01 X-65;

N360 G00 Y34;

N370 G01 X65;

N380 G00 Y21;

N390 G01 X-65;

N400 G00 Y21;

N410 G01 X65;

N420 G00 Y-8;

N430 G01 X-65;

N440 G00 Y8;

N450 G01 X65;

特别提示：

平面铣削路径有三种，如图 5-46～图 5-48 所示。

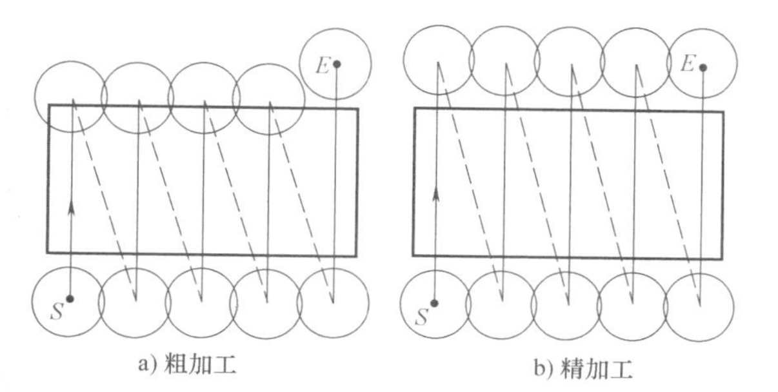

a) 粗加工　　b) 精加工

图 5-46　单向多次平面铣削

（*S* 为出发点，*E* 为终点）

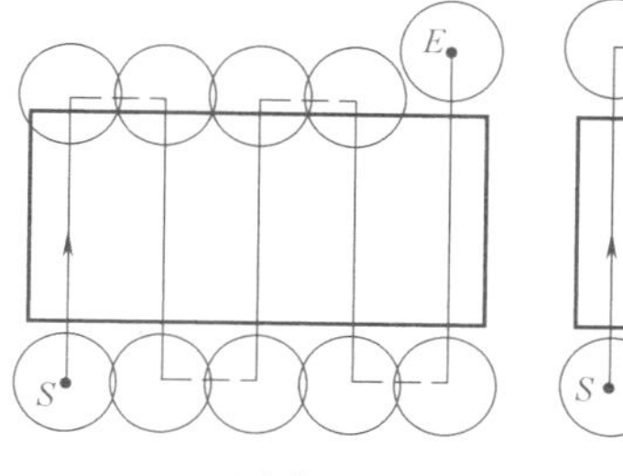

a) 粗加工

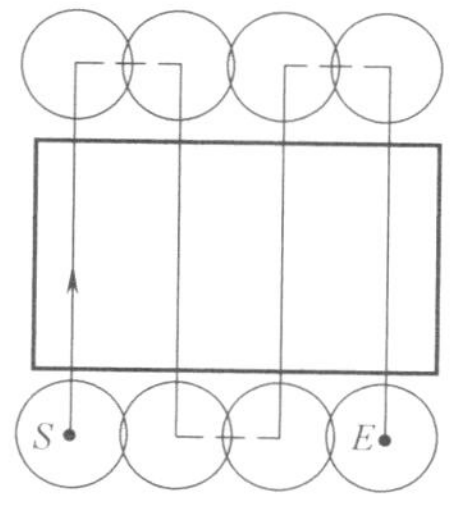

b) 精加工

图 5-47　双向多次平面铣削

（*S* 为出发点，*E* 为终点）

图 5-48 所示的顺铣方法综合了图 5-46 和图 5-47 所示两种铣削方法的优点，效率较高，加工质量较好，推荐精铣平面时采用该刀具路径编程。

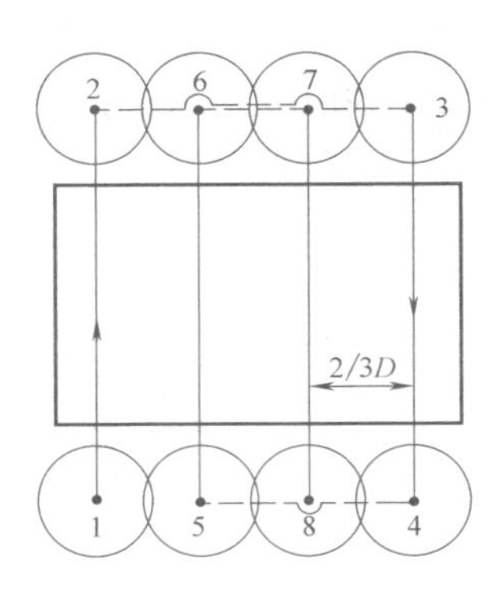

图 5-48　应用在平面铣削中的顺铣方式的刀具路径

（1~8 点为刀具进给点）

5.6　轮廓加工

5.6.1　外轮廓铣削

例 5-13　图 5-49 所示为凸模板零件，已知材料为 45 钢，硬度为 220HBW，毛坯尺寸为 120mm×100mm×20mm，其最外轮廓、上表面和 ϕ38mm 孔已经由前道工序加工，试完成其上表面外轮廓的编程与加工。

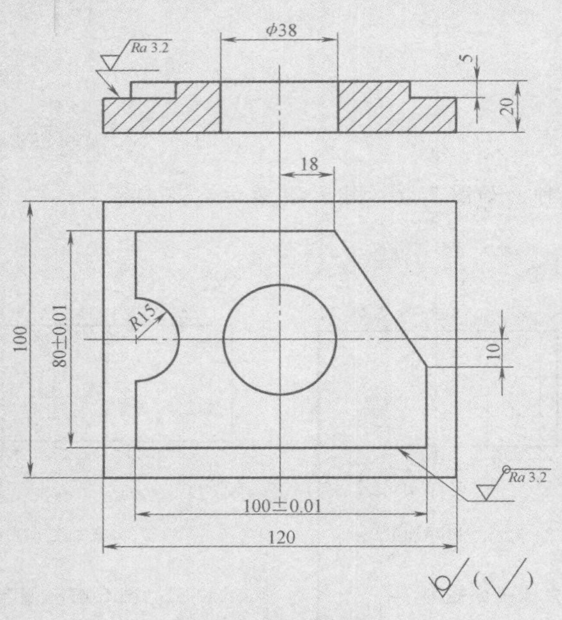

图 5-49　凸模板零件

1. 工艺分析

该零件的加工面只有上表面外轮廓，表面粗糙度值均为 $Ra3.2\mu m$，要求较高；材料为45钢，切削加工性能较好。根据零件形状及加工精度要求，以底面为基准，选用机用虎钳装夹零件，采用 ϕ20mm 硬质合金立铣刀，一次装夹可完成所有加工内容。工艺过程可设为粗铣外轮廓（留侧面加工余量 0.5mm，底面加工余量 0.2mm）→精铣外轮廓到尺寸。

2. 刀具及切削用量选择（表 5-3）

表 5-3 刀具及切削用量选择（外轮廓铣削）

序号	工步内容	刀具号	刀具规格		主轴转速/(r/min)	进给速度/(mm/min)
			类型	材料		
1	粗铣外轮廓	T01	ϕ20mm 立铣刀	硬质合金	300	120
2	精铣外轮廓	T01	ϕ20mm 立铣刀		1000	100

3. 参考程序

编程原点设在工件上表面中心处，刀具半径补偿值 D01 设为 10.5mm，保证外轮廓 0.5mm 的侧面加工余量；铣刀底面对刀 $Z=0$（工件表面），刀具长度补偿值 H01 设为 0.2mm，保证 0.2mm 的底面加工余量。精加工基本不需改变程序，只需将 D01 改设为 10mm，H01 改设为 0；并将主轴转速改为 S1000，进给速度改为 F100 即可，其粗加工程序为：

```
O1001;
N10 G54 G90 G17 G00 X0 Y0;
N20 M03 S300;
N30 G00 X-70 Y-60 Z2;
N40 G43 G01 Z-5 H01 F120;
N50 G42 G01 X-50 Y-40 D01;
N60 X50;
N70 Y-10;
N80 X18 Y40;
N90 X-50;
N100 Y15;
N110 G02 X-50 Y-15 R15;
N120 G01 Y-40;
N130 G40 G01 X-70 Y-60;
N140 G49 G00 Z200;
N150 M05;
N160 M30;
```

5.6.2 内轮廓铣削

例 5-14 图 5-50 所示为垫块模，外轮廓和上表面已经加工，要求用 ϕ10mm 键槽铣刀在 100mm×80mm×20mm 的锻铝毛坯上完成内轮廓铣削的编程与加工。

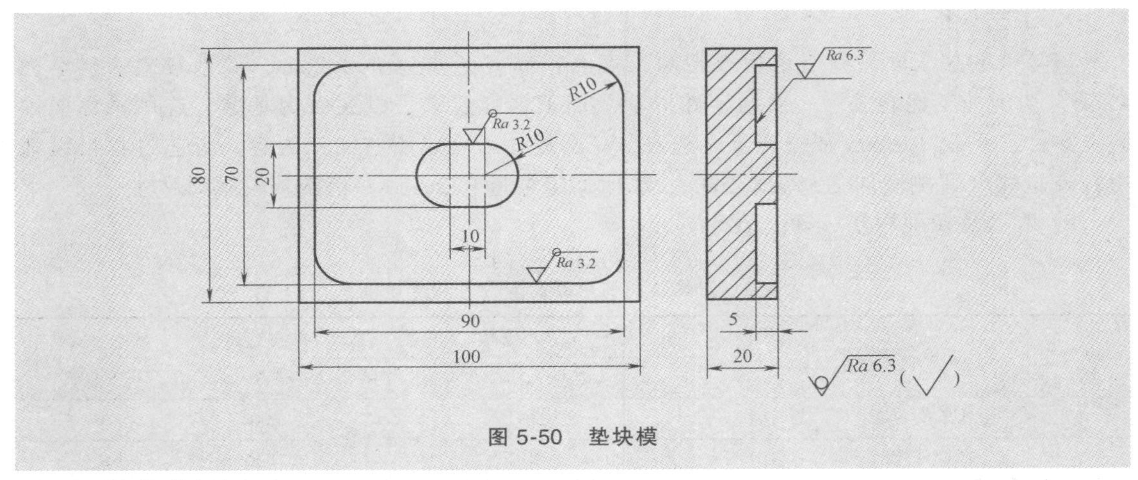

图 5-50 垫块模

1. 工艺分析

该零件的加工面只有内轮廓，轮廓表面粗糙度值 Ra 为 3.2μm，要求较高；材料为锻铝，容易切削。根据零件形状及加工精度要求，以底面为基准，选用机用虎钳装夹零件，采用 ϕ10mm 键槽铣刀铣内轮廓，一次装夹可完成所有加工内容。工艺过程可设为粗铣内轮廓——→精铣内轮廓到尺寸。

2. 刀具及切削用量选择（表 5-4）

表 5-4 刀具及切削用量选择（内轮廓铣削）

序号	工步内容	刀具号	刀具规格		主轴转速/(r/min)	进给速度/(mm/min)
			类型	材料		
1	粗铣内轮廓	T01	ϕ10mm 键槽铣刀	高速钢	800	150
2	精铣内轮廓	T01	ϕ10mm 键槽铣刀		1000	120

3. 编程方案与刀具路径

（1）编程方案　工件坐标系建立在工件上表面中心，分粗、精加工，粗加工侧面留加工余量 0.5mm，底面留加工余量 0.1mm，侧面加工余量通过偏置法加工，底面加工余量通过调整下刀深度加工，粗、精加工各编一条程序。粗加工轮廓时刀具半径补偿 D01 = 5.5mm，精加工轮廓时刀具半径补偿 D02 = 5mm，粗、精加工偏置时刀具半径补偿 D03 = 9mm，都有适当重叠，保证加工干净。

（2）刀具路径（图 5-51）　铣刀从足够高的空间位置开始在 XY 平面内快速定位至程序开始点 1 上方，从点 1 下刀到要求高度。

在 XY 平面，先加工中心凸台，后加工型腔侧壁轮廓，加工一次后用偏置法编程再加工一次，最后用打点法编程加工残余量。刀具路径如图 5-51 所示，点 1→点 2 是用 G01、G41 快速建立左刀补，点 2→点 3 是切线切入凸台，切入后按点 3→点 4→点 5→点 6→点 7→点 3 绕凸台轮廓走一圈，从点 3 以圆弧方式切离凸台，切入型腔内部点 8 并保证刀补方向在型腔内侧，按点 8→点 9→点 10→点 11→点 12→点 13→点 14→点 15→点 16→点 8 绕型腔内侧铣一圈，按点 8→点 17 圆弧切出型腔内侧，点 17→点 1 取消刀尖半径补偿。圆弧过渡用半圆可简化基点坐标计算。通过刀具路径：点 1→点 18→点 19→点 20→点 21→点 18 加工残留量，不用刀补，定向性好。

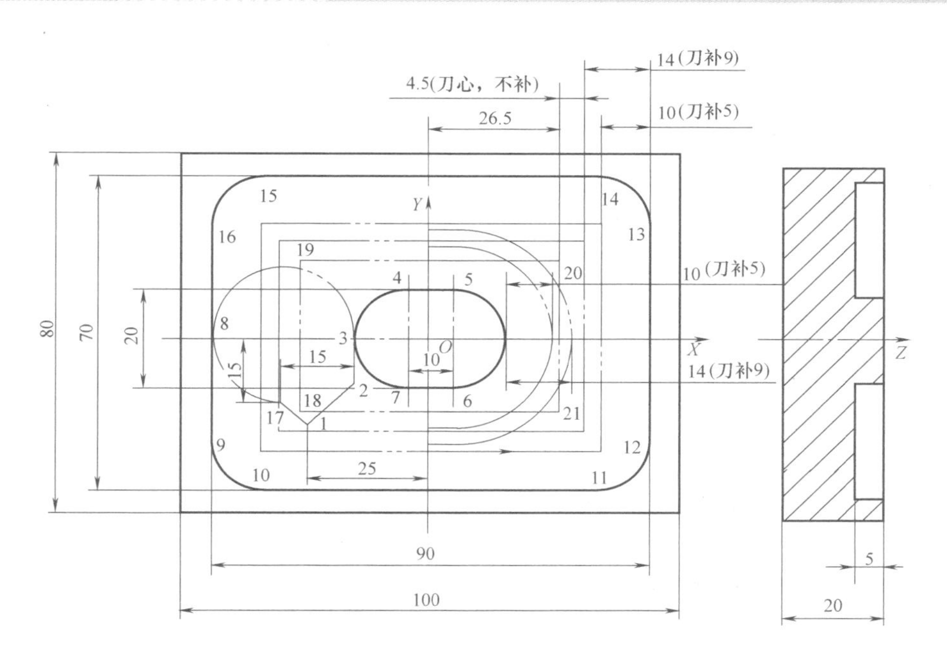

图 5-51　刀具路径

4. 参考程序

粗加工程序（精加工时只需要把 D01 由 5.5mm 变为 5mm，下刀深度由 4.9mm 变为 5mm，主轴转速和进给速度按照表 5-4 执行即可，故程序不再编写）

```
O1234;
N10 G90 G00 G54 X-25 Y-20 M03 S800;
N20 G00 Z5;
N30 G01 Z-4.9 F80;
N40 G41 D01 X-15 Y-10 F150;                D01=5.5mm
N50 Y0;
N60 G02 X-5 Y10 R10;
N70 G01 X5;
N80 G02 X5 Y-10 R10;
N90 G01 X-5;
N100 G02 X-15 Y0 R10;
N110 G03 X-45 Y0 R15;
N120 G01 X-45 Y-25;
N130 G03 X-35 Y-35 R10;
N140 G01 X35;
N150 G03 X45 Y-25 R10;
N160 G01 Y25;
N170 G03 X35 Y35 R10;
N180 G01 X-35;
```

```
N190 G03 X-45 Y25 R10;
N200 G01 Y0;
N210 G03 X-30 Y-15 R15;
N220 G01 X-25 Y-20;
N230 G41 D03 X-15 Y-10 F150;          D03=9mm 偏置加工
N240 Y0;
N250 G02 X-5 Y10 R10;
N260 G01 X5;
N270 G02 X5 Y-10 R10;
N280 G01 X-5;
N290 G02 X-15 Y0 R10;
N300 G03 X-45 Y0 R15;
N310 G01 X-45 Y-25;
N320 G03 X-35 Y-35 R10;
N330 G01 X35;
N340 G03 X45 Y-25 R10;
N350 G01 Y25;
N360 G03 X35 Y35 R10;
N370 G01 X-35;
N380 G03 X-45 Y25 R10;
N390 G01 Y0;
N400 G03 X-30 Y-15 R15;
N410 G01 X-25 Y-20;
N420 X-26.5 Y-18.5;
N430 Y18.5;
N440 X26.5;
N450 Y-18.5;
N460 X-26.5;
N470 X-25 Y-20;
N480 G00 Z200;
N490 M30;
```

补充知识：

上题中是用键槽铣刀直接下刀铣削内轮廓，当没有键槽铣刀只有立铣刀时不能直接下刀，其下刀的方式主要有如下几种：

1. 钻下刀孔

首先在内轮廓型腔的4个角预钻工艺下刀孔或在型腔中心钻大孔，然后用立铣刀从孔处下刀，将余量去除。此方法编程简单，但立铣刀在切削过程中，多次切入、切出工件，振动较大，对刃口的安全性有负面作用。

2. 啄铣

采用球头铣刀进行啄铣，球头铣刀要求刃口过中心。每次啄铣一定的深度，下刀深度由刀具的中心刃可切削的深度决定，以便把这一层深度的金属去除。然后重复这一过程，直至铣削到型腔底部。

3. 两轴坡走铣——斜插式

两轴坡走铣（要求铣刀有坡走功能）如图 5-52 所示。使用具有坡走功能的立铣刀和面铣刀，在 *X/Y* 或 *Z* 轴方向进行线性坡走铣，可以达到刀具在轴向的最大切深，这种方法尤其适用模具内轮廓型腔的粗加工。在加工内轮廓时，刀具可以由内向外加工，也可以由外向内加工。根据零件的加工要求，同时更重要的是为了使排屑通畅，一般情况下内轮廓加工选择由内向外加工。如果加工轮廓中的岛，则选择由外向内加工。在连续切削的情况下应采用顺铣加工。在分层加工时，也应采用坡走铣方式从已加工层切入到下一层。坡走铣的角度主要与刀具的直径、刀片尺寸、刀体下面的间隙以及切削深度有关。

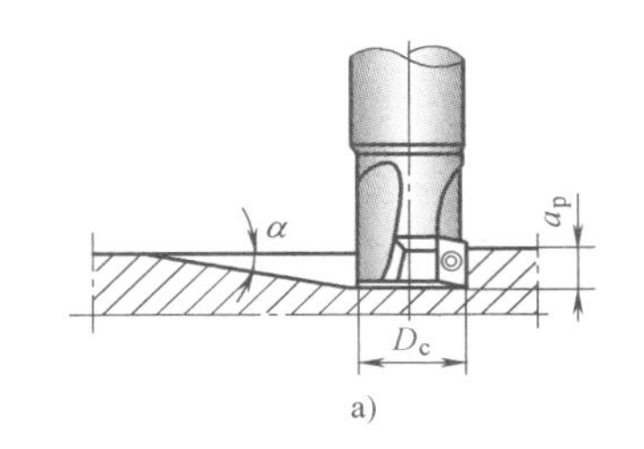

a)

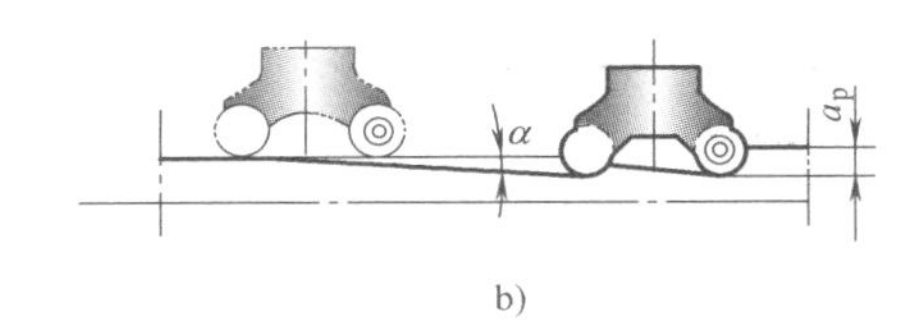

b)

图 5-52　两轴坡走铣

4. 三轴坡走铣——螺旋式

三轴坡走铣是沿主轴的轴向以螺旋线方式下刀，如图 5-53 所示。这种下刀方法常用于模具内轮廓的加工。相对于直线坡走下刀方式，螺旋线方式下刀的优点在于切削更稳定、更适合小功率机床和深窄型腔。特别是在粗加工非模具的大直径孔时，其相对于镗削的优点是：没有断屑、排屑或振动的问题。当没有底孔时，用圆刀片铣刀、球头立铣刀进行螺旋线方式铣孔的能力最强。螺旋线方式下刀的旋转半径、螺旋升角、下降深度，同样与刀具的直径、刀片尺寸以及切削深度有关。

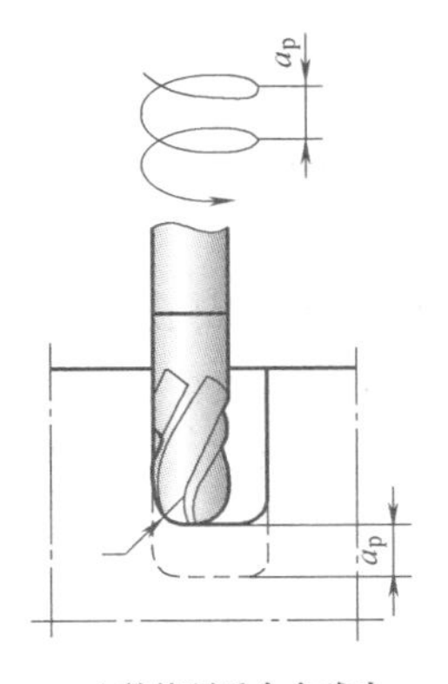

a) 整体硬质合金球头立铣刀的螺旋线方式下刀

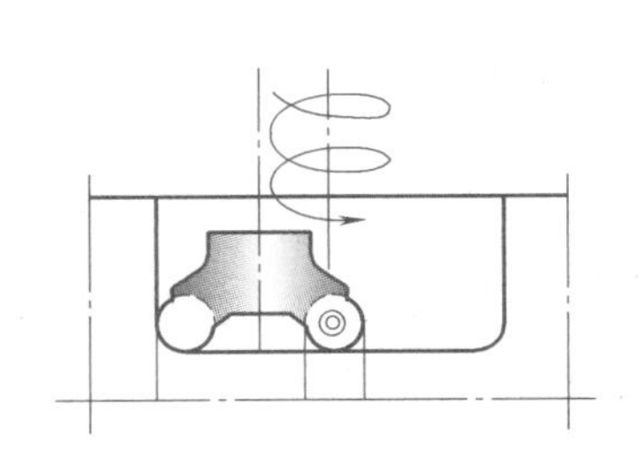
b) 圆刀片机夹铣刀的螺旋线方式下刀

图 5-53　三轴坡走铣

5.7 孔系加工

5.7.1 直角坐标系加工孔

例 5-15 支承座零件如图 5-54 所示，上下表面、外轮廓已在前面工序加工完成。本工序完成零件上所有孔的加工，试编写其加工程序。零件材料为 HT150。

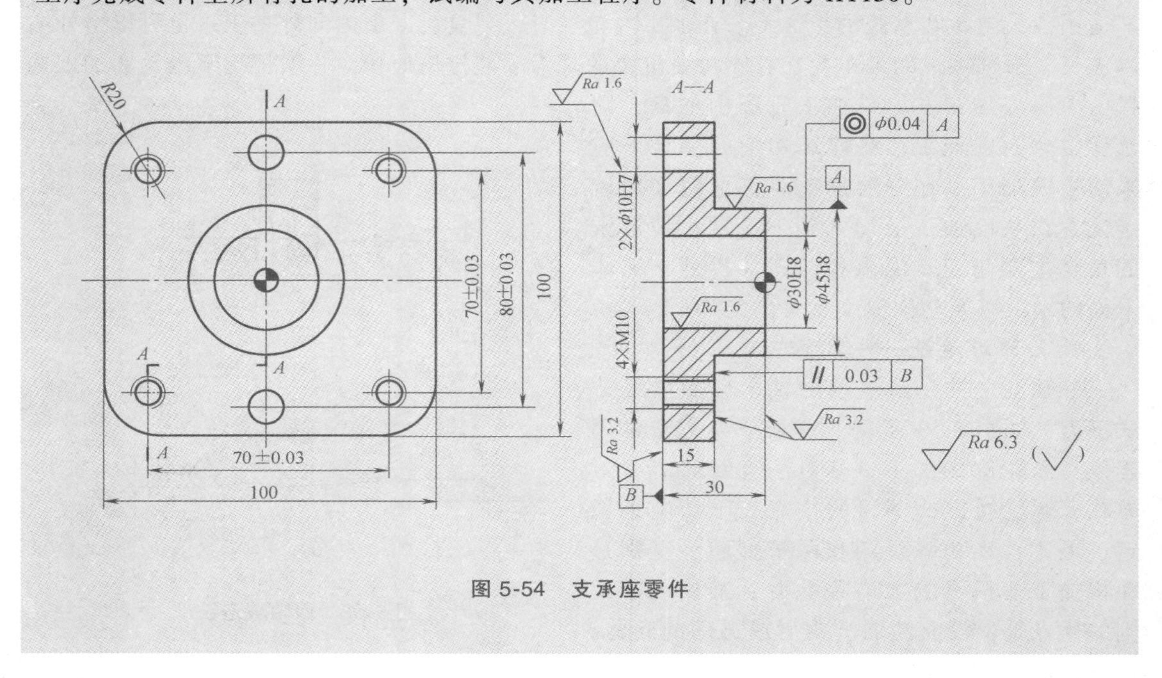

图 5-54 支承座零件

1. 工艺分析

该零件需加工 2×ϕ10H7 孔、ϕ30H8 孔，孔的尺寸公差分别为 IT7 级和 IT8 级，表面粗糙度值为 *Ra*1. 6μm；攻 4×M10 螺纹孔。ϕ30H8 孔对 ϕ45h8 外形轮廓有同轴度要求，最好与 ϕ45h8 外形轮廓在同一次装夹中完成，也可以 ϕ45h8 外形轮廓为定位或对刀基准完成加工。由于 ϕ45h8 外形轮廓已在前面工序完成，本次加工可以 ϕ45h8 外形轮廓为对刀基准，并将坐标原点设在 ϕ45h8 外形轮廓中心。

2×ϕ10H7 孔可采用中心钻定位，钻、铰孔方式完成，铰孔的底孔直径取 ϕ9. 8mm；ϕ30H8 孔用钻、扩、粗镗、精镗方式完成，精镗孔加工余量取 0. 2mm(双边)；4×M10 螺纹孔采用中心钻定位，钻、攻螺纹方式完成。M10 螺距为 1. 5mm，攻螺纹的底孔直径取 ϕ8. 5mm。机床的定位精度完全能保证孔的位置精度要求，所有孔加工进给路线均按最短路线确定。

零件用精密的机用虎钳和垫块装夹，垫块数量尽量少，摆放位置应确保加工时不会与刀具干涉。

2. 刀具及切削用量选择（表 5-5）

表 5-5　刀具及切削用量选择（直角坐标系加工孔）

序号	工步内容	刀具号	刀具规格		主轴转速/(r/min)	进给速度/(mm/min)
			类型	材料		
1	钻中心孔	T01	ϕ5mm 中心钻	高速钢	2000	80
2	钻 4×M10 螺纹底孔至 ϕ8.5mm	T02	ϕ8.5mm 麻花钻	高速钢	800	100
3	钻 2×ϕ10H7 底孔至 ϕ9.8mm	T03	ϕ9.8mm 麻花钻	高速钢	700	100
4	钻 ϕ30H8 底孔至 ϕ18mm	T04	ϕ18mm 麻花钻	高速钢	500	60
5	扩 ϕ30H8 底孔至 ϕ28mm	T05	ϕ28mm 麻花钻	高速钢	400	40
6	粗镗 ϕ30H8 至 ϕ29.8mm	T06	ϕ29.8mm 粗镗刀	硬质合金	600	60
7	攻 4×M10 螺纹孔	T07	M10 机用丝锥	高速钢	200	300
8	铰 2×ϕ10H7 孔	T08	ϕ10mm 铰刀	高速钢	250	60
9	精镗 ϕ30H8 孔	T09	ϕ30mm 精镗刀	硬质合金	1500	50

3. 参考程序

钻中心孔程序：

```
O1000;                                  程序名;
N10 G54 G90 G17 G40 G80 G49 G21;        设置初始状态
N20 G00 Z50 M08;                        到达安全高度，打开切削液
N30 M03 S2000;                          起动主轴
N40 G99 G81 X35 Y35 R-10 Z-20 F80;      在（35，35）处钻中心孔
N50 X0 Y40;                             在（0，40）处钻中心孔
N60 X-35 Y35;                           在（-35，35）处钻中心孔
N70 Y-35;                               在（-35，-35）处钻中心孔
N80 X0 Y-40;                            在（0，-40）处钻中心孔
N90 G98 X35 Y-35;                       在（35，-35）处钻中心孔
N100 X0 Y0 R5 Z-5;                      在（0，0）处钻中心孔
N110 G00 Z180 M09;                      抬刀
N120 X150 Y150 M05;                     移到手动换刀位置
N130 M30;                               程序结束
```

钻 4×M10 螺纹底孔 程序：

```
O1001;                                  程序名
N10 G54 G90 G17 G40 G80 G49 G21;        设置初始状态
N20 G00 Z50 M08;                        到达安全高度，打开切削液
N30 M03 S800;                           起动主轴
N40 G99 G81 X35 Y35 R-10 Z-34 F100;     在（35，35）处钻孔至φ8.5mm
N60 X-35;                               在（-35，35）处钻孔至φ8.5mm
N70 Y-35;                               在（-35，-35）处钻孔至φ8.5mm
N80 X35;                                在（35，-35）处钻孔至φ8.5mm
```

```
N90 G00 Z180 M09;                    抬刀
N100 X150 Y150 M05;                  移到手动换刀位置
N110 M30;                            程序结束
```

钻 2×ϕ10H7 底孔程序：

```
O1002;                               程序号
N10 G54 G90 G17 G40 G80 G49 G21;     设置初始状态
N20 G00 Z50 M08;                     到达安全高度，打开切削液
N30 M03 S700;                        起动主轴
N40 G98 G81 X0 Y40 R-10 Z-35 F100;   在（0，40）处钻孔至φ9.8mm
N60 Y-40;                            在（0，-40）处钻孔至φ9.8mm
N70 G00 Z180 M09;                    抬刀
N80 X150 Y150 M05;                   移到手动换刀位置
N90 M30;                             程序结束
```

钻 ϕ30H8 底孔程序：

```
O1003;                               程序名
N10 G54 G90 G17 G40 G80 G49 G21;     设置初始状态
N20 G00 Z50 M08;                     到达安全高度，打开切削液
N30 M03 S500;                        起动主轴
N40 G98 G81 X0 Y0 R5 Z-37 F60;       在（0，0）处钻孔至φ18mm
N50 G00 Z180 M09;                    抬刀
N60 X150 Y150 M05;                   移到手动换刀位置
N70 M30;                             程序结束
```

扩 ϕ30H8 底孔程序：

```
O1004;                               程序名
N10 G54 G90 G17 G40 G80 G49 G21;     设置初始状态
N20 G00 Z50 M08;                     到达安全高度，打开切削液
N30 M03 S400;                        起动主轴
N40 G98 G81 X0 Y0 R5 Z-37 F40;       在（0，0）处扩孔至φ28mm
N50 G00 Z180 M09;                    抬刀
N60 X150 Y150 M05;                   移到手动换刀位置
N70 M30;                             程序结束
```

粗镗 ϕ30H8 孔程序：

```
O1005;                               程序名
N10 G54 G90 G17 G40 G80 G49 G21;     设置初始状态
N20 G00 Z50 M08;                     到达安全高度，打开切削液
N30 M03 S600;                        起动主轴
N40 G98 G86 X0 Y0 R5 Z-37 F60;       在（0，0）处粗镗孔至φ29.8mm
N50 G00 Z180 M09;                    抬刀
N60 X150 Y150 M05;                   移到手动换刀位置
```

```
N70 M30;                                  程序结束
```

攻 4×M10 螺纹孔程序：

```
O1006;                                    程序名
N10 G54 G90 G17 G40 G80 G49 G21;          设置初始状态
N20 G00 Z50 M08;                          到达安全高度，打开切削液
N30 M03 S200;                             起动主轴
N40 G99 G84 X35 Y35 R-10 Z-37 F300;       在（35，35）处攻螺纹
N50 X-35;                                 在（-35，35）处攻螺纹
N60 Y-35;                                 在（-35，-35）处攻螺纹
N70 X35;                                  在（35，-35）处攻螺纹
N80 G00 Z180 M09;                         抬刀
N90 X150 Y150 M05;                        移到手动换刀位置
N100 M30;                                 程序结束
```

铰 2×ϕ10H7 孔程序：

```
O1007;                                    程序名
N10 G54 G90 G17 G40 G80 G49 G21;          设置初始状态
N20 G00 Z50 M08;                          到达安全高度，打开切削液
N30 M03 S250;                             起动主轴
N40 G98 G85 X0 Y40 R-10 Z-35 F60;         在（0，40）处铰孔
N50 Y-40;                                 在（0，-40）处铰孔
N60 G00 Z180 M09;                         抬刀
N70 X150 Y150 M05;                        移到手动换刀位置
N80 M30;                                  程序结束
```

精镗 ϕ30H8 孔程序：

```
O1004;                                    程序名
N10 G54 G90 G17 G40 G80 G49 G21;          设置初始状态
N20 G00 Z50 M08;                          到达安全高度，打开切削液
N30 M03 S1500;                            起动主轴
N40 G98 G85 X0 Y0 R5 Z-32 F50;            在（0，0）处精镗φ30H8孔
N50 G00 Z180 M09;                         抬刀
N60 X150 Y150 M05;                        移到手动换刀位置
N70 M30;                                  程序结束
```

5.7.2 极坐标系加工孔

上题是用直角坐标系加工孔，当遇到孔圆周布置时，孔系中心坐标的计算就有一定的难度，在计算中可能会出现小数现象，造成计算误差，如图 5-55 所示。这时可以采用极坐标方法加工解决这个问题，下面简单介绍一下极坐标编程。

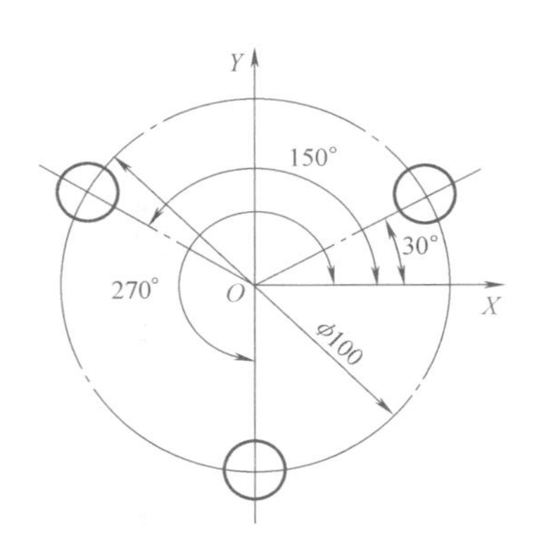

图 5-55　极坐标系加工孔

例 5-16　对图 5-55 采用极坐标（用绝对和增量两种编程方式）完成孔的加工。

程序编制如下：

（1）用绝对值指令指定角度和半径编程

```
O3456;
N1 G00 G90 G56 X0 Y0;                  绝对坐标定位工件坐标系
N2 G00 Z100 G17 G16 M03 S600;          Z 向定位，启用极坐标，主轴起动
N3 G99 G81 X50 Y30 Z-30 R3 F200;       钻 1 号孔，返回 R 点平面
N4 Y150;                               钻 2 号孔，返回 R 点平面
N5 Y270;                               钻 3 号孔，返回 R 点平面
N6 G15 G80;                            取消极坐标指令，取消固定循环
N7 G00 Z50;                            回到安全高度
N8 M05;                                主轴停止
N9 M30;                                程序结束
```

（2）用增量值指令指定角度和半径编程

```
O3456;
N1 G00 G90 G56 X0 Y0;                  绝对坐标定位工件坐标系
N2 G00 Z100 G17 G16 M03 S600;          Z 向定位，启用极坐标，主轴起动
N3 G99 G81 X50 Y30 Z-30 R3 F200;       钻 1 号孔，返回 R 点平面
N4 G91 Y120;                           采用增量编程，钻 2 号孔，返回 R 点平面
N5 Y120;                               采用增量编程，钻 3 号孔，返回 R 点平面
N6 G15 G80                             取消极坐标指令，取消固定循环
N7 G90 G00 Z50;                        回到安全高度，变为绝对编程
N8 M05;                                主轴停止
N9 M30;                                程序结束
```

5.7.3　加工中心加工孔

例 5-17　图 5-56 所示工件有三种类型的孔需要加工，即六个 ϕ10mm 通孔、4 个 ϕ22mm 沉孔、三个 ϕ50mm 通孔，使用刀具号分别为 T11、T15、T31，上端面作为 Z 向的编程起始点，采用刀具长度补偿功能 G43，T11 的补偿值为 150mm，T15 的补偿值为 140mm，T31 的补偿值为 100mm，将补偿值分别输入 H11、H15、H31 中。采用手动换刀，主轴回到换刀位，利用程序暂停指令 M00 使程序暂停运行，换刀后按下按钮继续运行。

1. 工艺分析

该零件只需加工六个 ϕ10mm 通孔、四个 ϕ22mm 沉孔，三个 ϕ50mm 通孔。孔的尺寸公差没有要求，可以利用加工中心的优势一次装夹完成加工。坐标原点已经在图 5-56 中标出，所用刀具和每一把刀具的补偿值也已知，只需要在编程时，考虑换刀时调用刀补值即可。假定 T11、T15、T31 分别用来加工六个 ϕ10mm 通孔，四个 ϕ22mm 沉孔，三个 ϕ50mm 通孔。

工件较大必须要用螺钉、压块及其他辅助夹具装夹，各夹具、螺钉和压块等摆放位置应确保加工时不会与刀具干涉。

2. 刀具及切削用量选择（表 5-6）

表 5-6　刀具及切削用量选择（加工中心加工孔）

序号	工步内容	刀具号	刀具规格		主轴转速 /(r/min)	进给速度 /(mm/min)
			类型	材料		
1	钻六个 ϕ10mm 通孔	T11	ϕ10mm 麻花钻	高速钢	600	120
2	钻四个 ϕ22mm 沉孔	T15	ϕ22mm 麻花钻	高速钢	300	70
3	钻三个 ϕ50mm 通孔	T31	ϕ50mm 麻花钻	高速钢	200	50

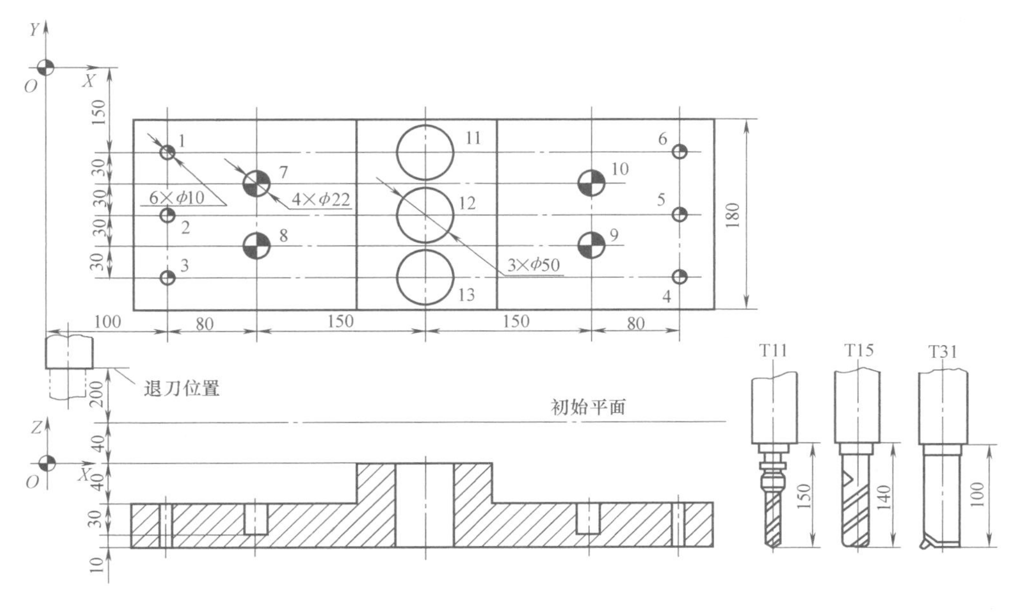

图 5-56　加工中心加工孔

3. 参考程序

```
N001 G92 X0 Y0 Z0;                              设定坐标系;
N002 G90 G00 Z200 T11 M00;                      换刀点停止，换刀后启动;
N003 G43 Z0 H11;                                T11 刀具长度补偿;
N004 M03 S600;                                  主轴正转;
N005 G99 G81 X100 Y-150 Z-123 R-77 F120;        采用 G81 固定循环，钻 1 号孔，返回 R 点平面;
N006 Y-210;                                     钻 2 号孔，返回 R 点平面;
N007 G98 Y-270;                                 钻 3 号孔，返回初始平面;
N008 G99 X560;                                  钻 4 号孔，返回 R 点平面;
N009 Y-210;                                     钻 5 号孔，返回 R 点平面;
N010 G98 Y-150;                                 钻 6 号孔，返回初始平面;
N011 G00 X0 Y0 M05;                             主轴停止，返回参考点;
N012 G49 Z200 T15 M00;                          取消长度补偿，换刀后启动;
N013 G43 Z0 H15;                                T15 刀具长度补偿;
N014 M03 S300;                                  主轴正转。
N015 G99 G82 X180 Y-180 Z-110 R-77 P300 F70;
                                                G82 固定循环，钻 7 号孔，孔底停留 300ms，返回 R 点平面;
N016 G98 Y-240;                                 钻 8 号孔，返回初始平面;
N017 G99 X480;                                  钻 9 号孔，返回 R 点平面;
N018 G98 Y-180;                                 钻 10 号孔，返回初始平面;
N019 G00 X0 Y0 M05;                             主轴停止，返回参考点;
N020 G49 Z200 T31 M00;                          取消长度补偿，换刀后启动;
N021 G43 Z0 H31;                                T31 刀具长度补偿;
N022 M03 S200;                                  主轴正转;
N023 G99 G85 X330 Y-150 Z-123 R-37 F50;
                                                使用 G85 固定循环，镗 11 号孔，返回 R 点平面;
N024 G91 Y-60;                                  镗 12 号孔，返回 R 点平面;
N025 G98 Y-60;                                  镗 12 号孔，返回初始平面;
N026 G90 G00 X0 Y0 M05;                         返回参考点，主轴停止;
N027 G49 Z200 M02;                              取消长度补偿，程序结束。
```

5.8 槽形零件加工

例 5-18 图 5-57 所示为平底偏心圆弧槽零件，材料为 45 钢，已经调质处理。零件圆柱部分已加工完成，现加工上表面两平底偏心圆弧槽，槽深为 10mm。

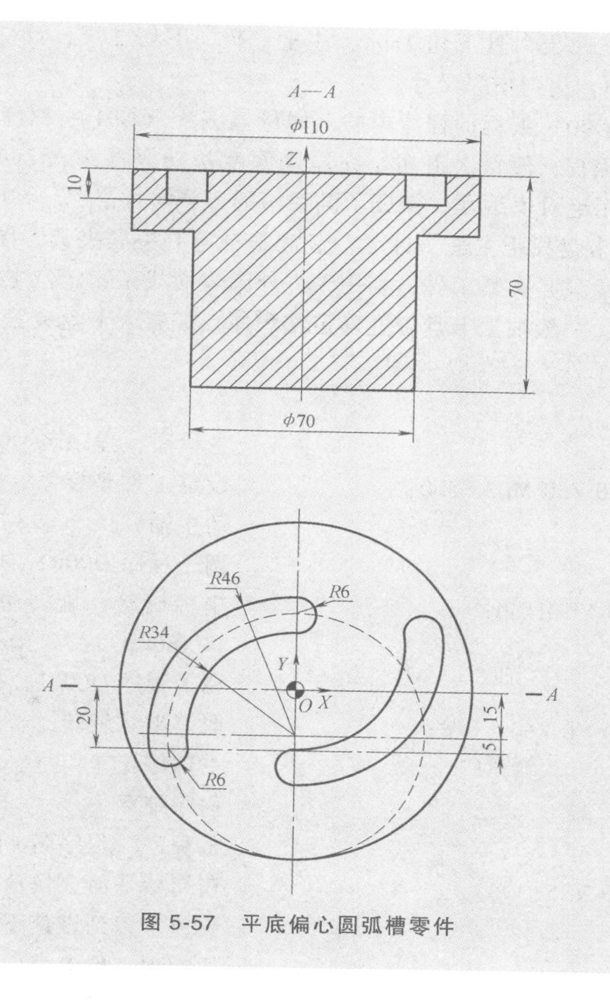

图 5-57　平底偏心圆弧槽零件

1. 工艺分析

零件其他部分均已经加工完毕，只需要加工平底偏心圆弧槽，并且没有尺寸公差和几何公差，相对比较容易。圆弧槽槽宽 12mm，可以选择 ϕ12mm 高速钢键槽铣刀。两偏心槽设计基准在工件 ϕ110mm 外圆的中心，所以工件原点定在 ϕ110mm 轴线与工件上表面交点。由于工件外形为圆形，采用自定心卡盘装夹工件比较合适。工件外圆是其定位表面，装夹的工件不宜高出卡爪过多。为避免在工件上留下夹痕，可在卡爪和工件间加纯铜垫片，也可以采用软爪。为确保定位可靠，应在工件下面加垫块，确保工件的定位基准面水平。操作中应首先轻夹工件，用橡胶锤轻敲工件顶面，保证工件与垫块可靠接触。然后夹紧工件，夹紧力不可过小，也不能过大。不允许任意加长扳手手柄。首件夹紧后，需用百分表检查工件上表面，确保工件上表面水平。

加工这样的圆弧槽可以采用层切方式（每层下 1mm），利用已知条件计算出或者利用 CAD 图捕捉出编程数据点，如（0，25）、（-39.686，-20）等。

2. 编程与工艺诀窍

（1）坐标旋转指令应用　运用坐标旋转指令可简化编程尺寸计算，可调用子程序功能方式进行加工程序编制。本加工程序采用子程序嵌套结构。在子程序 O0003 中，圆弧槽采用分层、往复式切削，每层刀具下切1mm，往复一次，下切2层，计2mm，所以执行5次子程序就可下切10mm，达到槽深尺寸。

（2）在绝对值（G90）编程的程序中插入增量值编程（G91） 本程序巧妙之处是*Z*向下切进给采用增量值编程，使每次下切是在原来深度基础上再深入1mm，使每层刀具下切1mm。水平面进给采用绝对值编程，保证了圆弧槽的形状尺寸。

（3）根据自定心卡盘找正主轴 自定心卡盘是自定心夹紧夹具，图5-57所示的工件作为单件生产考虑，卡盘只是夹紧工件，利用工件外圆表面找正，定位主轴。在批量生产时把卡盘装夹在工作台上，一般根据卡盘位置确定编程原点偏置。卡盘夹紧圆柱形工件，即完成定位，不需要再找正工件。

3. 参考程序

O0001;	主程序，程序名O0001
N10 G54 G90 G00 Z60 M03 S500;	设定工件坐标系，快速到初始平面，起动主轴
N20 M98 P0002;	调子程序O0002，执行一次
N30 G90 G68 X0 Y0 R180;	坐标旋转，旋转中心（0，0），角度位移180°
N40 M98 P0002;	调子程序O0002，执行一次
N50 G69 G00 X0 Y0 Z60;	取消坐标旋转，快速回到初始点
N60 M05;	主轴停止
N70 M30;	程序结束
O0002;	子程序，程序名O0002
N10 G90 G00 X0 Y25;	在初始平面上快速定位于（0，25）
N20 Z2;	快速下刀到慢速下刀高度
N30 G01 Z0 F60;	切削到工件上表面
N40 M98 P50003;	调子程序O0003，执行5次（总计切深10mm）
N50 G90 Z60;	退到初始平面
N60 X0 Y0;	回到起始点
N70 M99;	子程序结束，返回到主程序
O0003;	子程序，程序名O0003
N10 G91 G01 Z-1 F30;	增量值编程，切深工件1mm
N20 G90 G03 X-39.686 Y-20 R40 F60.0;	绝对值编程，逆圆插补切削*R*40mm圆弧
N30 G91 G01 Z-1 F30;	增量值编程，切深工件1mm
N40 G90 G02 X0 Y25 R40 F60;	绝对值编程，顺圆插补切削*R*40mm圆弧
N50 M99;	子程序结束，返回

【课前互动】

1. 平面铣削一般采用顺铣还是逆铣？为什么？
2. 内轮廓铣削时有哪几种下刀方式？

3. 加工孔时有哪些注意事项？

5.9　数控铣床与加工中心加工示例

5.9.1　数控铣床加工示例

例 5-19　加工图 5-58a 所示的零件（单件生产），毛坯为 80mm×80mm×19mm 长方块（80mm×80mm 四周及底面已加工），材料为 45 钢。

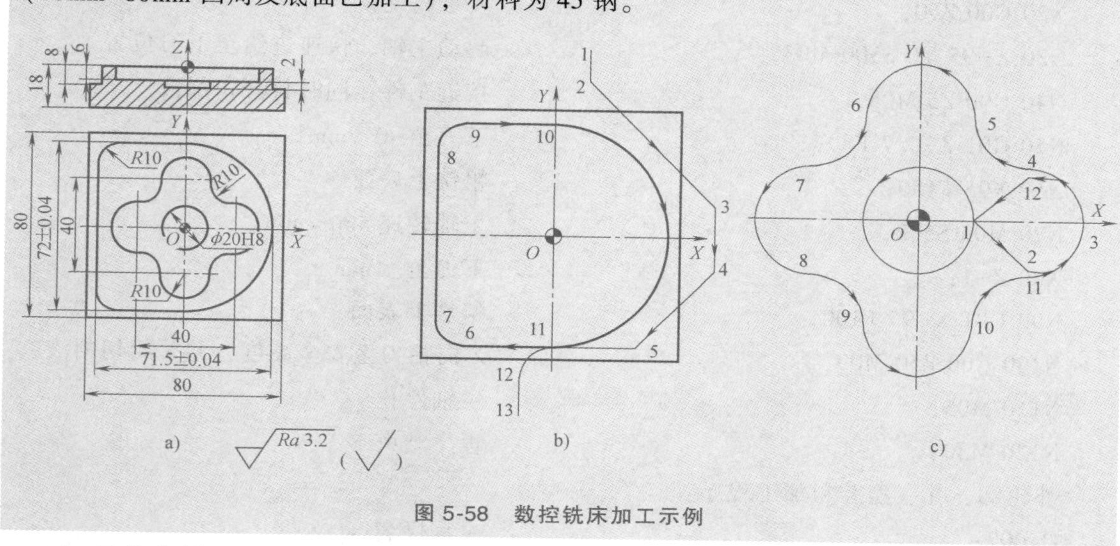

图 5-58　数控铣床加工示例

1. 工艺分析

该零件包含了平面、外形轮廓、型腔和孔的加工，孔的尺寸公差为 IT8 级，其他表面尺寸精度要求不高，表面粗糙度值全部为 *Ra*3.2μm，没有几何公差项目的要求。

根据零件的要求，上表面采用面铣刀粗铣→精铣完成；其余表面采用立铣刀粗铣→精铣完成。

该零件为单件生产，且零件外形为正方体，可选用机用虎钳装夹。工件上表面高出钳口 11mm 左右。

2. 刀具及切削用量选择（表 5-7）

表 5-7　刀具及切削用量选择（数控铣床加工）

序号	工步内容	刀具号	刀具规格		主轴转速/(r/min)	进给速度/(mm/min)
			类型	材料		
1	粗铣上表面	T01	φ100mm 面铣刀	硬质合金	300	150
2	精铣上表面	T01			500	100
3	外轮廓粗加工	T02	φ16mm 立铣刀		400	120
4	孔粗加工	T02				60
5	型腔粗加工	T02				120
6	外轮廓精加工	T02			2000	250
7	型腔精加工	T02				
8	孔精加工	T02				

3. 进给路线的确定

外轮廓粗、精加工进给路线如图 5-58b 所示。型腔粗、精加工进给路线如图 5-58c 所示。

4. 参考程序

以上表面中心作为 G54 工件坐标系原点。

上表面加工程序：

O1001；	程序名
N10 G54 G90 G17 G40 G80 G49 G21；	设置初始状态
N20 G00 Z50；	安全高度
N30 X-95 Y0 S300 M03；	起动主轴，快速进给至下刀位置
N40 G00 Z5 M08；	接近工件，同时打开切削液
N50 G01 Z-0.7 F80；	下刀至-0.7mm
N60 X95 F150；	粗铣上表面
N70 M03 S500；	主轴转速 500r/min
N80 Z-1；	下刀至-1mm
N90 G01 X-95 F100；	精铣上表面
N100 G00 Z50 M09；	*Z* 向抬刀至安全高度，并关闭切削液
N110 M05；	主轴停止
N120 M30；	程序结束

外轮廓、孔、型腔粗加工程序：

O1002；	主程序名
N10 G54 G90 G17 G40 G80 G49 G21；	设置初始状态
N20 G00 Z50；	安全高度
N30 G00 X12 Y60 S400 M03；	起动主轴，快速进给至下刀位置（图 5-59b 中的点 1）
N40 G00 Z5 M08；	接近工件，同时打开切削液
N50 G01 Z-7.8 F80；	下刀
N60 M98 P1011 D01 F120；	调子程序 O1011，粗加工外轮廓
N70 G00 X1.7 Y0；	快速进给至孔加工下刀位置
N80 G01 Z0 F60；	接近工件
N90 G03 X1.7 Y0 Z-1 I-1.7；	螺旋下刀
N100 G03 X1.7 Y0 Z-2 I-1.7；	
N110 G03 X1.7 Y0 Z-3 I-1.7；	
N120 G03 X1.7 Y0 Z-4 I-1.7；	
N130 G03 X1.7 Y0 Z-5 I-1.7；	
N140 G03 X1.7 Y0 Z-6 I-1.7；	
N150 G03 X1.7 Y0 Z-7 I-1.7；	

```
N160 G03 X1.7 Y0 Z-7.8 I-1.7;
N170 G03 X1.7 Y0 I-1.7;                修光孔底
N180 G01 Z-5.8 F120;                   提刀
N190 G01 X10 Y0;                       进给至点1（图5-59c）
N200 M98 P1012 D01;                    调子程序O1012，粗加工型腔
N210 G00 Z50 M09;                      Z向抬刀至安全高度，并关闭切削液
N220 M05;                              主轴停止
N230 M30;                              主程序结束
```

外轮廓加工子程序：

```
O1011;                                 子程序号
N10 G41 G01 X12 Y50;                   1→2，建立刀具半径补偿（图5-59b）
N20 X52 Y10;                           2→3
N30 G00 X52 Y-10;                      3→4
N40 G01 X26 Y-36;                      4→5
N50 X-25.5 Y-36;                       5→6
N60 G02 X-35.5 Y-26 R10;               6→7
N70 G01 X-35.5 Y26;                    7→8
N80 G02 X-25.5 Y36 R10;                8→9
N90 G01 X0 Y36;                        9→10
N100 G02 X0 Y-36 R36;                  10→11
N110 G03 X-10 Y-46 R10;                11→12
N120 G40 G00 X-10 Y-56;                12→13，取消刀具半径补偿
N130 G00 Z5;                           快速提刀
N140 M99;                              子程序结束
```

型腔加工子程序：

```
O1012;                                 子程序号
N10 G03 X10 Y0 I-10;                   走整圆去除余量
N20 G41 G01 X21 Y-9 D02;               1→2，建立刀具半径补偿（图5-59c）
N30 G03 X30 Y0 R9;                     2→3
N40 G03 X20 Y10 R10;                   3→4
N50 G02 X10 Y20 R10;                   4→5
N60 G03 X-10 Y20 R10;                  5→6
N70 G02 X-20 Y10 R10;                  6→7
N80 G03 X-20 Y-10 R10;                 7→8
N90 G02 X-10 Y-20 R10;                 8→9
N100 G03 X10 Y-20 R10;                 9→10
```

N110 G02 X20 Y-10 R10;	10→11
N120 G03 X30 Y0 R10;	11→3
N130 G03 X21 Y9 R9;	3→12
N140 G40 G01 X10 Y0;	12→1，取消刀具半径补偿
N150 G00 Z5;	快速提刀
N160 M99;	子程序结束

外轮廓、型腔、孔精加工程序：

O1003;	主程序号
N10 G54 G90 G17 G40 G80 G49 G21;	设置初始状态
N20 G00 Z50;	安全高度
N30 X12 Y60 M03 S2000 ;	起动主轴，快速进给至下刀位置（图 5-59b 中的点 1）
N40 G00 Z5 M08;	接近工件，同时打开切削液
N50 G01 Z-8 F80;	下刀
N60 M98 P1011 D02 F250;	调子程序 O1011，精加工外轮廓
N70 G00 X10 Y0;	快速进给至型腔加工下刀位置（图 5-59c 中的 1 点）
N80 G01 Z-6 F80;	下刀
N90 M98 P1012 D02 F250;	调子程序 O1012，精加工型腔
N100 G00 X0 Y0;	快速进给至孔加工下刀位置
N110 G01 Z-8 F80;	下刀
N120 G41 G01 X1 Y-9 D02 F250;	建立刀具半径补偿
N130 G03 X10 Y0 R9;	圆弧切入
N140 G03 X10 Y0 I-10;	走整圆精加工孔
N150 G03 X1 Y9 R9;	圆弧切出
N160 G40 G01 X0 Y0;	取消刀具半径补偿
N170 G00 Z50 M09;	*Z* 方向抬刀至安全高度，并关闭切削液
N180 M05;	主轴停止
N190 M30;	主程序结束

5.9.2 加工中心加工示例

例 5-20 图 5-59 所示为盘形槽凸轮，材料为 45 钢，调质处理。本工序在数控加工中心上铣削凸轮的凹槽。预加工情况：坯料已经热处理，上下平面、外圆以及孔已加工到尺寸 ϕ125mm×20mm 和 ϕ20mm。

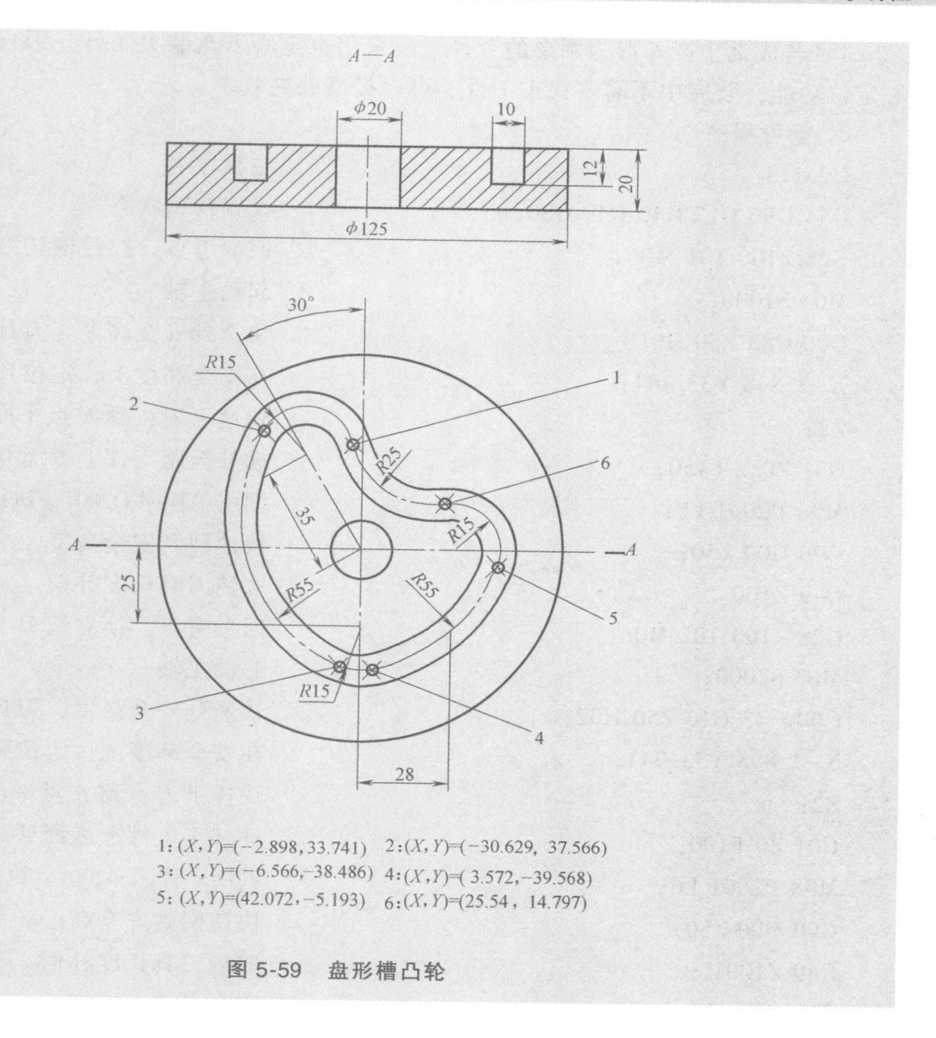

图 5-59　盘形槽凸轮

1. 工艺分析

由题目和图样要求来看，零件需要加工的部分只有凸轮凹槽，并且没有尺寸公差和位置公差要求，相对比较容易。凸轮凹槽的设计基准在工件中心，所以工件原点定在 ϕ125mm 毛坯中心的上表面。

工件为圆盘类，可采用 T 形螺钉、压板装夹工件。凹槽槽宽为 10mm，粗铣时采用 ϕ9mm 的键槽铣刀（刀具号为 T01，刀具长度补偿号为 H01）；键槽铣刀属于中心切削立铣刀，能沿 Z 方向切入工件实体。精铣时采用 ϕ10mm、4 齿立铣刀（刀具号为 T02，刀具长度补偿号为 H02）。

由于槽深为 12mm，可采用层切法加工。槽的加工分 6 层切削到深度，层间距为 2mm。

2. 编程与工艺诀窍

1）采用立铣刀刀位点（端刃中心点）编程，不用刀具半径补偿。子程序 O2001 中加工槽形状用绝对值编程，与设计尺寸一致，实现基准重合，且尺寸计算简单。

2）槽深度采用增量值编程，每执行一遍子程序，刀具下切 2mm，执行 6 次子程序即达到设计深度 12mm。

3）粗、精加工更换的刀具只有直径不同，其他相同，可以共用一个子程序。

4）若成批生产外形为圆形的工件，应采用自定心卡盘装夹工件。因自定心卡盘具有定心定位功能，装夹中不需要找正工件，可以提高装夹效率。

3. 参考程序

```
O0612;                                  主程序名
G54 G90 G17 G40 G49 G80;                设置初始状态
G28 Z100 T01 M06;                       回参考点，换键槽铣刀（φ9mm）
M03 S1000;                              起动主轴
G00 G43 Z50 H01;                        快速到安全高度，刀具长度补偿
X-2.898 Y33.741;                        在安全高度上，定位到下刀点
Z2;                                     快速下刀，到R点平面
G01 Z0.2 F150;                          插补至距工件上表面0.2mm处
M98 P2001 L6;                           调用子程序O2001，执行6次（粗铣槽）
G90 G00 Z50;                            快速回到安全高度
G49 Z100                                取消刀具长度补偿
G28 Z100 T02 M06;                       回参考点，换立铣刀（φ10mm）
M03 S2000;                              起动主轴
G00 G43 G17 Z50 H02;                    快速到安全高度，刀具长度补偿
X-2.898 Y33.741;                        在安全高度上，定位到下刀点
Z2;                                     快速下刀，到R点平面
G01 Z0 F100;                            插补至工件上表面处
M98 P2001 L6;                           调用子程序O2001，执行6次（精铣槽）
G90 G00 Z50;                            快速回到安全高度
G49 Z100;                               取消刀具长度补偿
G28 Z100 T00 M06;                       回参考点，卸刀
X0 Y0 Z100;                             刀具回到起始点
M30;                                    程序结束
O2001;                                  子程序名
G91 G01 Z-2 F20;                        增量编程，每次下刀2.0mm
G90 G03 X-30.629 Y37.566 I-14.602 J-3.430;  逆圆插补（1~2）
G03 X-6.566 Y-38.486 I48.139 J-26.602;  逆圆插补（2~3）
G03 X3.572 Y-39.568 I6.566 J13.486;     逆圆插补（3~4）
G03 X42.072 Y-5.193 I-13.098 J53.418;   逆圆插补（4~5）
G03 X25.540 Y14.797 I-14.072 J5.193;    逆圆插补（5~6）
G02 X-2.898 Y33.741 I-4.100 J24.662;    顺圆插补（6~1）
M98;                                    子程序结束，返回到主程序
```

例5-21　编制图5-60所示的壳体类零件的加工程序，材料为铸铁，未注倒角为$C1$。

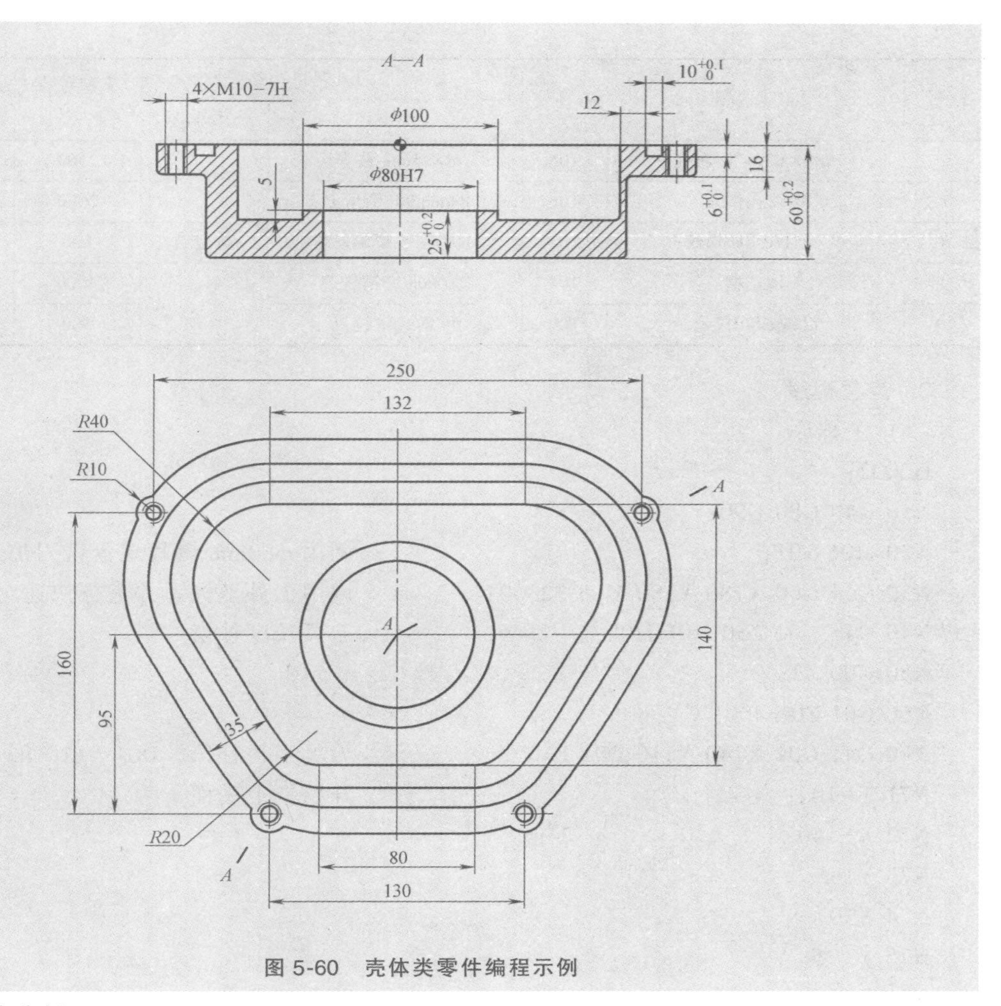

图 5-60　壳体类零件编程示例

1. 工艺分析

分析此壳体类零件的加工要求是：铣削上表面，保证厚度尺寸为 $60^{+0.2}_{0}$mm，铣槽保证槽宽尺寸 $10^{+0.1}_{0}$mm、槽深尺寸 $6^{+0.1}_{0}$mm，加工 ϕ100mm 圆形凸台上表面保证厚度尺寸 $25^{+0.2}_{0}$mm，加工 ϕ80H7 孔保证孔径符合要求，加工 4×M10-7H 螺纹孔。尺寸公差要求较低，没有几何公差，在加工中心上很容易完成。

2. 刀具及切削用量选择（表 5-8）

表 5-8　刀具及切削用量选择（加工中心加工）

序号	工步内容	刀具号	刀具规格		主轴转速/(r/min)	进给速度/(mm/min)
			类型	材料		
1	铣上表面	T01	ϕ80mm 镶片式盘铣刀	硬质合金	2500	400
2	铣 ϕ100mm 圆形凸台上表面	T02	ϕ20mm 镶片式立铣刀		3000	800
3	粗铣 ϕ80H7 孔	T02	ϕ20mm 镶片式立铣刀		3000	800
4	粗铣槽	T03	ϕ8mm 键槽铣刀		4000	600
5	钻 4×M10-7H 中心孔	T04	ϕ3.5mm 中心钻		1000	100

（续）

序号	工步内容	刀具号	刀具规格		主轴转速/(r/min)	进给速度/(mm/min)
			类型	材料		
6	钻 4×M10-7H 底孔	T05	ϕ8.5mm 钻头	硬质合金	2500	400
7	螺纹孔倒角	T06	ϕ6mm90°倒角刀		2000	400
8	攻 4×M10-7H 螺纹孔	T07	M10×1.5 螺旋丝锥	高速钢	800	1200
9	精铣槽	T08	ϕ10mm 键槽铣刀	硬质合金	4000	600
10	精镗 ϕ80H7 孔	T09	可调式精镗刀		500	40

3. 参考程序

(1) 主程序

```
O0002;
N10 G40 G80 G90;
N20 M06 T01;                              调用φ80mm 镶片式盘铣刀加工上表面
N30 G54 G00 X180 Y180 M03 S2500;          调用工件坐标系并进行快速定位
N40 G43 G00 Z50 H01 M08;                  刀具长度补偿
N50 G00 Z3;
N60 G01 Z0 F400;
N70 G41 G01 X140 Y110 D01 F400;           刀具半径补偿，D01=-10mm
N71 Y-105;                                开始铣上表面
N72 X-140
N73 Y105
N74 X70
N75 Y-35
N76 X-70
N80 Y35
X81 X20
N82 Y-80
N90 G40 G01 X80 Y-155;                    取消刀具半径补偿
N100 G00 Z50 M05;
N110 M06 T02;                             调用φ20mm 镶片式立铣刀铣φ100mm
                                          圆形凸台上表面
N120 G54 G00 X0 Y0 M03 S3000;
N130 G43 G00 Z50 H02 M08;
N140 G00 Z-32;
N150 G01 Z-35 F800;
N160 G41 G01 X55 Y0 D02;                  D02=10mm
N170 G03 I-55;
N180 G40 G01 X0 Y0;
```

```
N190 G01 Z-47.5;                           粗铣 φ80H7 孔
N200 G41 G01 X39.5 Y0 D02;
N210 G03 I-39.5;
N220 G40 G01 X0 Y0;
N230 G01 Z-60;
N240 G41 G01 X39.5 Y0 D02;
N250 G03 I-39.5;
N260 G40 G01 X0 Y0 M09;
N270 G00 Z50;
N280 M06 T03;                              调用 φ8mm 硬质合金键槽铣刀粗铣槽
N290 G54 G00 X-0.5 Y110 M03 S4000;
N300 G43 G00 Z50 H03 M08;
N310 G00 Z3;
N320 G41 G00 Y82 D03;                      D03=4mm
N330 G01 Z-6 F300;
N340 M98 P0101 F600;                       调用铣槽子程序
N350 G00 Z50 M09;
N360 G40 G00 Y110 M05;
N370 M06 T04;                              调用 φ3.5mm 中心钻，钻 4×M10-74 中
                                           心孔
N380 G54 G00 X-65 Y-95 M03 S1000;
N390 G43 G00 Z50 H04 M08;
N400 G99 G81 X-65 Y-95 Z-5.5 R3 F100;
N410 M98 P0102;                            调用螺纹孔加工子程序
N420 M06 T05;                              调用 φ8.5mm 硬质合金钻头钻 4×M10-74
                                           底孔
N430 G54 G00 X-65 Y-95 M03 S2500;
N440 G43 G00 Z50 H05 M08;
N450 G99 G83 X-65 Y-95 Z-22 R3 Q5 F400;
N460 M98 P0102;                            调用螺纹孔加工子程序
N470 M06 T06;                              调用 φ16mm90°倒角刀加工螺纹孔倒角
N480 G54 G00 X-65 Y-95 M03 S2000;
N490 G43 G00 Z50 H06 M08;
N500 G99 G82 X-65 Y-95 Z-6 R3 P500 F400;
N510 M98 P0102;                            调用螺纹孔加工子程序
N520 M06 T07;                              调用 M10×1.5 螺旋丝锥攻 4×M10-7H
                                           螺纹
N530 G54 G00 X-65 Y-95 M03 S800;
N540 G43 G00 Z50 H07 M08;
```

```
N550 G99 G84 X-65 Y-95 Z-18 R5 F1200;
N560 M98 P0102;                          调用螺纹孔加工子程序
N570 M06 T08;                            调用 φ10mm 硬质合金键槽铣刀精铣槽
N580 G54 G00 X-0.5 Y110 M03 S4000;
N590 G43 G00 Z50 H08 M08;
N600 G00 Z3;
N610 G00 Y82;
N620 G01 Z-6.05 F300;
N630 M98 P0101 F600;                     调用铣槽子程序
N640 G00 Z50 M09;
N650 G40 G00 Y110 M05;
N660 M06 T09;                            调用可调式精镗刀精镗 φ80H7 孔
N670 G54 G00 X0 Y0 M03 S500;
N680 G43 G00 Z50 M08;
N690 G76 X0 Y0 Z-60 R-32 Q0.3 F40;
N700 M09 M05;
N710 M06 T01;
N720 G28 Y0;
N730 M02;
```

（2）铣槽子程序

```
O0101;
N10 G41 G01 X66 Y82 D08;                 D08=5mm
N20 G02 X100.04 Y8.946 R40;
N30 G01 X57.01 Y-60.527;
N40 G02 X40 Y-70 R20;
N50 G01 X-40 Y-70;
N60 G02 X-57.01 Y-60.527 R20;
N70 G01 X-100.04 Y8.946;
N80 G02 X-66 Y70 R40;
N90 G01 X0.5 Y70;
N100 M99;
```

（3）螺纹孔加工子程序

```
O0102;
N10 X65 Y-95;
N20 X125 Y65;
N30 G98 X-125 Y65;
N40 G80 M09;
N50 M05;
N60 M99;
```

5.10 数控铣削宏程序编程

5.10.1 宏程序加工孔

如图 5-61 所示，这些孔沿直线以相等间隔呈线性排列，夹角为#2。观察图形不难发现这些孔的斜边长构成了一个等差数列，首项 a_1 为#1，公差 d 为#3，那么该孔斜边长的通项公式为#4=#1+[#5-1] * #3（其中#4 为通项 a_n，#5 为项数 n），加之图形中给出了角度，在编程的方式上首先想到的就是采用极坐标方式。

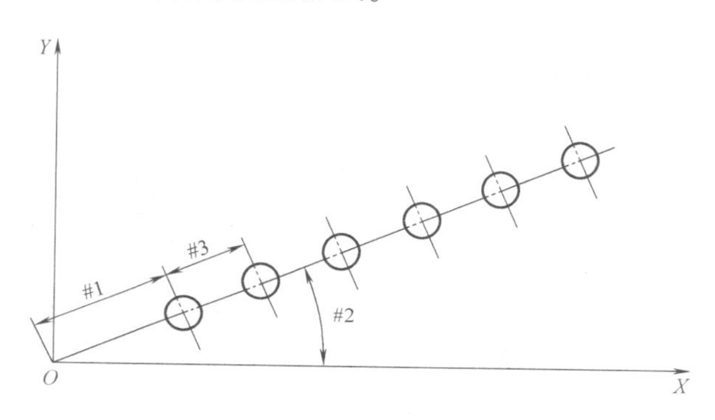

图 5-61 单直线孔组

程序编制如下：

```
O1234;
G40 G49 G80 G90 G69 G17 G15;        程序初始化
M03 S1000;                           主轴正转
G54 G00 X0 Y0 Z50;                   至编程原点上方 50mm 处
#1=__;                               第一孔斜边长
#2=__;                               夹角
#3=__;                               孔间距
#5=__;                               首先加工第一孔
#6=__;                               孔的总数
#7=__;                               R 点数值
#8=__;                               钻孔深度
G16;                                 启动极坐标方式
WHILE[#5LE#6]DO1;                    如果#5≤#6，进入循环 1
#4=#1+[#5-1] * #3;                   任意孔的斜边长
G01 X#4 Y#2 F1000;                   定位到孔位置上方
G98 G81 R#7 Z#8 F1000;               钻孔
#5=#5+1;                             孔数自变量递增 1 个单位
END1;                                循环 1 结束
G15;                                 取消极坐标
```

G00 Z200;　　抬刀至安全高度
M05;　　主轴停止
M30;　　程序结束

特别提示：

1）极坐标的建立和取消应该一一对应，虽然在程序中 G15 的有无对程序没有影响，但是为了不影响到其他的程序，所以应该及时用 G15 取消极坐标。

2）尤其要注意“#5=#5+1”的位置，读者想想，假如“#5=#5+1”的位置位于“WHILE[#5LE#6]D01”的正下方，程序将发生怎样的变化？

3）注意#4=#1+[#5-1]*#3 程序段的位置。

5.10.2 宏程序加工椭圆

在数控机床加工中，椭圆的加工一直都没有一个标准的 G 指令，不能像圆一样采用 G02、G03 指令，因此采用 G01 直线拟合便是切实有效的方法。事实上，在 CAM 自动编程中，计算机也是通过直线拟合的方式进行计算加工的。

图 5-62 所示为一个椭圆外轮廓，椭圆旋转了一个#6 的角度，并且椭圆的中心并不在编程原点，而偏移到点（#1，#2），椭圆的长半轴为#3，短半轴为#4，刀具半径为#5。为了在编程时采用 G52 局部坐标系进行局部坐标系偏移，采用 G68 旋转坐标对#6 的旋转角进行复位。

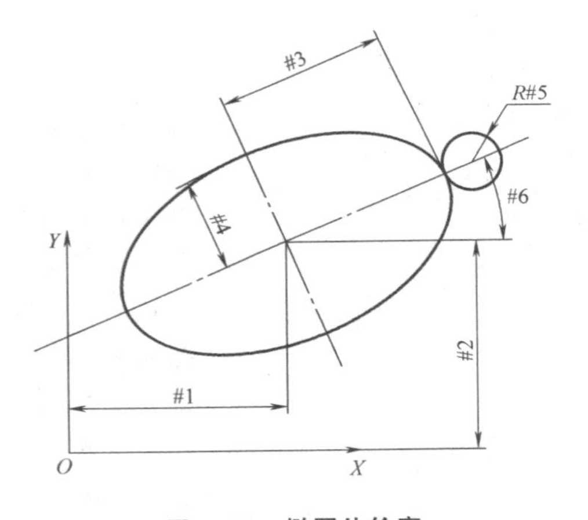

图 5-62　椭圆外轮廓

椭圆的参数方程式为

$$x=a\cos\theta$$
$$y=b\sin\theta$$

式中　a——长半轴；
b——短半轴；
θ——离心角。

由于长半轴、短半轴是常量，只要采用宏程序循环跳转，让离心角 θ 在 0°~360°之间变化，便能很好地让数控机床走出椭圆的图形。值得提到的是由于刀具半径的影响，刀具的实际进给轨迹与轮廓轨迹有一个刀具半径差，可以采用刀具补偿功能。由于离心角的增量值很小，在建立刀柄运行的过程中，容易产生系统错误，使得刀具过切或者欠切。由此认为，因尽量避开使用刀具补偿功能。采用椭圆偏置的方法，即长半轴由原来的#3 变为#3+#5，短半轴由原来的#4 变为#4+#5，在此，采用顺铣的方式，与 G02 方向一致。因为顺铣表面质量较好，且容易保护刀具。

程序编制如下。

```
O1235;
G40 G49 G80 G90 G69 G17 G15;        程序初始化
M03 S1000;                          主轴正转
G54 G00 X0 Y0 Z200;                 至编程原点上方安全平面
#1=__;                              第一孔与 G54 原点 X 轴坐标值
#2=__;                              第一孔与 G54 原点 Y 轴坐标值
#3=__;                              椭圆长半轴
#4=__;                              椭圆短半轴
#5=__;                              刀具半径
#6=__;                              旋转角度
G52 X#1 Y#2 Z0;                     局部坐标系偏移至第一孔位
G00 X0 Y0;                          机床定位至第一孔（用来检验）
G68 X0 Y0 R#6;                      坐标旋转#6
G01 G43 H01 Z100 F2000;             运行至下刀平面
#7=#3+#5;                           刀具轨迹椭圆长半轴
#8=#4+#5;                           刀具轨迹椭圆短半轴
G01 X[#7+20];                       刀具移动到下刀点
#9=360;                             首先从离心角 360°开始加工
#10=0;                              离心角终止角度为 0°
G01 Z10 F1000;                      下刀至 R 点
G01 Z-1 F100;                       下刀至加工平面
WHILE[#9GE#10]D01;                  如果#9≥#10，进入循环 1
#11=#7*COS[#9];                     任意点 X 轴坐标
#12=#8*SIN[#9];                     任意点 Y 轴坐标
G01 X#11 Y#12 F1000;                进给
#9=#9-1;                            离心角减去 1°
END1;                               循环 1 结束
G00 G49 Z200;                       取消刀具长度补偿至安全平面
G69;                                取消坐标旋转
G52 X0 Y0 Z0;                       取消局部坐标系偏移
G00 X0 Y0;                          移动至 G54 的原点
```

M05;　　　　　　　　　　　　　　　　主轴停止

M30;　　　　　　　　　　　　　　　　程序结束

特别提示:

1) 在程序中，尤其要留意增量角度的取值，取值越大，加工越迅速，机床相应越快，但是表面质量越差。取值越小，表面质量越好，但是机床相应越慢。

2) 如果要实现程序的逆铣，只要把

…

#9=360; 改为#9=0;

#10=0; 改为#10=360;

…

WHILE[#9GE#10]DO1;改为　　WHILE[#9LE#10]DO1;

…

#9=#9-1;改为#9=#9+1;

…

即可。

【学有所获】

1. 掌握数控铣床与加工中心的基本操作。

2. 掌握数控铣削的基本编程、高级编程、固定循环编程、宏程序编程。

3. 掌握平面、内外轮廓、孔系零件以及槽型零件的编程与加工。

4. 掌握数控铣床与加工中心综合零件的编程与加工。

【总结回顾】

在掌握了数控铣床基本操作的基础上，通过理论与实践相结合的方式，读者能完全掌握数控铣削的基本编程、高级编程、固定循环编程和宏程序编程，从而完成平面类零件、内外轮廓零件、孔系零件以及槽型零件的编程与加工。

【课后实践】

毛坯规格：45钢，调质处理，硬度为22HRC，尺寸为100mm×100mm×54mm，极限偏差均为±0.2 mm，表面粗糙度值 *Ra* 为3.2μm。按图5-63所示要求在数控铣床上完成工件加工。

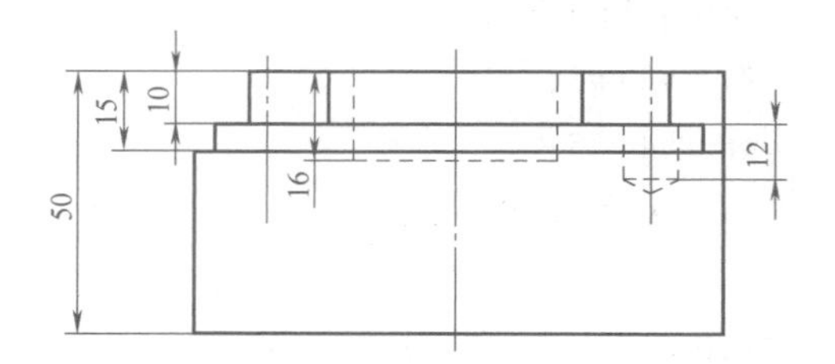

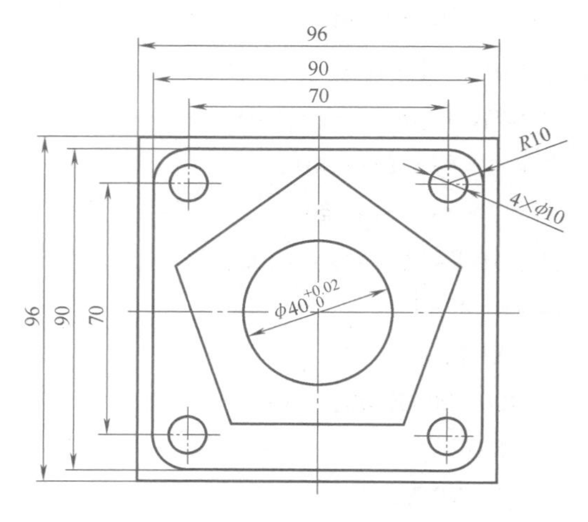

图5-63　课后实践题图

思考与练习题

一、判断题

1. 数控铣床中 S500 表示铣削速度为 500mm/min。(　　)

2. 辅助功能 M00 为无条件程序暂停，执行该程序指令后，所有运转部件停止运动且所有模态信息全部丢失。(　　)

3. 加工中心自动换刀需要主轴准停控制。(　　)

4. 子程序的编写方式必须是增量方式。(　　)

5. 采用固定循环编程，可以加快切削速度，提高加工质量。(　　)

6. 主轴正转，刀具以进给速度向下运动钻孔，到达孔底位置后，快速退回，这一钻孔指令是 G81。(　　)

7. 圆弧插补指令 G03 X__Y__R__中，X、Y 后面的值表示圆弧的圆心相对于圆弧起点的坐标。(　　)

8. 进给功能用于指定切削速度。(　　)

9. 加工大批量零件时，宜采用数控设备。(　　)

10. 用于准备功能的指令代码是 M 代码。(　　)

二、选择题

1. 在 G54 指令中设置的数值是（　　）。

A. 工件坐标系的原点相对机床坐标系原点的偏移量

B. 刀具的长度偏差值

C. 工件坐标系的原点

D. 工件坐标系原点相对于对刀点的偏移量

2. 下列指令中不使机床产生任何运动的是（　　）。

A. G00 X__Y__Z__　　B. G01 X__Y__Z__

C. G92 X__Y__Z__　　D. G28 X__Y__Z__

3. 在“G43 G01 Z15 H15;”程序中，H15 表示（　　）。

A. *Z* 轴的位置是 15　　B. 刀具表的地址是 15

C. 长度补偿值是 15　　D. 半径补偿值是 15

4. 下列（　　）不属于数控编程的范畴。

A. 数值计算　　B. 对刀、设定刀具参数

C. 确定进给速度和进给路线　　D. 输入程序、制作介质

5. FANUC 数控系统中，已知 H01 中的值为 11 ，执行程序段“G90 G44 Z-18 H01”;后，刀具实际运动到的位置是（　　）。

A. Z-18　　B. Z-7

C. Z-29　　D. Z-25

6. 在粗加工和半精加工时一般要留加工余量，如果加工尺寸为 200mm，加工尺寸公差为 IT7 级，下列半精加工余量中（　　）相对更为合理。

A. 10mm　　B. 0.5mm

C. 0.01mm　　D. 0.005mm

7. 数控机床主轴以 800r/min 转速正转时，其指令应是（　）。

A. M03 S800　　B. M04 S800

C. M05 S800　　D. M02 S800

8. 整圆的直径为 ϕ40mm，要求由 A 点（20，0）逆时针圆弧插补并返回 A 点，其程序段格式为（　　）。

A. G91　G03　X20　Y0　I-20.0　J0　F100;

B. G90　G03　X20　Y0　I-20.0　J0　F100;

C. G91　G03　X20　Y0　R-20.0　F100;

D. G90　G03　X20　Y0　R-20.0　F100;

9. 加工中心的固定循环功能适用于（　　）。

A. 曲面形状加工　　B. 平面形状加工

C. 孔系加工

10. 以下不属于数控技术发展方向的是（　　）。

A. 高速化　　B. 通用化

C. 智能化　　D. 高精度化

三、简答题

1. 如果屏幕上显示当前刀具刀位点在机床坐标系中的坐标为（-150，-100，-80），用 MDI 执行“G92 X50 Y50 Z20”；后，工件原点在机床的坐标系中的坐标是多少？

2. 简述数控铣削加工中常用的对刀方法。

3. 简述加工中心的特点。

4. 缩放、镜像和旋转编程有什么实用意义？

四、编程题

1. 试利用孔加工固定循环指令编制图 5-64 所示零件的孔加工数控程序。

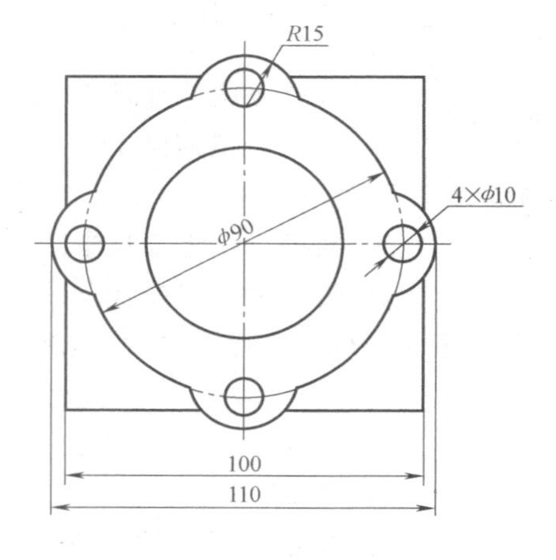

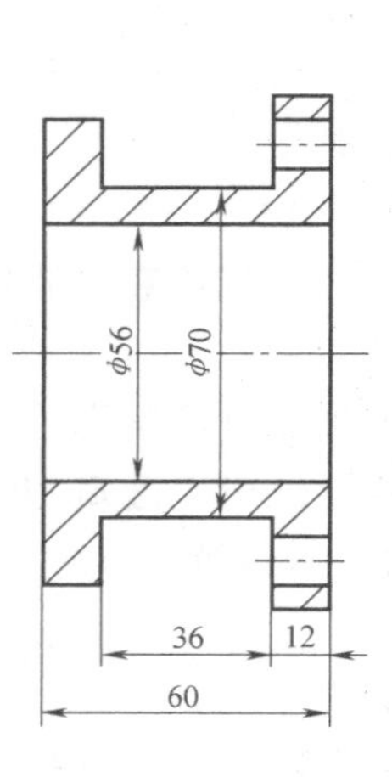

图 5-64　编程题 1 图

2. 试完成图 5-65 所示零件的数控加工工艺制订及程序编制（毛坯为 80mm×50mm×25mm 的 45 钢，要求采用自动编程加工）。

3. 用 ϕ10mm 的立铣刀精铣图 5-66 所示的外、内表面，采用刀具半径补偿指令编程。

4. 如图 5-67 所示，零件上有 4 个形状和尺寸相同的方槽，槽深为 2mm，槽宽为 10mm，试用子程序编程。

5. 用 ϕ8mm 刀具铣削图 5-68 所示的四个对称凸块外侧面，高度为 2mm，试用镜像加工指令及刀具半径补偿指令编程。

6. 用 ϕ8mm 刀具铣削图 5-69 所示的四个方槽，槽深为 2mm，试用图形缩放及子程序编程。

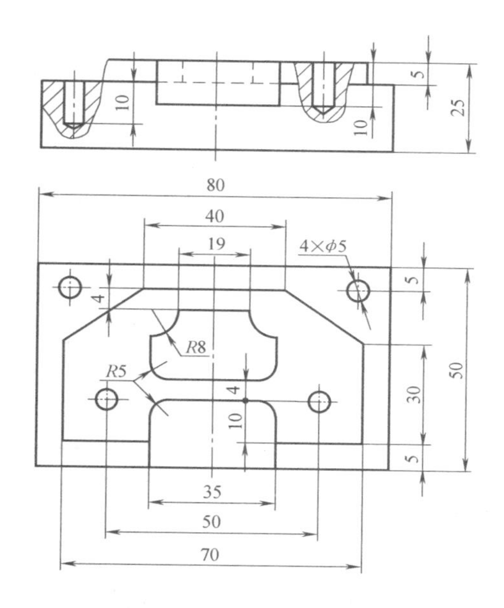

图 5-65　编程题 2 图

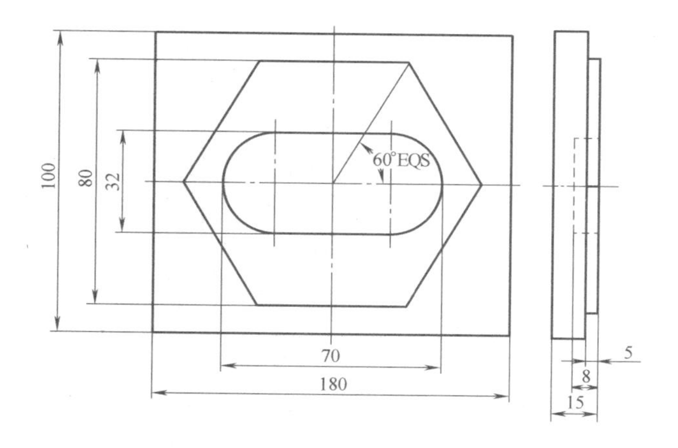

图 5-66　编程题 3 图

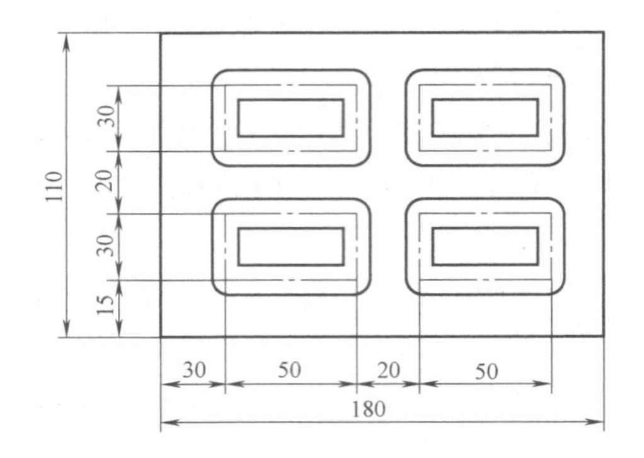

图 5-67 编程题 4 图

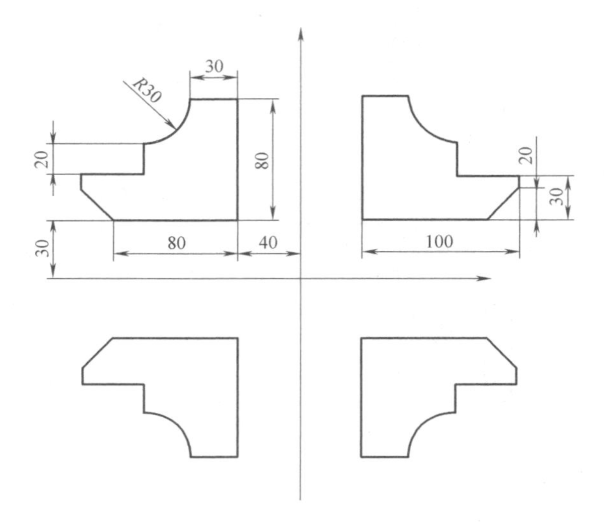

图 5-68 编程题 5 图

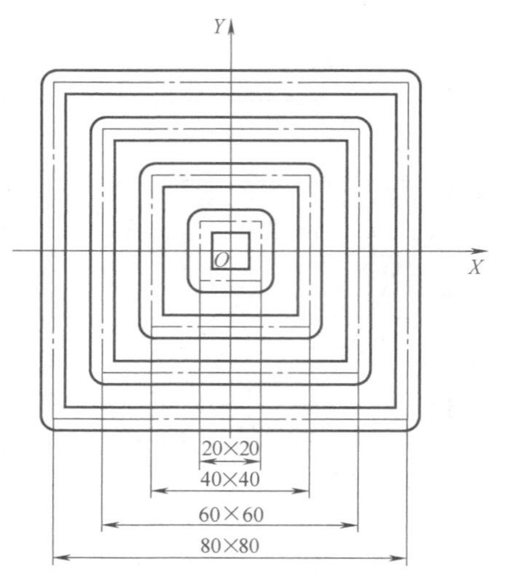

图 5-69 编程题 6 图

参考文献

[1] 张亚力. 数控铣床/加工中心编程与零件加工 [M]. 北京：化学工业出版社，2011.
[2] 张贻摇. 数控技术技能训练 [M]. 北京：北京理工大学出版社，2011.
[3] 陈海舟. 数控铣削加工宏程序及应用实例 [M]. 2版. 北京：机械工业出版社，2008.
[4] 王睿鹏. 现代数控机床编程与操作 [M]. 北京：机械工业出版社，2014.
[5] 董建国，龙华，肖爱武. 数控编程与加工技术 [M]. 北京：北京理工大学出版社，2011.
[6] 徐衡. 数控铣床和加工中心工艺与编程诀窍 [M]. 2版. 北京：化学工业出版社，2015.
[7] 周虹. 数控加工工艺与编程 [M]. 北京：人民邮电出版社，2004.
[8] 王平. 数控机床与编程实用教程 [M]. 北京：化学工业出版社，2004.
[9] 周虹. 数控编程与操作 [M]. 西安：西安电子科技大学出版社，2007.
[10] 陈建环. 数控车削编程加工实训 [M]. 北京：机械工业出版社，2011.
[11] 丑幸荣. 数控加工工艺编程与操作 [M]. 北京：机械工业出版社，2013.
[12] 詹华西. 数控加工与编程 [M]. 2版. 西安：西安电子科技大学出版社，2007.
[13] 罗永新. 数控编程 [M]. 长沙：湖南科学技术出版社，2007.
[14] 桂旺生. 数控铣工技能实训教程 [M]. 北京：国防工业出版社，2006.
[15] 詹华西. 数控加工技术实训教程 [M]. 西安：西安电子科技大学出版社，2006.
[16] 冯志刚. 数控宏程序编程方法技巧与实例 [M]. 北京：机械工业出版社，2007.
[17] 张导成. 数控中级工认证强化实训教程 [M]. 长沙：中南大学出版社，2006.
[18] 刘万菊. 数控加工工艺及编程 [M]. 北京：机械工业出版社，2006.
[19] 袁 锋. 数控车床培训教程 [M]. 2版. 北京：机械工业出版社，2008.
[20] 吴明友. 数控铣床（FANUC）考工实训教程 [M]. 2版. 北京：化学工业出版社，2015.
[21] 孙德茂. 数控机床车削加工直接编程技术 [M]. 北京：机械工业出版社，2005.
[22] 申晓龙. 数控机床操作与编程 [M]. 北京：机械工业出版社，2008.
[23] 周保牛. 数控编程与加工 [M]. 北京：机械工业出版社，2014.
[24] 张祝新. 工程训练——数控机床编程与操作篇 [M]. 北京：机械工业出版社，2013.